U0632412

高职物理理论与教学

张　君　著

图书在版编目(CIP)数据

高职物理理论与教学 / 张君著. — 延吉 : 延边大学出版社, 2017.5

ISBN 978-7-5688-2583-2

Ⅰ. ①高… Ⅱ. ①张… Ⅲ. ①物理学-教学研究-高等职业教育 Ⅳ. ①O4-42

中国版本图书馆 CIP 数据核字(2017)第 115355 号

高职物理理论与教学

著　　者 张　君　著
责任编辑 于衍来
装帧设计 中图时代
出版发行 延边大学出版社
地　　址 吉林省延吉市公园路 977 号, 133002
网　　址 http://www.ydcbs.com
电子邮箱 ydcbs@ydcbs.com
电　　话 0433-2732435　0433-2732434(传真)
印　　刷 廊坊市海涛印刷有限公司
开　　本 710mm×1000 mm　1/16
印　　张 12.5
字　　数 250 千字
版　　次 2017 年 5 月第 1 版
印　　次 2018 年11月第 1 次
书　　号 ISBN 978-7-5688-2583-2

定　　价 50.00 元

目　录

绪　论

一、物理学

1. 物理学

物理学(拉丁语 Physica,英语 Physics)是研究物质世界最基本的结构、最普遍的相互作用、最一般的运动规律,以及所使用的实验手段和思维方法的自然科学,简称物理。“物理”一词最先出自古希腊文,原意是指自然,泛指一般的自然科学。“物理”二字出现在中文中,是取“格物致理”四字的简称,即考察事物的形态和变化,总结、研究它们的规律的意思。从古代至今,物理学的历史源远流长。在过去2000 年里,物理学与化学、天文学都曾归属于自然哲学。直到 17 世纪科学革命之后,物理学才成为一门独立的实证科学。物理学发展至今,取得了巨大的成就,研究领域亦得到广泛的拓展。

2. 物理学研究的范围——物质世界的层次和数量级

(1)物质世界的空间尺度

物理学的研究对象是原子、原子核、基本粒子、DNA 长度、最小的细胞、太阳、哈勃(Hubble)半径、星系团、银河系、恒星的距离、太阳系、超星系团等。

现今物理学研究物质世界的最小长度为普朗克(Planck)长度,即有意义的最小可测长度,又称“长度的量子”,它大致等于 10^{-35}m;最大长度为哈勃半径,也即四维时空的曲率半径,即宇宙大小的距离,它大致等于 1.29×10^{26}m,约为 93×10^{9}ly。

(2)物理世界时间尺度

现今物理学研究物质世界的最短时间为普朗克长度时间,作为时间量子的最小间隔,它大致等于 10^{43}s;而最长时间为质子衰变时间,为 10^{37}s,大爆炸理论推得宇宙年龄是 150×10^{8}y $\approx10^{18}$s。

(3)物质世界的质量尺度

现今物理学研究物质世界的有质量物质中,最小质量是电子的质量,为 0.91×10^{-30}kg;而宇宙的质量约为 10^{50}kg。

3. 物理学分支

物理学按空间尺度划分,可分为量子力学、经典物理学、宇宙物理学。

物理学按速率大小划分,可分为相对论物理学、非相对论物理学。

物理学按客体大小划分,可分为微观物理学、介观物理学、宏观物理学、宇观物理学。

物理学按运动速度划分,可分为低速物理学、中速物理学、高速物理学。

物理学按研究方法划分，可分为实验物理学、理论物理学、计算物理学。

从研究的问题及范围而言，最基础的物理学理论有以下5个分支：

（1）经典力学（Classical Mechanics）及理论力学（Theoretical Mechanics）：研究物体机械运动的基本规律，即宏观低速运动问题的理论。

（2）电磁学及电动力学（Electromagnetics and Electrodynamics）：研究电磁现象，物质的电磁运动规律及电磁辐射等规律的理论。

（3）热力学与统计物理学（Thermodynamics and Statistical Physics）：研究大量原子、分子组成的系统无规则运动（热运动）的统计规律及其宏观表现的理论。

（4）相对论和时空物理（Relativity）：研究物体的高速运动效应、相关的动力学规律以及关于时空相对性规律的理论。

（5）量子力学（Quantum Mechanics）：研究微观物质运动现象以及基本运动规律的理论。

二、物理学的地位与作用

1. 物理学学科性质

物理学是一门以实验为基础的学科，是人们对自然界中物质的运动及变化规律的总结。这种运动和变化规律的总结通过两种方式实现：一是早期人们通过感官直接观测及经验的总结；二是近代人们通过发明、创造供观察和测量用的科学仪器，做实验得出的结果。物理学规律是物理学家经过科学实验和严谨思考论证而提出表述大自然现象与规律的假说。物理定律是能够通过严格实验检验的假说。不能直接被证明的假说，其正确性只能靠反复的实验来检验。实验在物理学研究中起着重要的基础性的地位。

物理学已成为自然科学中最基础的学科之一。物理学研究的运动普遍地存在于其他高级的、复杂的物质运动形式之中，因此物理学研究的规律具有极大的普遍性。例如，宇宙间的任何物体，不论其化学性质如何，也不论其有无生命，都遵循万有引力定律；它们的一切变化和过程，无论是否具有化学的、生物的或其他的特殊性质，都遵从物理学中所发现的能量守恒定律。正是由于所研究的物质运动规律的普遍性，物理学才在自然科学中占有极其重要的地位，成为自然科学和工程技术重要的理论基础。

物理学包含了重要的科学研究的方法论。诚如诺贝尔物理学奖得主、德国科学家玻恩（Born）所言："与其说是因为在我发表的工作里包含了一个自然现象的发现，倒不如说是因为那里包含了一个关于自然现象的科学思想方法基础。因此说物理学之所以被人们公认为一门重要的科学，不仅仅在于它对客观世界的规律做出了深刻的揭示，还因为它在发展、成长的过程中，形成了一整套独特而卓有成效的思想方法体系。而这套科学研究的方法是其他学科研究和工程技术研究的重要典范，是广泛地被其他学科研究与工程技术研究直接借鉴的方法。

2. 物理学与工程技术

由于其学科的特点，物理学的突破时常会造成新科技的出现，物理学的新点子很容易引起其他学术领域产生共鸣。历史上物理学研究的重大突破均导致生产技术的飞跃发展。18 世纪，由于牛顿力学和热力学的发展，蒸汽机应运而生，引起了第一次工业革命；19 世纪电流磁效应规律的发现，很快促成发电机、电动机的发明和创造，人类迎来了电气时代第二次工业革命；20 世纪初，电磁波被发现与应用；20 世纪中期，半导体理论的成果则导致微电子技术和信息处理技术的长足进步，再加上计算机自动、高速、准确的信息处理功能，终于造就了现代信息产业的高度繁荣，以及机器人产业的崛起，迎来了第三次工业革命。

3. 物理学与人类文明

物理学是一门历史悠久的自然学科，作为自然科学的重要分支，不仅对物质文明的进步和人类对自然界认识的深化起到了重要的推动作用，而且对人类的思维发展也产生了不可或缺的影响。从亚里士多德时代的自然哲学，到牛顿时代的经典力学，直至现代物理中的相对论和量子力学等，都是物理学家科学素质、科学精神以及科学思维的有形体现。

随着科技的发展，社会的进步，物理已渗入人类生活的各个领域。例如，牛顿力学、能量和熵的概念、守恒定律、相对论和量子力学，被称为“震撼宇宙的思想”。这些概念、规律和理论，能够给人们提供理解自然界的思想框架。物理学的成果不仅已渗透到所有自然科学和工程科学，而且逐渐渗透到人文科学，甚至对哲学、艺术和宗教屡屡造成强大的冲击。

由此可见，物理学当之无愧地成了人类智慧的结晶、文明的瑰宝。

三、物理学教学目标

物理学已经成为基础科学中发展最快、影响最深的一门科学。高等职业教学的目标是培养高级应用型技术人才，为适应专业学习及现代社会发展的需要，就必须加强基础理论的学习。物理学是工科专业重要的一门基础课，其担负提升学生的科学素养、为专业学习及今后的工程实践打下必要物理知识技能基础的任务。因此高等职业院校工程类学生学习物理学的主要目标有以下三个方面：

一是通过理论学习与实验训练，掌握必要的物理学理论知识及在生产技术中的重要应用，掌握观察、测量、处理实验数据等基本实验技能。

二是通过物理思维能力和分组实验实践，培养分析问题、解决问题的能力，开启智慧，获得科学方法体验与感悟。

三是学习欣赏物理，感受科学的美与魅力，进一步激发学生对科学的兴趣，形成科学思想与价值观，提高科学文化品位。

第1章 质点运动的描述

宇宙中所有物体都在不停地运动变化着，绝对静止的物体是不存在的，即运动具有绝对性。为研究某物体的运动，必须选取其他物体作为参照标准（即参照系），选取的参照系不同，描述的物体运动状况也不同，即运动描述具有相对性。

1.1 运动研究的基本问题

1.1.1 绝对时空观

时空观是哲学的基本问题，也是物理学的基本问题。物体的运动不能脱离时间和空间，任何物体的运动都是在一定的时间和空间中进行的，所以时间与空间是研究运动的基本问题。

人类对时间和空间的认识，称为"时空观"。时空观伴随着科学技术的发展而发展。人们对时空的认识从牛顿的绝对时空观，到爱因斯坦（Einstein）的相对时空观，再到正在发展的新宇图的宇宙时间观，时空观也在不断演进。

以牛顿运动定律为基础的经典力学，是宏观物体低速（远小于光速）运动规律的总结。牛顿力学的时空观，即绝对时空观，认为物体的运动虽然在时间和空间中进行，但是时间和空间的性质与物质的运动彼此没有任何联系，即时间、空间均是独立而绝对的。

狭义相对论是研究宏观物体高速运动的规律性。相对时空观与绝对时空观是完全不同的，它认为时空具有相对性，与运动密切相关，即不同运动状态下时间与空间是不同的。

时间本身具有单向性，是一维的。描述运动需建立时间坐标，坐标原点即计时起点。描述时间基本标准是秒。1960年第十一届国际计量大会（CIPM）通过了国际单位制（SI），时间为7个基本单位之一，其单位是秒，用符号s表示。1967年第一届国际计量大会规定：秒是Cs^{133}基态的两个超精细能级之间跃迁所对应的辐射的9 192 631 770个周期所持续的时间。

空间反映物质运动的广延性。物体在三维空间里的位置可由三个相互独立的坐标轴来确定。空间中两点之间的距离称为长度。在SI中，长度为7个基本单位之一，其单位是米，用符号m表示。1983年10月第十七届国际计量大会上，通过了"米"的新定义："米是光在真空中1/299 792 458秒的时间间隔内所经路程的长度"。

1.1.2　质点

物体的运动变化问题是复杂的，为了便于问题的解决，物理学常采用“理想化”的方法。理想化方法是物理学的最重要的研究方法之一。用理想化的方法忽略问题的次要方面（或矛盾）使被研究的问题变得简单可行；同时因它保留了主要方面，使研究结果具有充分的价值。物理学理想化方法包括理想模型、理想过程、理想实验等。

质点是物理学中最基本、最重要的一个理想化模型，也是牛顿力学的最基本的研究对象。

若物体的大小和形状在所研究的问题中可以忽略，就可把物体当作是有一定质量的一个点，即质点。质点保留了实际物体的两个主要特征：物体的质量和物体的空间位置。

物体是否能视为质点，不是由物体本身的大小、形状决定，而由研究的问题而定。以下两种情况可以把物体当作质点对待：一是刚体作平动。物体作平动时物体内各点具有相同的轨迹、相同的速度和加速度，因而只需研究物体上一点的运动情况，就足以认识其全貌。二是物体的几何尺寸比它运动的尺度小许多，其形状和大小可以忽略，比如研究地球相对太阳的相对运动，可将地球和太阳均视为质点。

如果所研究的物体或运动问题不能当作一个质点处理，则可将其视为由许多质点或质元组成的系统，这些质点或质元的组合，称为质点系。

1.1.3　参照系与坐标系

某物体的运动总是相对于另一些选定的参照物体而言的。例如，研究汽车的运动，常用街道和房屋或电线杆作参照物；观察轮船的航行，常用河岸上的树木、码头或灯塔作参照物。这些作为研究物体时所参照的物体（或彼此不做相对运动的物体群），称为参照系。

选择不同的参照系，描述的物体运动是不同的，如站在运动着的船上的人手中拿着一个物体，在同船的人看来它是不动的，但岸上的人看到它和船在一起运动。如果船上的人把手松开，同船的人看到物体沿直线自由下落，而岸上的人却看到物体做平抛运动。一般而言，研究运动学问题时，只要描述方便，参照系可以任意选择。但是在考虑动力学问题时，选择参照系就要慎重了，因为一些重要的动力学规律（如牛顿运动定律）只对某类特定的参照系（惯性系）成立。

为了把物体在各个时刻相对于参照系的位置定量地表示出来，还需要在参照系上建立适当的坐标系。最常用的坐标系是直角坐标系，例如要描述室内物体的运动，可以选地板的某一角为坐标原点，以墙壁和墙壁及墙壁和地板的交线为坐标轴，这就构成一个直角坐标系。有时也选用极坐标系，例如研究地球的运动时，可以选太阳为坐标原点，而坐标轴则指向某颗恒星。坐标系实质上是由实物构成的参照系的数学抽象,在讨论运动的一般性问题时,人们往往给出坐标系,而不必具体地指明它所参照的物体。

1.2　描述运动的物理量

1.2.1　位置矢量

为了直观、简洁地描述质点的运动,引入位置矢量确定质点位置。如图1.2-1所示,从坐标原点 O 画一个指向质点 P 所在位置的有向线段(矢量)。这样可以用来确定质点所在位置的矢量,称为位置矢量,简称位矢 $\boldsymbol{r}$。

矢量与标量的不同在于:标量只有大小,而矢量是既有大小、又有方向的物理量;矢量的运算法则与标量的运算法则不同。矢量加减不能用代数加减,而是平行四边形法则或三角形法则。

为了使矢量便于表示和计算,采用三维坐标分量的表示方法。坐标分量可视为标量,同一坐标分量的运算用标量运算法则。

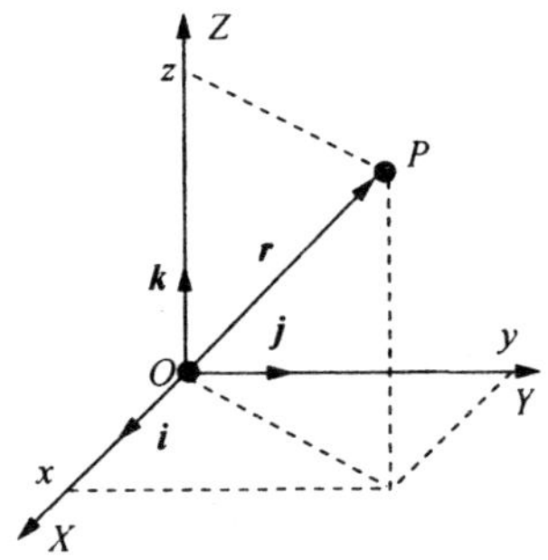

图1.2-1　质点位置矢量

如果质点在空间运动,确定它的坐标分量可用直角坐标系。直角坐标系有三个互相垂直的坐标轴 Ox、Oy、Oz。质点 P 在三个坐标轴上的投影点的坐标分别为 x、y、z,是标量。于是,位置矢量 $\boldsymbol{r}$ 就可表示成直角坐标系三个坐标分量乘以各自的单位矢量之和的形式

$$\boldsymbol{r}=x\boldsymbol{i}+y\boldsymbol{j}+z\boldsymbol{k}, \tag{1.2-1a}$$

式中,$\boldsymbol{i}$、$\boldsymbol{j}$、$\boldsymbol{k}$ 分别为坐标轴 Ox、Oy、Oz 正方向的单位矢量。$\boldsymbol{r}$ 可视为 $x\boldsymbol{i}$、$y\boldsymbol{j}$、$z\boldsymbol{k}$ 三个矢量之和,x、y、z 称为 $\boldsymbol{r}$ 在三个坐标方向上的分量。

若质点在平面上运动,那么在该平面上取平面直角坐标系 Oxy 就可确定质点的位置,即

$$\boldsymbol{r}=x\boldsymbol{i}+y\boldsymbol{j}. \tag{1.2-1b}$$

若质点沿一直线运动,那么在该直线上选定坐标的原点和正方向设为 Ox 轴,就可以确定质点的位置

$$\boldsymbol{r}=x\boldsymbol{i}. \tag{1.2-1c}$$

质点 P 若在运动,那么它的位置矢量 $\boldsymbol{r}$ 将随时间变化,每一时刻对应一个位置,也就是说位矢 $\boldsymbol{r}$ 是时间 t 的函数

$$\boldsymbol{r}=\boldsymbol{r}(t). \tag{1.2-2}$$

位矢 $\boldsymbol{r}$ 随时间 t 变化的函数式也称为质点的运动方程。这时质点的坐标分量 x、y、z 也是时间 t 的函数

$$\left.\begin{aligned} x&=x(t)\\ y&=y(t)\\ z&=z(t)\end{aligned}\right\} \tag{1.2-3}$$

例如，大家熟知的平抛运动就可分解为水平（x 轴方向）匀速直线运动，竖直（y 轴方向）自由落体运动，其运动学方程为

$$x=v_0t,$$

$$y=y_0-\frac{1}{2}gt^2.$$

上式表明，质点的曲线运动可分解为两个（平面上质点运动）或三个（空间质点运动）直线运动的叠加。可见，直线运动是分析曲线运动的基础，是最基本的运动形式。

1.2.2　速度

1. 位移

如图 1.2-2 示，若质点在空间运动，从 t 到 $t+\Delta t$ 质点由位置 A 沿一曲线移动到位置 B。做从 A 指向 B 的矢量表示质点的位置变化，称为位移（矢量）Δr。可见位移是描述一段时间 Δt 内（或某个运动过程）质点位置变化的物理量，它同时描述了质点位置变化的距离大小和方向，是矢量，仅与始末位置有关，与运动路径无关。位移等于始末位置矢量之差：

$$\Delta r=r_{\rm B}-r_{\rm A}=\Delta xi+\Delta yj+\Delta zk, \tag{1.2-4}$$

其中

$$\left.\begin{aligned} \Delta x&=x_{\rm B}-x_A\\ \Delta y&=y_{\rm B}-y_{\rm A}\\ \Delta z&=z_{\rm B}-z_{\rm A}\end{aligned}\right\} \tag{1.2-5}$$

分别是 Δt 时间内质点各坐标分量的增量。

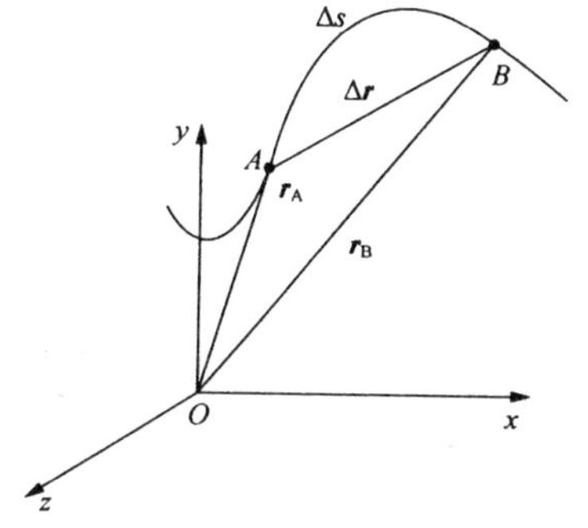

图 1.2-2　位移矢量

2. 速度

为了描述质点运动过程中位置变化的快慢，引入质点在 Δt 时间内的平均速度 $\bar{v}$，其等于该过程中单位时间内位移变化的平均值，即

$$\bar{v}=\frac{\Delta r}{\Delta t} \tag{1.2-6}$$

平均速度 $\bar{v}$ 是矢量，其方向与位移 Δr 方向相同，其大小反映了 Δt 时间内质点位置变化的平均快慢程度。显然它不能反映质点在各个时刻的运动情况，用它来

描述运动是粗略的。Δt 越小，$\bar{v}$ 越能反映该时间内的运动情况。

若令 $\Delta t\to 0$，则得到

$$v=\lim_{\Delta t\to 0}\frac{\Delta r}{\Delta t}=\frac{\mathrm{d}r}{\mathrm{d}t} \tag{1.2-7}$$

v 称为质点在时刻 t 或在 A 点的瞬时速度，简称速度。它是矢量，它的方向与 Δr 在 $\Delta t\to 0$ 时的极限方向相同。当质点做曲线运动时，它在某一点的速度方向就是沿该点曲线的切线方向。在国际单位制 SI 中，速度的单位是米/秒，用符号 m/s 表示。

在空间直角坐标系中，若质点的位移为

$$\Delta r=\Delta xi+\Delta yj+\Delta zk,$$

由速度定义得

$$v=\frac{\mathrm{d}r}{\mathrm{d}t}=\frac{\mathrm{d}x}{\mathrm{d}t}i+\frac{\mathrm{d}y}{\mathrm{d}t}j+\frac{\mathrm{d}z}{\mathrm{d}t}k=v_xi+v_yj+v_zk, \tag{1.2-8}$$

其中

$$\left.\begin{aligned} v_x&=\frac{\mathrm{d}x}{\mathrm{d}t}\\ v_y&=\frac{\mathrm{d}y}{\mathrm{d}t}\\ v_z&=\frac{\mathrm{d}z}{\mathrm{d}t}\end{aligned}\right\} \tag{1.2-9}$$

分别为速度沿 Ox、Oy、Oz 三个轴的分量。根据这三个速度分量，可求得速度大小为

$$v=\sqrt{v_x^2+v_y^2+v_z^2}. \tag{1.2-10}$$

1.2.3 加速度

在一般情况下，质点运动速度大小和方向可能随时间变化，为了描述速度的变化情况，引入加速度。加速度是速度矢量随时间的变化率。

在图 1.2-3 中，质点做曲线运动。在 t 时刻，质点位于 A 处，速度为 v_A；在 t_1 时刻，质点位于 B 处，速度为 v_B，则 Δt 时间内速度的增量为 $\Delta v=v_B-v_A$，则平均加速度为

$$\bar{a}=\frac{\Delta v}{\Delta t} \tag{1.2-11}$$

$\bar{a}$ 是矢量，它的方向与 Δv 的方向一致。显然，它与平均速度一样，是一个粗略的概念。同理，为了精确地描述质点在任一时刻(或任意一位置)的速度变化率，当 $\Delta t\to 0$ 时，平均加速度的极限值称为瞬时加速度，简称加速度，用 a 表示，即

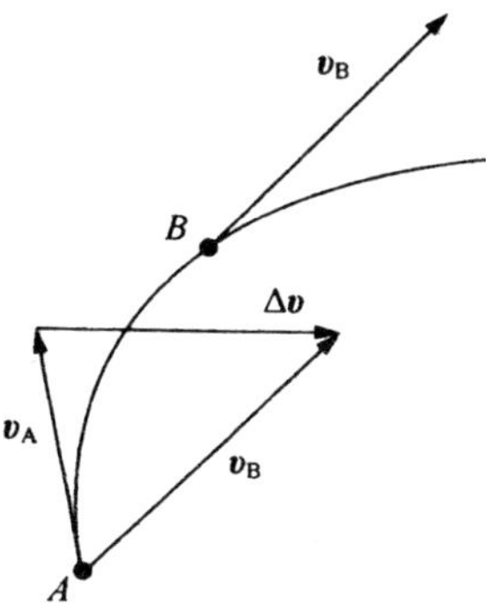

图 1.2-3　加速度示意图

$$a=\lim_{\Delta t\to 0}\frac{\Delta v}{\Delta t}=\frac{\mathrm{d}v}{\mathrm{d}t}. \tag{1.2-12}$$

将式(1.2-8)代入式(1.2-12)得

$$a=\frac{\mathrm{d}v}{\mathrm{d}t}=\frac{\mathrm{d}v_x}{\mathrm{d}t}i+\frac{\mathrm{d}v_y}{\mathrm{d}t}j+\frac{\mathrm{d}v_z}{\mathrm{d}t}k=\frac{\mathrm{d}^2x}{\mathrm{d}t^2}i+\frac{\mathrm{d}^2y}{\mathrm{d}t^2}j+\frac{\mathrm{d}^2z}{\mathrm{d}t^2}k, \tag{1.2-13}$$

则加速度 a 沿 Ox、Oy、Oz 三个轴的分量为

$$a_x=\frac{\mathrm{d}^2x}{\mathrm{d}t^2},a_y=\frac{\mathrm{d}^2y}{\mathrm{d}t^2},a_z=\frac{\mathrm{d}^2z}{\mathrm{d}t^2} \tag{1.2-14}$$

1.2.4　法向加速度和切向加速度

在曲线运动中,用自然坐标系解决问题更方便。在自然坐标系中,加速度矢量可以按质点运动轨道的法线方向和切线方向分解。

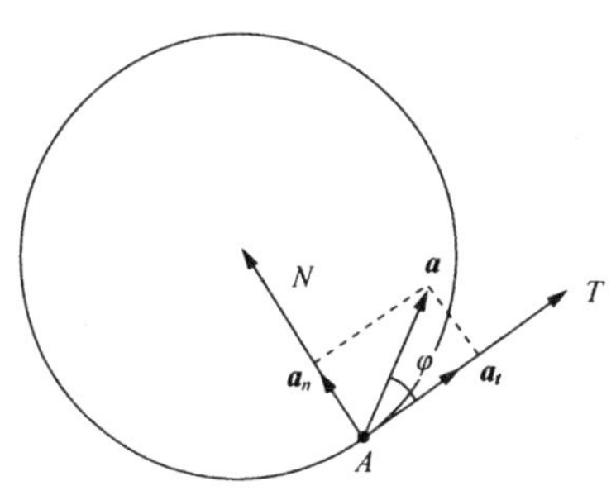

图 1.2-4　法向与切线加速度方向

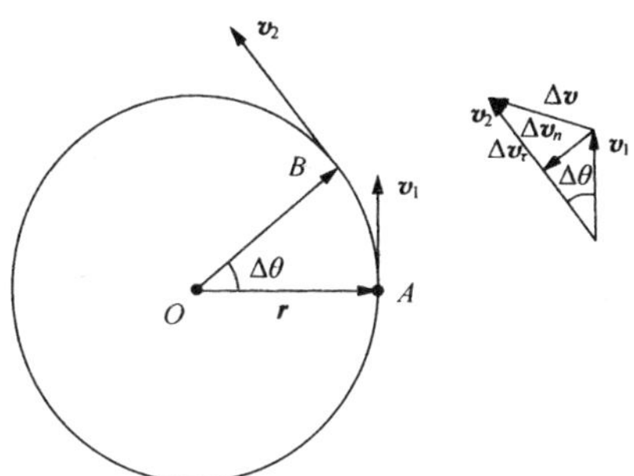

图 1.2-5　法向与切线加速度示意图

如图 1.2-4 所示,一质点在圆轨道上运动到 A 点。在 A 点沿圆的切线作一坐标轴 AT 以质点运动的方向为正方向,称为切向方向坐标轴;沿半径方向指向圆心作一坐标轴 AN,称为法向坐标轴。圆上每一点都有自己的切向坐标轴和法向坐标

轴。曲线运动的质点,其速度方向即沿所在点的切线方向,所以在自然坐标系中,速度只有切线速度分量。而此速度方向一直是变化的,描述这一方向变化的物理量称为法向加速度(因速度瞬时变化的方向是法线方向),而速率大小的变化的快慢称为切向加速度。

下面用最简单曲线运动一质点做变速圆周运动为例来说明,质点曲线运动速度的方向和大小均变化。如图 1. 2-5 所示,质点在圆周上运动时,若 t 时,质点在 A 点,其速度为 v_1;若 $t+\Delta t$ 时,质点在 B 点,其速度为 v_2,则在 Δt 时,质点速度变化量为 Δv ,其可视为 $\Delta v=\Delta v_\tau+\Delta v_n$。当 $\Delta t\to 0$ 时,速度变化量可视两个分量之和,即变化量 Δv_τ,其大小为速率大小的增量,方向与速度方向相同(即 A 切线方向);变化量 Δv_n 是其大小速度方向改变量,方向即 A 法线方向。所以 A 的瞬时加速度为

$$a=\lim_{\Delta t\to 0}\frac{\Delta v}{\Delta t}=\lim_{\Delta t\to 0}\frac{\Delta v_\tau}{\Delta t}\tau+\lim_{\Delta t\to 0}\frac{\Delta v_n}{\Delta t}n,=a_\tau\tau+a_n n, \tag{1. 2-15}$$

即质点加速度有两个分量:一是由于速度方向变化所引起的,其方向指向圆心,即沿法向坐标轴的正方向,称为法向加速度 a_n,描述质点的速度方向对时间的变化率,在圆周运动中,其值为

$$a_n=\lim_{\Delta t\to 0}\frac{\Delta v_\tau}{\Delta t}=\lim_{\Delta t\to 0}\frac{v\Delta\theta}{\Delta t}=v\lim_{\Delta t\to 0}\frac{\Delta\theta}{\Delta t}=\frac{v^2}{r}; \tag{1. 2-16}$$

另一个是由于速度大小变化所引起的,其方向沿切线方向,即在切向坐标轴上,称为切向加速度 a_τ,描述质点的速度大小对时间的变化率,其值为

$$a_\tau=\frac{\mathrm{d}v}{\mathrm{d}t}. \tag{1. 2-17}$$

由两个分量可求出做圆周运动的质点在任一点的加速度 a,为两互相垂直的分量和 a_n 和 a_τ 的矢量和,即 a 的大小和方向(用 a 与 v 的夹角 φ 表示)分别为

$$a=\sqrt{a_\tau^2+a_n^2}, \tag{1. 2-18}$$

$$\tan\varphi=\frac{a_n}{a_\tau}. \tag{1. 2-19}$$

质点做一般的曲线运动时,速度的大小在变化,方向也在变化,其加速度 a 也可分解为切向的 a_τ 和法向的 a_n,此时式(1. 2-16)中的 r 被曲线在该点的曲率半径 ρ 代替,因为曲线上任意微元弧 ds 可视为半径为 ρ 的圆的一段弧线。不同弯曲度的地方弧段所在的圆半径 ρ 不同,ρ 是曲线某点弯曲度的描述,称为曲率半径。所以任意的曲线运动,划分为若干不同曲率半径 ρ 的微元弧段 ds 上的圆周运动。

第 2 章　机械运动与守恒定律

2.1　功、保守力和势能

2.1.1　恒力功

1. 功的概念

若作用在物体上的力大小方向均不变，则称为恒力。在恒力作用下，物体沿力方向上有位移，则称该力对物体做功。

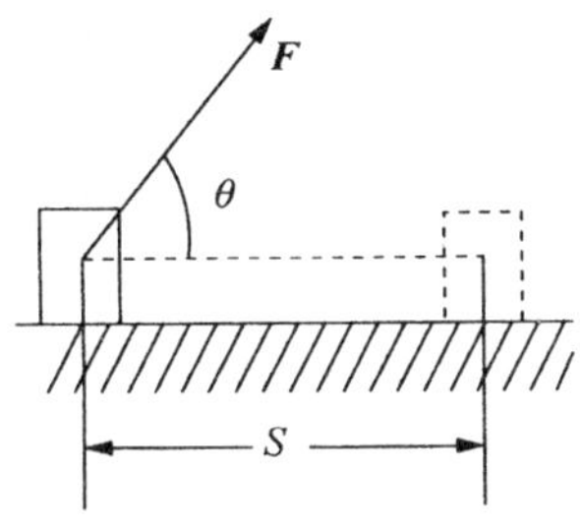

图 2.1-1　恒力功示意图

功是描述力在空间上积累效应的物理量。力做功的定义为力乘以力方向上的位移。如图 2.1-1 所示，若用矢量表示，功是力矢量与位移矢量的标积，其计算式为

$$W = \boldsymbol{F} \cdot \boldsymbol{S} = FS\cos\theta, \tag{2.1-1}$$

其中 θ 是 F 与 S 间的夹角。功的国际制单位是 J（焦耳），$1\text{J} = 1\text{N} \times 1\text{m}$。功是标量，当 $\theta < 90°$ 时，$W > 0$；当 $\theta > 90°$ 时，$W < 0$；当 $\theta = 90°$ 时，$W = 0$，即若作用力与物体位移垂直，则该力不对物体做功。

2. 重力功

（1）重力。由于地球表面上的物体受到地球的吸引而产生的力，是地球对物体的引力在竖直方向上的分量，其大小为方向为竖直向下，在地球表面一般视为恒力。

（2）重力功的计算。如图 2.1-2 所示，若一质点由高度为 h_a 的位置下落到高度为 h_b 的位置，可用图 2.1-3 中带阴影的矩形面积表示（示功图法求功），即该过程中重力做功为

$$W_{ab}=mg(h_a-h_b). \tag{2.1-2}$$

由此可见,重力做功的特点为:做功只与物体的始、末位置(竖直高度 h_a、h_b)有关,而与所经历的路径无关。

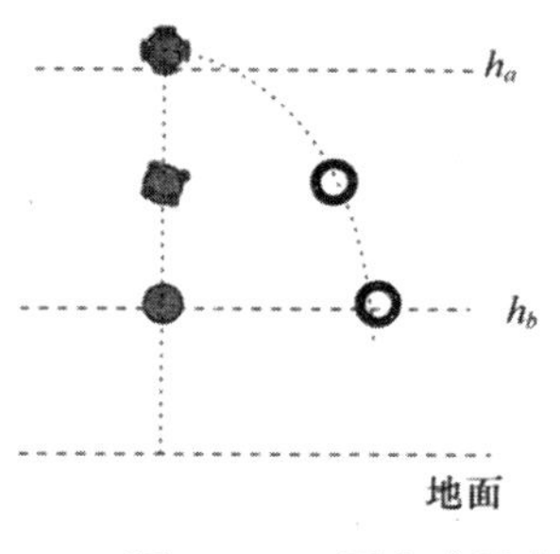

图 2.1-2 重力功示意图

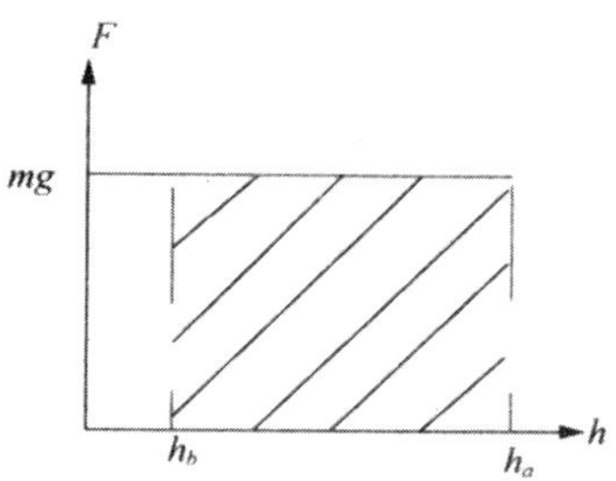

图 2.1-3 重力功示功图

3. 重力势(位)能

具有做功的能力即称为具有能量。具有做功本领大,则能量大。物体由于处于高位(相对于零势能参照点的高度)时,在此自由下落过程中,重力会做正功,因此而具有的能量,称为重力势能,在此"势"可理解为"位置状态"。重力势能的值大小由所在位置做功来量度,即为

$$E_p=mgh, \tag{2.1-3}$$

其中 h 是物体所在位置与势能零点的竖直距离。由式(2.1-2)和式(2.1-3)可见,重力对物体所做的功是重力势能增量的负值,

$$W_{ab}=-(E_{pb}-E_{pa}). \tag{2.1-4}$$

2.1.2 变力功

1. 变力功计算

若作用在物体(质点)上的力或沿位移方向的分力是随位置变化而变化的力,这种情况下,作用力所做的功该怎样计算呢?

在宏观低速时,物理量均是连续量。因此可用下列方法求变力功。如图 2.1-4 所示,将位移分割为无数多段小位移,小到在每段小位移内力不变(连续性决定);可求每一段小位移内(恒力)所做的功,即 $\triangle W_i=F_i\cdot\triangle s_i$,然后将各段功求和得到整个位移段力做的功,即

$$W=\sum\triangle W_i=\sum F_i\cdot\triangle s_i.$$

(1)积分法求变力功。因经典物理量均为连续变化量,所以还可直接用微积分方法,则微元位移段(小到在该段位移中可将 F 视为不变)F 所做微元功为 $\mathrm{d}W=F\cos\theta\cdot\mathrm{d}s$,图 2.1-5 中 a 到 b 过程中所有的元功求和即为该过程 F 所做的功,即

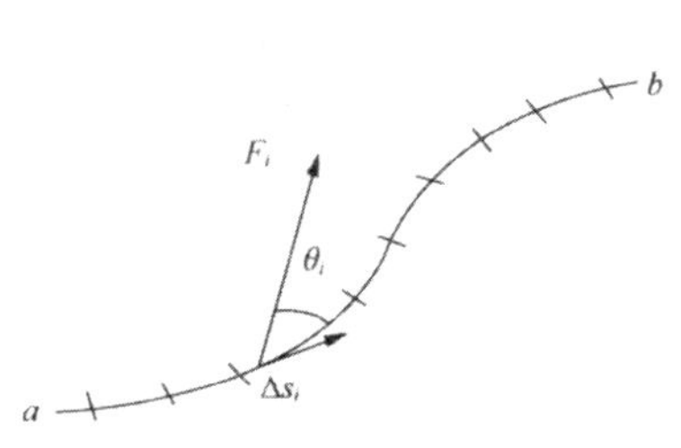

图 2. 1-4　变力做功

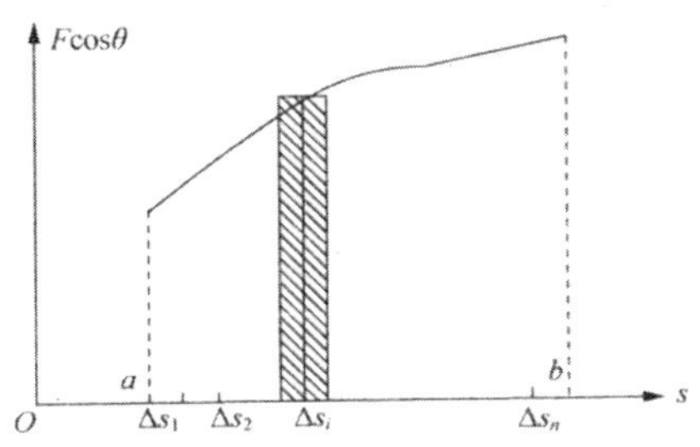

图 2. 1-5　变力功示功图

$$W=W=\int_a^b \cos\theta \cdot \mathrm{d}s. \qquad (2.1-5)$$

(2)示功图法求变力功。若已知力随位置变化的函数关系曲线图 $F(s)$，如图 2. 1-5 所示，则由定积分的几何意义可知，即是 $F(s)$ 图线与始末位置线和($s=a$ 和 $s=b$)及 s 轴围成的曲边梯形面积。通过求 $F(s)$ 曲线与始末位置线决定的梯形的面积，求力所做的功，这一方法称为示功图法。

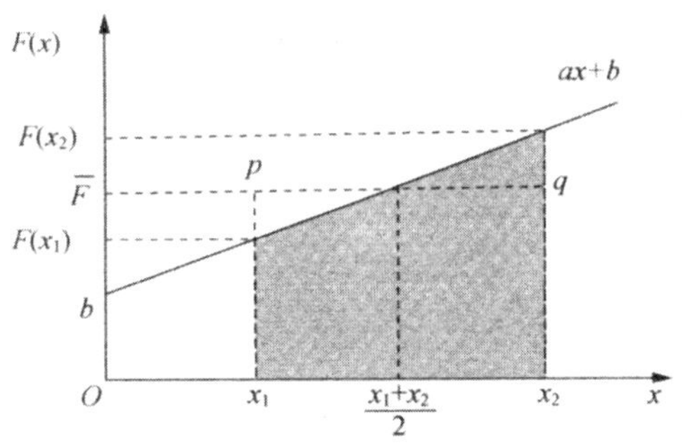

图 2. 1-6　线性力做功示功图

(3)平均力法。若能求出一段位移中的平均力 $\overline{F}$，则变力 $F(x)$ 在该段位移中所做的功为

$$W=\overline{F}(x_2-x_1). \qquad (2.1-6)$$

如图 2. 1-6 所示，变力 $F(x)$ 与 x 呈线性函数关系时，平均力为

$$\overline{F}=\frac{1}{2}[F(x_2)+F(x_1)]. \qquad (2.1-7)$$

式(2. 1-7)仅适用于与位移呈线性函数关系的作用力；对与位移呈非线性函数关系的作用力，必须用积分法或其他方法来计算。

2. 弹力功

在弹性限度内，弹簧的弹力与弹簧的伸长成正比，方向指向平衡位置，即

$F=-kx$。所以弹力是一个随位置坐标做线性变化的变力。求弹力功是典型的变力功问题:假设以弹簧原长为坐标原点,x 是弹簧的伸长,x 的伸长方向为正方向时,求弹簧从 $x_0 \to x$ 的变化过程中弹力做功。

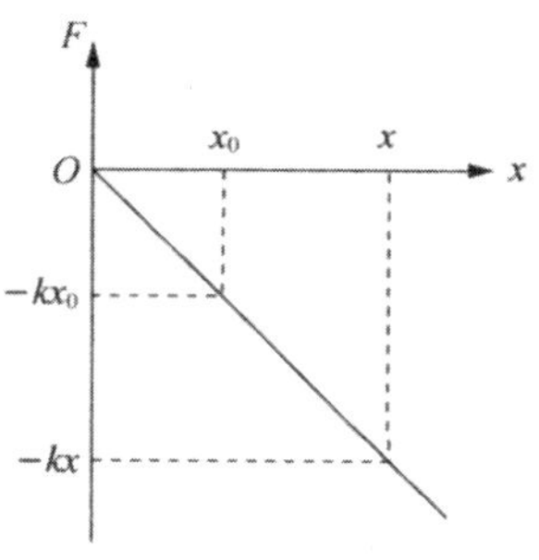

图 2.1-7　弹力功示功图

用图示法,做出弹力为 $F=-kx$ 曲线如图 2.1-7 所示。弹簧从 $x_0 \to x$ 伸长变化过程中,弹力与位移方向相反,弹力做负功;弹簧从 $x_0 \to x$ 压缩变化过程中,弹力与位移方向相同,弹力做正功,其大小为力线与 x 轴及 $x=x_0$ 和 $x=x$ 所围梯形的面积,即当 $x_0 \to x$ 时,

$$W=-\frac{1}{2}(kx+kx_0)(x-x_0)=-(\frac{1}{2}kx^2-\frac{1}{2}kx_0^2). \tag{2.1-8}$$

用微积分法,当 $x_0 \to x$ 时,

$$W=W\int_{x_0}^{x}-kx\mathrm{d}x=-(\frac{1}{2}kx^2-\frac{1}{2}kx_0^2), \tag{2.1-9}$$

当 $x \to x_0$ 时,

$$W=W\int_{x}^{x_0}-kx\mathrm{d}x=\frac{1}{2}kx^2-\frac{1}{2}kx_0^2. \tag{2.1-10}$$

由此可见,弹力做功的特点为:在弹簧的弹性限度内,弹力做功与重力做功有相同的特点,即仅决定于始、末位置(x_0,x),与路径无关。

3. 弹性势能

物体发生形变时,因物体具有恢复形变的能力,而恢复形变的过程中,弹力将做正功,因此具有的能量称为弹性势能。弹簧在弹性限度内,弹力做功与路径无关,仅决定于始末状态,由此可用弹力做功量度弹簧始末状态弹性势能的变化。

将 $x_0=0$ 代入式(2.1-10),得到弹簧伸长为 x 时具有的势能为

$$E_P=\frac{1}{2}kx^2. \tag{2.1-11}$$

由式(2.1-8)和式(2.1-11)得

$$W=-(\frac{1}{2}kx^2-\frac{1}{2}kx_0^2)=-(E_P-E_{P_0})=-\triangle E_P. \tag{2.1-12}$$

弹力做功等于弹性势能增量的负值。当外力对物体做正功,弹性物体变形,弹力做负功,物体从外界获得能量,弹性势能增加;当物体恢复变形时,弹力做正功,将弹性势能转变为动能,则弹性势能减少。

弹性势能和动能的相互转换,应用于许多技术设计的重要环节,在许多机器设备中都有巧妙利用弹性势能的实例。如图 2.1-8 所示的是广泛应用于汽油机和柴油机的一种气门控制机构。当凸轮从图示位置继续转动时,原被压缩的弹簧将伸长而对气门做功,使其封闭汽缸,然后再打开,不断重复。这是常见的利用弹性势能的方式,通过外力做功,将动能转换为弹性势能储存起来,然后在适当时候,使弹性势能释放出来(也就是弹簧对外做功),以获得期望的效果。

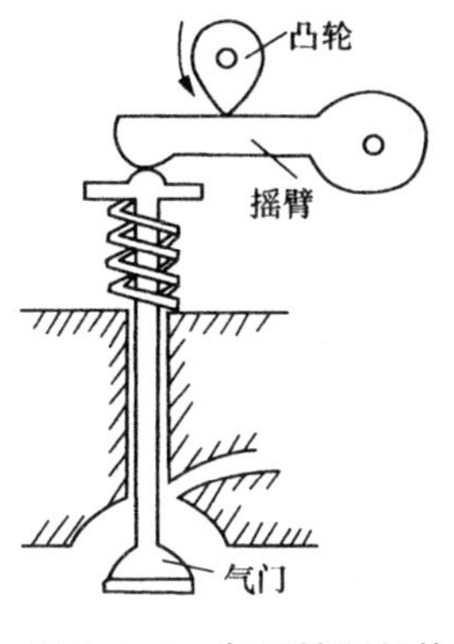

图 2.1-8　气门控制机构

2.1.3　保守力与势能

1. 保守力与非保守力

按相互作用的性质将力分为引力、电磁力、强相互作用和弱相互作用四大类力;按力作用效果分为动力、阻力、向心力、拉力等。

根据力做功的特点将力分为保守力与非保守力,如重力、弹力、引力等做功仅与始末位置有关,与路径无关的力,称为保守力;如摩擦力、黏滞阻力、火药爆炸力、磁力等做功不仅与始末位置有关,还与路径有关的力称为非保守力。

2. 势能

由于保守力做功仅决定于始、末状态,与路径无关,亦说明可用一个状态量表示与保守力做功相对的变化。因此每一种保守力,都可引入一种与之对应的势能。如与重力、弹力、万有引力、静电力相对应的,分别可引入重力势能、弹性势能、引力势能、电势能。

由重力势能与弹性势能与对应的重力、弹力做功的关系,可见保守力所做的功等于势能增加的负值,即

$$W = -\triangle E_P = -(E_P - E_{P_0}),$$

说明保守力做功是改变势能的途径,或说保守力的功是对应势能变化的量度。如弹力对物体做的功是物体弹性势能变化的量度;重力对物体做的功是该物体重力势能变化的量度。

某一状态(位置)的势能等于物体从该状态(位置)到势能零点保守力做的功(或从势能零点到某位置保守力做功的负值)。

$$E_{P_0} = 0, E_P = W_{PP_0} = \int_P^{P_0} F \cdot ds. \tag{2.1-13}$$

3. 势能的利用

势能的优点是便于储存,也便于有控制地释放和利用。势能的利用主要就是借物体的势(状态)存储能量,有控制地释放与利用,如水电站的储水、打桩及锻压机的提高,都是利用重力势能的典型实例。

4. 材料轴向形变特性及势能

在工程实际中,产生轴向拉伸或压缩的杆件很多,当杆件受到与轴线重合的拉力(或压力)作用时,杆件将产生沿轴向的伸长(或缩短),这种形变称为轴向拉伸或压缩形变。为描述这种形变及材料的相关特性,引入应力与应变概念。如图 2.1-9 所示,一根结构均匀、长度为 l、横截面积为 S 的弹性直棒,两端受到大小为 F、沿轴向的反向作用力,结果使其长度变为 $l+x$(x 为伸长长度,当 F 为拉力时,$x>0$;当 F 为压力时,$x<0$)。为描述棒受到拉力的强度,引入物理量 $\sigma = F/S$,即棒单位面积受到的拉力(或压力)大小称为应力;为描述棒的拉伸形变大小,引入量 $\varepsilon = x/l$,即棒单位长度棒的伸长,称为应变。实验表明,在弹性限度内,应力与应变成正比 $\sigma = Y\varepsilon$,其比例系数 Y 称为杨氏模量,该系数与棒的长短和横截面积无关,只与直棒的材料性质有关,所以杨氏模量是某种材料拉伸形变能力的量度。

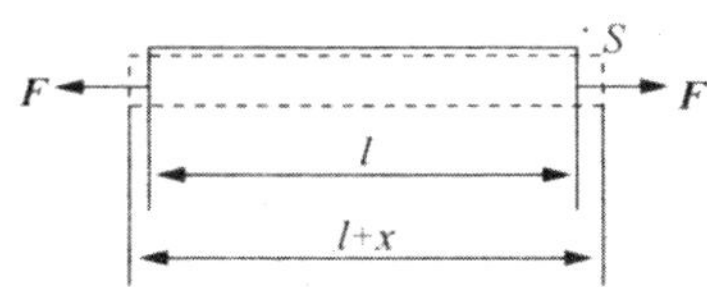

图 2.1-9 弹性直棒的拉伸形变

2.2.1 动能定理

1. 质点动能定理

质点动能 $E_k = mv^2/2$,是质点因运动而具有的能量,是运动速率状态的单值函数,动能是标量,且只有正值(大小)。

质点动能变化与外力功的关系,称为质点动能定理,表述为质点所受合外力做

的功等于质点动能的增量,其表达式为

$$W_{外}=\Delta E_k=(E_k-E_{k0}).\qquad(2.2-1)$$

2. 系统的动能定理

多个有相互联系的质点(物体)组成整体称为系统。系统受力可根据施力物体的不同,将系统内质点受力分为外力和内力。外力是指系统外物体对系统内物体的作用力;内力是指系统内物体间的相互作用力。根据作用力做功的特点不同,又将内力分为保守内力和非保守内力。

系统动能是指系统各物体(质点)动能的总和。即系统动能为

$$E_k=\sum_{i=1}^{n}E_{ki}=\frac{1}{2}\sum_{i=1}^{n}m_iv_i^2.\qquad(2.2-2)$$

系统动能的变化与所有力做功有关,其关系称为系统的动能定理,即外力、保守内力、非保守内力做功的代数和等于系统动能的增加。数学表达式为

$$W_e+W_{ic}+W_{in}=\Delta E_k=(E_k-E_{k0}).\qquad(2.2-3)$$

动能定理说明功是改变动能的途径与方法,或功是动能变化的量度。

2.2.2　功能原理与机械能守恒定律

1. 功能原理

因保守内力的功是系统势能的增量,即 $W_{ic}=-\Delta E_p=-(E_p-E_{p0})$,代人系统动能定理式(2.2-3)得

$$W_e+W_{in}=(E_k+E_p)-(E_{k0}+E_{p0}).\qquad(2.2-4)$$

系统所有动能和势能的总和,称为系统机械能 E,表征系统所有质点因机械位置和机械运动所具有的势能与动能的总和,即

$$E=E_k+E_p,\qquad(2.2-5)$$

将其代入式(2.2-4)即得

$$W_e+W_{in}=(E-E_0).\qquad(2.2-6)$$

该式表明:所有外力功和非保守内力功的代数和,等于物体系统机械能的增量,这一规律称为功能原理,也称为机械能定理。

功能原理说明,外力功和非保守内力功是改变机械能的途径,或说外力功和非保守内力功的代数和是机械能变化的量度。

2. 保守力做功的特点

由机械能守恒定律知,保守内力做功,可使系统的动能和势能相互转化,但它不改变系统机械能的总量。因此,保守内力做功的特点是:①做功与路径无关,而只与始、末位置有关;②保守内力的功是系统势能变化的量度;③保守内力的功不会造成机械能的改变,保守力做负功时,动能(或其他形式的能)将以势能形式被"保存"起来;当保守力做正功时,势能将释放出来,转换成可利用的动能或其他能。

3. 机械能守恒定律

在某一过程中,若系统机械能始终保持恒定,只在系统内部发生动能和势能的相互转换的情况,称为机械能守恒。

由式(2.2-6)可知机械能守恒的条件为 $W_e=0$,$W_{in}=0$,则 $E=E_0$。即若系统只有保守内力做功的情况下运动,系统的动能和势能可以相互转化,但系统的机械能保持不变,这一结论即是机械能守恒定律。

现实中的运动由于摩擦力等非保守力耗散力的普遍存在,机械能精确守恒的情况是比较少见的,但在许多问题中,摩擦力等非保守力的功忽略不计时,对计算结果不发生明显影响,仍可应用机械能守恒定律。例如,在第一宇宙速度(抛出后可不返回地面)、第二宇宙速度(物体逃离地球引力束缚,成为太阳的行星)、第三宇宙速度(脱离太阳系的速度)计算中,就忽略了空气阻力(非保守)这一次要因素,而应用了机械能守恒定律。

2.2.3 能量守恒定律

自然界中的物体存在着多种运动形式,对应物质的各种运动形式,能量也有各种不同形式,如机械能、内能、电磁能、光能、化学能、核能等。在一定的条件下,伴随运动形式之间的相互转换,能量也随之相互转化。从古代的钻木取火,到现在的原子能发电,都包含了能量的转化过程。物体的运动还可通过相互作用,从一个物体转移到另一个物体,运动发生转移时,其能量也从一个物体转移到了另一个物体。

人们在长期的生产实践和科学实验表明,尽管各种能量之间进行着转化,但对一个不受外界影响的孤立系统来说,它所具有的各种不同形式的能量的总和是守恒的。即能量不能创生,也不能消灭,只能从一种形式转换为另一种形式,或者从一个物体传递到另一个物体。这一结论称为能量守恒定律。

能量守恒定律是自然界基本的普适定律之一。机械守恒定律只是它的一个特例。自然界中的一切变化和过程,无论是宏观还是微观的,都遵守这一定律。

2.3 动量定理与动量守恒定律

2.3.1 动量

相同大小的塑料球与铁球从同一高度掉下,落地时虽然具有相同的速度,但砸伤人的危险性却不同;同一锻锤,以不同的速度打工件,工件受力变形的程度不同。这说明研究运动物体所造成的撞击效果时,只用速度,或只用质量都不能准确描述运动物体相互作用所产生的效力,因此必须同时考虑物体的质量和速度两个因素,为此引入动量概念。

为描述物体运动量的情况,特别是撞击时所表现出的能力(效果),引入动量概念。质点的动量 P 等于质点质量 m 与运动速度 v 的乘积,在国际单位制中,动量单位是 kg · m/s。

动量的数学表达式为

$$p=mv. \tag{2.3-1}$$

对动量的理解,应注意以下几点。

(1)动量的瞬时性。因速度具有瞬时性,动量是针对某一时刻来说的,是描述物体运动状态的状态量。

(2)动量的相对性。由于速度与参照系的选择有关,所以物体的动量也与参照系的选择有关。

(3)动量的矢量性。动量是矢量,其方向与质点运动速度方向相同,运算时要遵循矢量的运动法则。若质点做任意三维空间运动,其速度为

$$v=v_x i+v_y j+v_z k,$$

则该质点的动量为

$$\begin{aligned} v &= mv_x i+mv_y j+mv_z k, \\ &= p_x i+p_y j+p_z k, \end{aligned} \tag{2.3-2}$$

即动量可分解为三个坐标分量,或说动量可由三个独立坐标分量组成,因为任意运动都可看作三独立的直角坐标方向直线运动的叠加,所以一个质点的总的动量也可视为三直角坐标方向直线运动动量的叠加,而每个直线运动可按代数量进行运算。

2.3.2　质点动量定理

1. 冲量

冲量是力对时间的累积效果。若力在 $t_0 \to t$ 过程中 F 是变化的,则冲量表达式为

$$I=\int_{t_0}^{t} F\mathrm{d}t. \tag{2.3-3}$$

若 F 是恒力,则

$$I=F(t-t_0). \tag{2.3-4}$$

冲量是矢量,其方向为 F 的方向。冲量是过程量。

2. 质点动量定理

在质点运动过程中,随着运动状态的变化,其动量发生变化。动量变化的原因及规律是怎样的呢?牛顿早在《自然哲学的数学原理》一书中,就总结出了动量变化的规律——动量定理:运动外力正比于运动量的变化率,其微分数学表达式为

$$F=\frac{\mathrm{d}p}{\mathrm{d}t}=\frac{\mathrm{d}(mv)}{\mathrm{d}t}. \tag{2.3-5}$$

在经典力学讨论的宏观低速问题中,质点的质量可视为不变的常量,由式(2. 3-5)得

$$F=\frac{\mathrm{d}(mv)}{\mathrm{d}t}=m\frac{\mathrm{d}v}{\mathrm{d}t}=ma. \tag{2. 3-6}$$

这即是大家熟悉的牛顿第二定律,它只适用于宏观、低速运动,即质量可视为常量时,而式(2. 3-5)的动量定理较牛顿第二定律(式(2. 3-6))更具普适性。因此可将牛顿第二定律视为动量定理在特定条件下的表现形式。

由式(2. 3-5)得动量定理的积分形式:

$$F=\frac{\mathrm{d}p}{\mathrm{d}t} \Rightarrow F\mathrm{d}t=\mathrm{d}p \Rightarrow \int_{t_0}^{t}F(t)\mathrm{d}t=\int_{p_0}^{p}\mathrm{d}p=p-p_0. \tag{2. 3-7}$$

由式(2. 3-3)和式(2. 3-7)得

$$I=p-p_0=\triangle p. \tag{2. 3-8}$$

式(2. 3-8)表明:质点所受合外力的冲量,等于它的动量的增量。这一结论是质点动量定理的积分形式的表述。

动量定理表明:冲量景动量变化的量度。动量比速度更全面地反映机械运动物体的状态。动量、动能的变化都是反应力累积作用效果,引起动量变化的冲量是力在时间上的累积作用效果,而引起动能变化的功是力在空间上的累积作用效果。

动量定理在直角坐标系中的表达式

$$\left.\begin{aligned} I_x&=P_x-p_{x0}=\triangle p_x\\ I_y&=P_y-P_{y0}=\triangle p_y\\ I_z&=P_z-p_{z0}=\triangle p_z \end{aligned}\right\} \tag{2. 3-9}$$

即质点在某坐标轴方向动量的增量等于该方向上合外力的冲量(或外力冲量的代数和)。

在直线运动中,只需设运动方向为轴,则只需用上述的第一个方程(代数方程)即可。

3. 用动量定理解决打击问题

打击(碰撞)问题受力较为复杂,一般变化规律如图 2. 3-1 所示,是一变力。

其特点是:力方向不变,力大小变化剧烈而快速,作用时间短。因此可通过作用时间内的平均冲力来表示其作用效果。

平均冲力是指在作用时间内的冲量等效于该力在该段时间内总冲量,即

$$\overline{F}t=\int_{t_0}^{t}F\mathrm{d}t=p-p_0. \tag{2. 3-10}$$

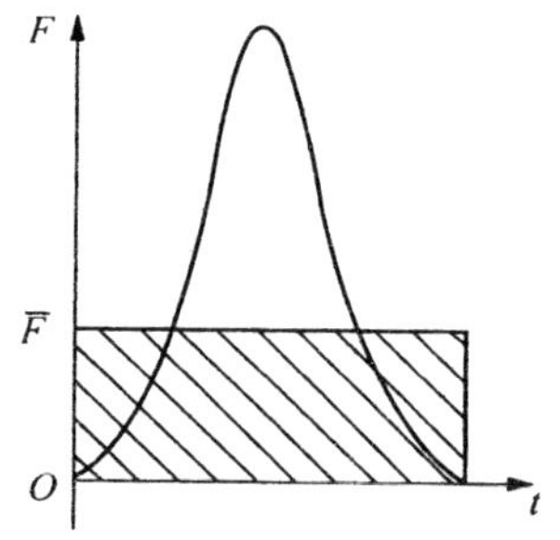

图 2. 3-1　打击冲力变化示意

2.3.3 动量守恒定律

1. 系统动量定理

设系统由 n 质点组成，它们的质量分别为 $m_1, m_2, \cdots, m_n$，在系统中，任意质点 m_i 所受的合力是作用于它的外力和内力的矢量和，由质点动量定理得

$$\left(F_{ie}+\sum_{j\neq i} F_{ij}\right)\mathrm{d}t=\mathrm{d}(m_i v_i), \tag{2.3-11}$$

其中 F_{ie} 是第 i 质点受到的合外力，F_{ij} 系统内第 j 个质点对第 i 个质点作用的内力。

系统所有质点动量方程求和：

$$\sum_{i=1}^{n}\left(F_{ie}+\sum_{j\neq i} F_{ij}\right)\mathrm{d}t=\sum_{i=1}^{n}\mathrm{d}(m_i v_i), \tag{2.3-12}$$

由上式得

$$\sum_{i=1}^{n} F_{ie}\mathrm{d}t+\sum_{i=1}^{n}\sum_{j\neq i} F_{ij}\mathrm{d}t=\mathrm{d}\sum_{i=1}^{n}(m_i v_i), \tag{2.3-13}$$

根据牛顿第三定律，系统质点间的内力成对出现，因此

$$\sum_{i=1}^{n}\sum_{j\neq i} F_{ij}\mathrm{d}t=0,$$

则得

$$\left(\sum_{i=1}^{n} F_{ie}\right)\mathrm{d}t=\mathrm{d}\sum_{i=1}^{n}(m_i v_i). \tag{2.3-14}$$

系统所受合外力表示为

$$F_e=\sum_{i=1}^{n} F_{ie},$$

系统动量为各质点动量的矢量和

$$p=\sum_{i=1}^{n}(m_i v_i). \tag{2.3-15}$$

则式(2.3-14)可写为：

$$F_e\mathrm{d}t=\mathrm{d}p. \tag{2.3-16}$$

若作用过程为 $t_0\rightarrow t$，对应系统动量变化为 $p_0\rightarrow p$，对式(2.3-16)进行积分得

$$\int_{t}^{t_0} F_e\mathrm{d}t=\int_{p_0}^{p}\mathrm{d}p=p-p_0=\Delta p. \tag{2.3-17}$$

式(2.3-17)表明系统合外力的冲量(或所有外力冲量的矢量和)等于系统动量的增量，这一结论即是系统动量定理。

其在直角坐标系中的表达式为

$$\left.\begin{aligned}\sum_i F_{iex}t=p_x-p_{x0}=\triangle p_x,\\ \sum_i F_{iey}t=p_y-p_{y0}=\triangle p_y,\\ \sum_i F_{iez}t=p_z-p_{z0}=\triangle p_z,\end{aligned}\right\}\tag{2.3-18}$$

即系统在某坐标方向上的动量增量等于系统所受合外力在该坐标轴上分量的冲量(或所有外力在该坐标方向上冲量的代数和)。

2. 系统动量守恒定律

由式(2.3-17)可知 $F_c=0\Rightarrow p=p_0$,即当一个质点系统所受合外力为零时,系统内力的冲量实现系统内质点(物体)间动量的转移,系统动量总量不变,即系统动量守恒。

系统动量守恒条件是系统所受合外力为零。实际问题中,如在太空中的飞船、火箭系统等,实际上往往是外力远远小于内力时,可把外力略去不计,视为近似守恒,如一般碰撞问题等。

由运动的独立可叠加或者动量定理的坐标分量表达式可知

$$\sum F_{iex}=0 \quad \Rightarrow \quad P_x=P_{x0}$$

即动量守恒定律还可以表达仅是某一方向(或直线运动)的情况,即当某方向上的合外力为零,该方向上系统的动量守恒;或是合外力虽不为零,但合外力在某个方向上的分量为零,则系统在该方向上的动量守恒,如图 2.3-2 所示的炮弹射出过程中,炮车与地面水平方向的力远小于炮弹与炮间的相互作用,可忽略不计,但竖直方向上的力不可忽略,所以总动量不守恒,但在水平方向上可视为动量守恒。

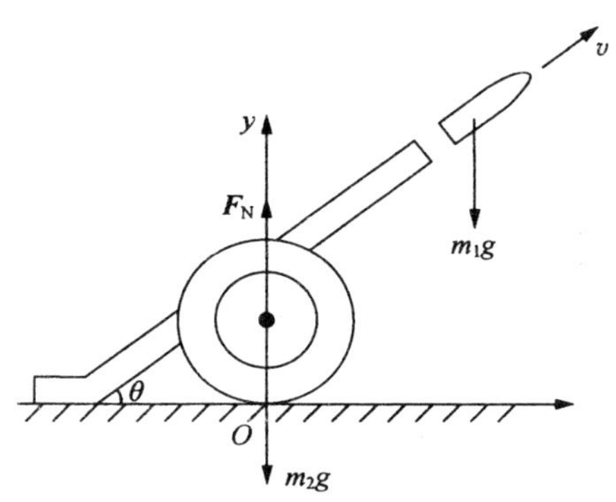

图 2.3-2　单方向动量守恒

2.3.4 碰撞问题

1. 碰撞现象

工作生活中常见的敲打、锻压、击球等过程具有共同的特点，即两个物体相互靠近时，物体间骤然加大的作用力只持续极短时间，使得至少有一物体的运动状态因之发生显著变化的过程。这种过程称为碰撞。

复杂问题的解决，首先要分析问题各因素并进行分类。碰撞过程是一个较复杂的过程，为了便于研究，首先进行分类。根据碰撞前后的运动方向情况将碰撞分为正碰与斜碰。两个物体碰撞前后，都沿同一直线运动的碰撞称为正碰；碰撞后运动方向发生变化的碰撞称为斜碰。根据碰撞后弹性恢复情况，可将碰撞分为完全弹性碰撞、非完全弹性碰撞、完全非弹性碰撞。

(1) 完全弹性碰撞：碰撞后形变完全恢复，碰撞前后两物体的总动能保持不变的碰撞（微观粒子间碰撞即是完全弹性碰撞，钢球之间碰撞可近似视为完全弹性碰撞）。

(2) 非完全弹性碰撞：物体碰撞造成的形变不能完全恢复，仅有部分形变恢复的碰撞，因有部分形变未恢复，由此碰撞造成了系统部分动能的损失。

(3) 完全非弹性碰撞：碰撞后两物体合为一体一起运动的碰撞，碰撞造成的形变完全没有恢复，此碰撞系统动能损失最大，如子弹打进物体的碰撞等。

2. 碰撞问题分析

碰撞（爆炸）过程中，因碰撞引起的系统内部的相互作用力（弹力）一般远远大于系统所受的外力（如重力、摩擦力等），因而忽略外力，近似认为系统的总动量守恒。

如图 2.3-3 所示的正碰，两物碰撞前后均在同一直线上运动，则碰撞过程动量守恒方程可写为直线运动动量守恒（标量式）

$$m_1v_{10}+m_2v_{20}=m_1v_1+m_2v_2. \tag{2.3-19}$$

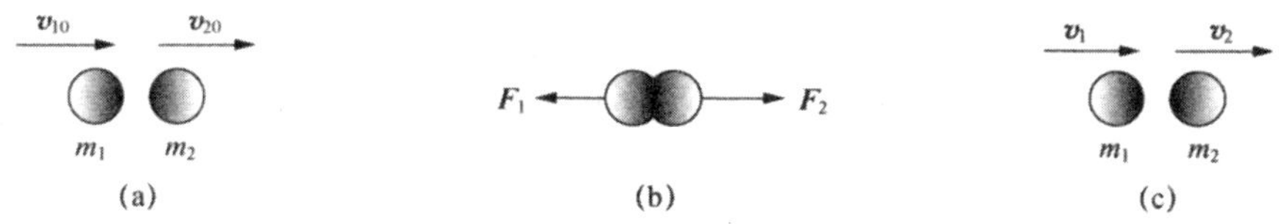

图 2.3-3　小球碰撞示意图

若已知碰撞前两物体的运动状态，求碰撞后两物体的运动，上一个方程，有无穷多组解，而每一具体碰撞情况均只有一种结果。这是因为对两个物体，碰撞的弹性恢复不同，但对确定材质的两物体，其弹性恢复程度与其碰撞的速度无关。为量度物体间碰撞的弹性恢复程度，引入恢复系数

$$e=\frac{v_2-v_1}{v_{10}-v_{20}} \tag{2.3-20}$$

式中，v_2-v_1 称为碰后分离速度，$v_{10}-v_{20}$ 称为碰前趋近速度。

实验表明，$0<e<1$，且 e 值决定于两碰撞物体材料性质，与物体碰前、碰后的速度无关，实验测得几个恢复系数，如表 2.3-1 所示。

表 2.3-1　几类材料的恢复系数

材料	玻璃-玻璃	铝-铝	铁-铅	钢-软木
e	0.93	0.20	0.12	0.55

解式(2.3-19)和式(2.3-20)得，碰撞后两物体的速度为

$$v_1=v_{10}-\frac{m_2}{m_1+m_2}(1+e)(v_{10}-v_{20}), \tag{2.3-21}$$

$$v_2=v_{20}-\frac{m_1}{m_1+m_2}(1+e)(v_{20}-v_{10}). \tag{2.3-22}$$

碰撞后动能损失为

$$\triangle\varepsilon_k=\frac{1}{2}\frac{m_1m_2}{m_1+m_2}(1-e^2)(v_{10}-v_{20})^2. \tag{2.3-23}$$

对完全弹性碰撞 $e=1$，则得

$$v_1=\frac{(m_1-m_2)v_{10}+2m_2v_{20}}{m_1+m_2}, \tag{2.3-24}$$

$$v_2=\frac{(m_2-m_1)v_{20}+2m_1v_{10}}{m_1+m_2}. \tag{2.3-25}$$

碰撞过程中无动能损失，故 $\triangle\varepsilon_k=0$.

当 $m_1=m_2$ 时，则得 $v_1=v_{20}$、$v_2=v_{10}$，即等质量物体做完全弹性正碰后，两物体交换速度反弹。

当 $m_1=m_2$，$v_{20}=0$ 时，则得 $v_1=0$、$v_2=v_{10}$，即一物体与静止的等质量另物体做完全弹性正碰，则该物体静止，被碰撞物获得其速度继续运动。

当 $m_1\leqslant m_2$，$v_{20}=0$ 时，则得 $v_1=-v_{10}$、$v_2=0$，即小质量物体与静止的大质量物体做完全弹性正碰后，小质量物体以原速度返回，大质量物体基本不动。

对完全非弹性碰撞 $e=0$，则得

$$v_1=v_2=\frac{m_1v_{10}+m_1v_{20}}{m_1+m_2}. \tag{2.3-26}$$

完全非弹性碰撞时，其较前两种碰撞动能损失最大。

$$\triangle\varepsilon_{km}=\frac{1}{2}\frac{m_1m_2}{m_1+m_2}(1-e^2)(v_{10}-v_{20})^2=\frac{1}{2}\frac{m_1m_2}{m_1+m_2}(v_{10}-v_{20})^2. \tag{2.3-27}$$

3. 碰撞理论的应用

1932 年，查德威克(Chadwick)用未知“射线”(电中性)，以相同的速度 v_{10} 分别

去撞击静止氢核和氮核,发生完全弹性碰撞,设它们获得的速率分别为处 v_2 和 v'_2,并测得比值 $v_2/m'_2=7.5$。

根据完全弹性碰撞规律(式(2.3-24))得

$$v_2=\frac{2m_1v_{10}}{m_1+m_2},v'_2=\frac{2m_1v_{10}}{m_1+m'_2}$$

由于

$$\frac{v_2}{v'_2}=\frac{m_1+m'_2}{m_1+m_2}=7.5,$$

又已知所以 $m'_2/m_2=14$,所以

$$m_1=\frac{m'_2-7.5m_2}{7.5-1}=\frac{14m_2-7.5m_2}{6.5}=m_2.$$

未知“射线”的质量与氢核相等,从而证明“未知射线”是中子流。

2.4　刚体定轴转动与角动量守恒定律

2.4.1　刚体

1. 刚体

刚体是经典力学中第二个理想模型。研究物体运动时,若形状和大小不能忽略,则不能将物体视为质点,如研究物体转动问题时,物体就不能视为质点。一般情况下,物体转动过桯中多少都会产生形变,但在许多情况下,这种形变较小,可忽略,因此引入又一种理想模型——刚体。在任何情况下,其上的任意两点间的距离均始终保持不变的物体。也可以说,刚体就是在外力作用下、运动过程中均不变形的物体。

2. 解决刚体力学问题的基本方法

在讨论刚体的力学问题时,一般把刚体看成许多小部分组成,每一部分都小到可看成质点,称为刚体的“质元”。因为刚体不变形,各质元间的距离不变,因此把它视作“不变质点组”,可应用已知质点或质点组的运动规律进行讨论。

3. 刚体的基本运动

刚体的运动形式有多种多样,它的基本运动形式有平动与定轴转动。

(1)刚体平动。如图 2.4-1 所示,若刚体运动过程中,刚体上任意直线在空间的指向总保持不变的运动。例如:汽缸内活塞的往复运动、刨床上刨刀的运动都是平动。平动过程中,刚体内质元的轨迹都一样,而且在同一时刻的速度和加速度都相同,因此在描述刚体平动时,就可以用其上面的一个点的运动来代表。所以刚体作平动时,可视为一质点。

(2)定轴转动。如图 2.4-2 所示,若刚体运动过程中,刚体上各点绕同一直线做圆周运动,这类运动形式称为刚体转动,其所绕的直线称为转轴。转轴相对惯性系静止不动的转动称为定轴转动。例如,门窗、挂钟指针、砂轮、车床工件等的转动都属于定轴转动。

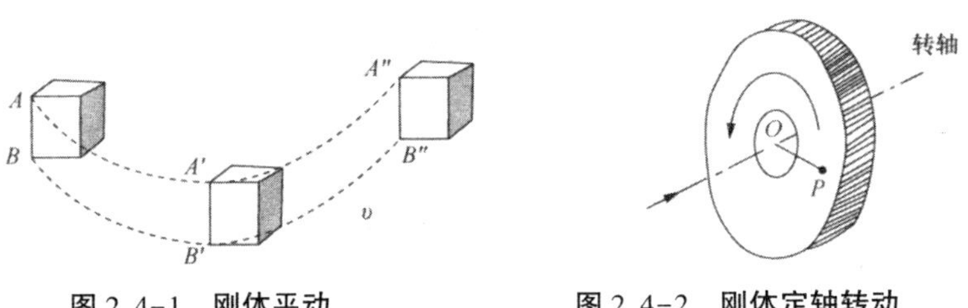

图 2.4-1　**刚体平动**　　图 2.4-2　**刚体定轴转动**

质点的直线运动是质点运动最基本最简单的运动形式;刚体的定轴转动是刚体转动中最基本最简单的转动运动形式。刚体的其他运动形式总可以视为绕轴的运动与轴运动的叠加,轴又可做平动或转动。例如,前行的自行车轮(轴的平动加绕轴的转动),地球的运动(自转加公转)是地球上的所有点绕地轴转动,而地轴绕太阳转动等。如图 2.4-3 所示。

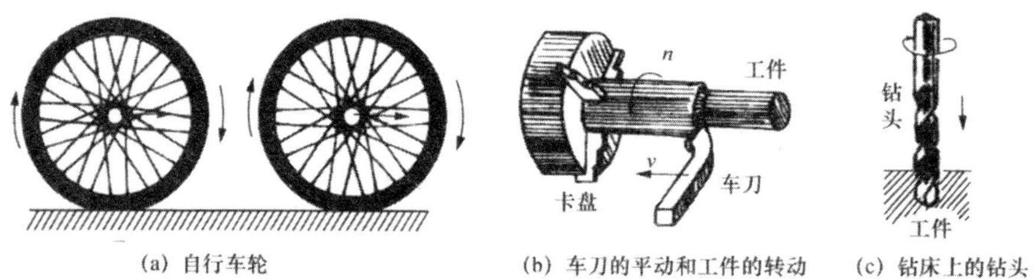

图 2.4.3　**轴平动与绕轴转动示意图**

2.4.2　刚体定轴转动的描述

1. 角位置(角坐标)θ

如图 2.4-4 所示,设刚体绕定轴 O_1O_2 转动。选取固定于上的坐标轴 Ox 位于垂直于轴的转动平面内,A 为转动平面内任意一点,A 点的位置由 OA 和轴的夹角 θ 确定,而 A 的位置确定了,刚体上其他点的位置也确定了,这是因为刚体上任一点与 A 点的距离不随运动而变化。可见 θ 可描述定轴转动刚体的位置,称其为角位置(矢量)。其国际制单位是弧度(rad)。

角位置是矢量,其方向垂直于转动平面,其指向与转动方向满足右手螺旋定则(即四指为转动方向,大拇指方向为角位置矢量的方向)。刚体角位置矢量相当于质点运动位置矢量(位矢)。

对定轴转动而言角位置矢量的方向在转轴上,规定逆时针为正,顺是针为负,则定轴转动时角位置可视为矢量的一个坐标分量,即代数量,相当于质点直线运动的位置坐标 x。由此可见,刚体的定轴转动与质点运动的直线运动相当。

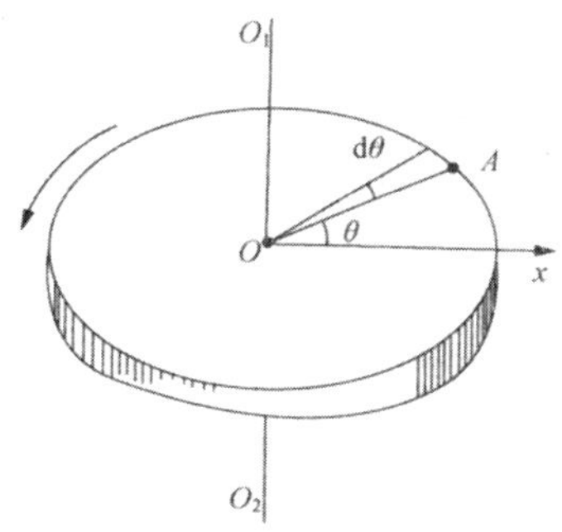

图 2.4-4　**刚体定轴转动角位置**

2. 角位移 $d\theta$(或$\Delta\theta$)

刚体在绕定轴转动时,角位置外 $\theta(t)$ 是时间的函数。随时间变化而变化,为描述某时间间隔刚体位置的变化,引入角位移(矢量)。刚体转动过程中角位置的变化称为角位移。如图 2.4-5 所示,设在 t 时刻,刚体上点 A 的角位置为 θ,经过 dt 时间,即在时刻 $t=dt$,点 A 的角位置变化为 $\theta+d\theta$,$d\theta=\theta(t+dt)-\theta(t)$ 称为 dt 时间内刚体的角位移。对定轴转动而言,角位移相当于质点直线运动的坐标增量 $\Delta x=x_2-x_1$ 而(或微元坐标变化 dx,即质点直线运动的位移)。角位移也是矢量,而对于定轴转动而言,可视其为代数量,其正负规定一般为:质点沿逆时针方向转过的角位移为正值,沿顺时针方向转过的角位移为负值。

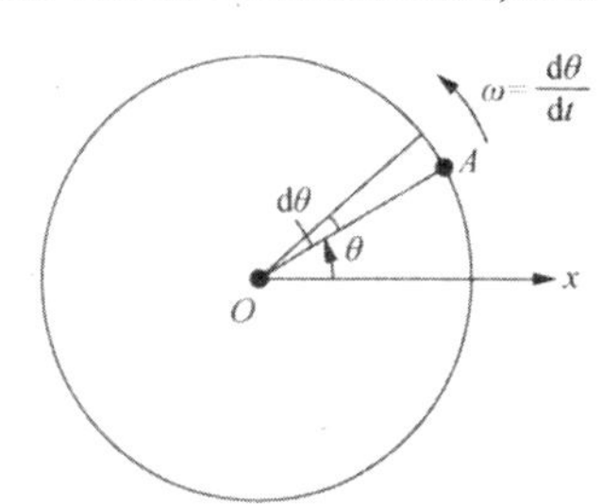

图 2.4-5　**定轴转动角位移、角速度**

3. 角速度 ω

为描述刚体转动的快慢而引入物理量称为角速度,其值为单位时间内的角位移(或角位置对时间的变化率)。即

$$\omega=\frac{d\theta}{dt}. \tag{2.4-1}$$

角速度是矢量,其方向与角位移方向相同,对定轴转动而言是代数量,其正负与角位移正负值相同,单位是 rad/s(弧度/秒),工程上还用转速 n 描述转动的快慢,其单位为 r/min(转/分)。转速与角速度的关系为

$$\omega=\pi n/30.$$

4. 角加速度 α

若刚体转动不是匀速的，即角速度在变化，则有角速度变化快慢的问题，为描述刚体定轴转动角速度变化快慢引入角加速度 α。其值为单位时间内角速度的变化量，亦即角速度 ω 对时间的变化率

$$\alpha=\frac{\mathrm{d}\omega}{\mathrm{d}t}=\frac{\mathrm{d}^2\theta}{\mathrm{d}t^2}. \tag{2.4-3}$$

角加速度是矢量，对定轴转动而言是代数量，逆时针为正，顺时针为负。若 ω 与 α 同符号则是角速度增大的转动，若两者异号为角速度减小的转动。其单位为 $\mathrm{rad/s^2}$。

5. 匀速定轴转动

ω 不变的定轴转动称为匀速定轴转动，则其 $\alpha=0$，其运动方程与质点匀速直线运动形式相同，即

$$\theta=\omega t+\theta_0. \tag{2.4-4}$$

6. 匀加速定轴转动

α 不变的定轴转动，类似于质点的匀变速直线运动，其运动方程有

$$\omega=\alpha t+\omega_0, \tag{2.4-5}$$

$$\theta=\frac{1}{2}\alpha t^2+\omega_0 t+\theta_0. \tag{2.4-6}$$

7. 角量与线量的关系

刚体定轴转动时，任一时刻，刚体上各质点的角速度和角加速度都相同。刚体定轴转动时，各质点在转动平面内做绕轴的圆周运动，距转轴距离不同的点在相同时间内绕过的路程不同，因此各质点的圆周运动的切线速度和切线加速度是不同的。

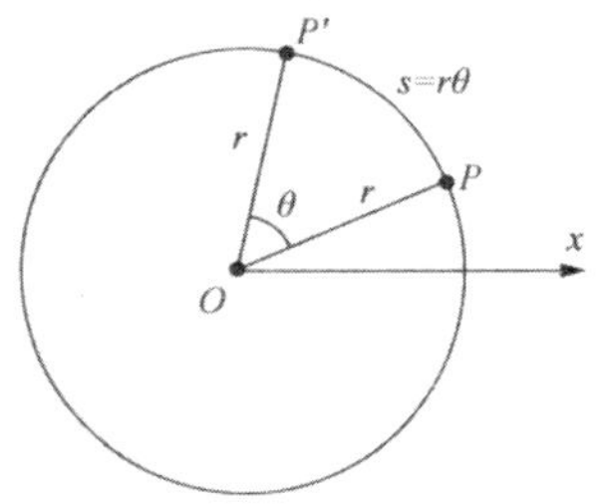

图 2.4-6　刚体转动角量与线量关系

如图 2.4-6 所示，设 P 点为刚体上一点，与转轴相距为 r，在 Δt 的角位移为 θ，质点由 P 点位置变到 P'，该质点在 Δt 时间内通过的路径为 $\overset{\frown}{PP'}$，用 s 表示，由角位移弧度单位的定义得

$$s=r\theta. \tag{2.4-7}$$

由线速度的定义，得线速度的大小为

$$v=\frac{\mathrm{d}s}{\mathrm{d}t}=r\frac{\mathrm{d}\theta}{\mathrm{d}t}=r\omega. \tag{2.4-8}$$

由上式得切线加速度为

$$a_\tau=r\frac{\mathrm{d}\omega}{\mathrm{d}t}=r\alpha. \tag{2.4-9}$$

对应质点速度方向变化的法线加速度为

$$a_n = \frac{v^2}{r} = r\omega^2. \tag{2.4-10}$$

2.4.3　刚体转动动能

当刚体以角速度 ω 绕轴转动时,刚体上各质点的角速度 ω 相等。设想刚体由 N 个质点组成,对第 i 个质点,此质点质量为 $\triangle m_i$,距转轴的距离 r_i,线速度大小为 $v_i = r_i\omega_i$,则该质点的动能为

$$\triangle E_i = \frac{1}{2}\triangle m_i v_i^2 = \frac{1}{2}\triangle m_i r_i^2\omega^2. \tag{2.4-11}$$

整个刚体的总动能为刚体各质点动能之和,即

$$E_k = \sum \triangle E_{ki} = \sum \frac{1}{2}\triangle m_i r_i^2\omega^2 = \frac{1}{2}\left(\sum m_i r_i^2\right)\omega^2. \tag{2.4-12}$$

对定轴转动的刚体,其 $\sum \triangle m_i r_i^2$ 是一个常数,称为刚体绕某轴的转动惯量

$$I = \sum \triangle m_i r_i^2 \tag{2.4-13}$$

则刚体绕定轴转动的动能可以写成

$$E_k = \frac{1}{2}I\omega^2. \tag{2.4-14}$$

上式表明,刚体的转动动能等于它的转动惯量和角速度平方乘积的一半。

2.4.4　转动惯量

刚体定轴转动的动能 $E_k = I\omega^2/2$ 与质点动能 $E_k = mv^2/2$ 比较,可见转动惯量与质点质量相对应。由此可推得转动惯量的物理意义是刚体转动惯性大小的量度。转动惯性是指刚体固有保持匀速定轴转动的能力,转动惯量是这种能力大小的量度。

一个刚体相对于某轴的转动惯量大小为:刚体内所有质点质量与它到转轴距离平方的乘积之和,即

$$I = \sum \triangle m_i r_i^2,$$

或写为积分形式

$$I = \int_V r^2 \mathrm{d}m. \tag{2.4-15}$$

转动惯量与质量相似,是只有正值的标量,在国际单位制中,单位为 $\mathrm{kg \cdot m^2}$。

从定义计算式可看出,刚体的转动惯量与刚体的质量有关,质量越大,其转动惯量越大;在一定质量的情况下,还与质量分布有关,如相同质量的圆柱体与圆环,相对其对称轴的转动惯量,圆环的转动惯量远大于圆柱体;转动惯量还与转轴的位

置有关,因不同的转轴,刚体上每质点相对轴的距离不同,所以转动惯量不同。

表 2.4-1 列出了常用规则物体的转动惯量。

表 2.4-1　常用规则物体的转动惯量(密度均匀的刚体)

物体及转轴	转动惯量
圆盘或圆柱体(对圆盘或柱体轴线)	$I=\frac{1}{2}mR^2$
圆环(对环的轴线)	$I=\frac{1}{2}m(R_1^2+R_2^2)$
细杆(对绕过中点与杆垂直的轴线)	$I=\frac{1}{12}ml^2$
细杆(对过一端点与杆垂直的轴线)	$I=\frac{1}{3}ml^2$

2.4.5　力矩及力矩的功

外界作用力对转动的影响不仅与力的大小方向有关,还与力的作用点相对于转轴的距离有关。为描述作用力对物体转动的作用效果而引入物理量——力矩,其值定义为:作用力与力臂(力到转轴的垂直距离)的叉积或矢积,可表示为

$$M=r\times F,\qquad(2.4-16)$$

其中 r 是作用力点的位矢,力矩大小为 $M=Fr\sin\beta$(β 是 F 与 r 间的夹角);其方向由右手螺旋法则确定,而对定轴转动而言,其方向与轴的方向平行,因此可用代数量表示,单位为 N · m。

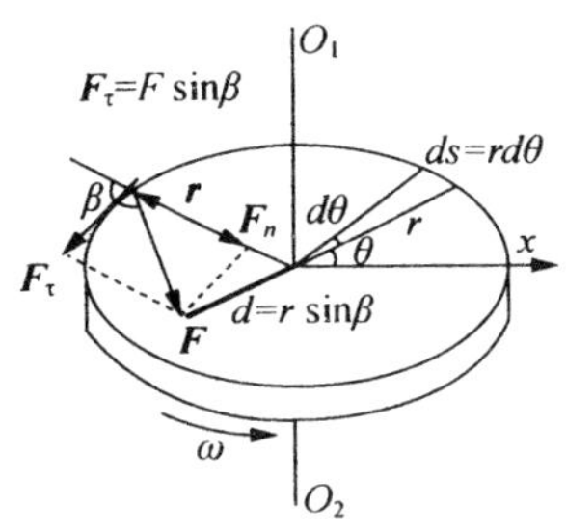

图 2.4-7　刚体受力与力矩

在工程技术上，对定轴转动物体形成力矩的力，最常见的是垂直于转动半径的切向力，如传动力、切削力、摩擦力等，常表示为 F_τ。

如图 2.4-7 所示，其中 r 是作用力点的位矢。力矩的大小为：$M=F\sin\beta\cdot r=F_\tau r$（$\beta$ 是 F 与 r 间的夹角）；力矩大小还可表示为 $M=F\sin\beta=Fd$（其中 d 为 F 相对于转轴的力臂）。对位于转动平面的非切向力 F，可以分解为切向力 F_τ 和垂直转轴的法向力 F_n，而 F_n 并不会对转动平面产生力矩。

刚体转动过程中作用的效果表现为力矩的效果，力做功也可表示为力矩做功。物体的转轴与纸面垂直并指向读者，在力 F_τ 的作用下，力的作用点沿半径为 r 的圆周转过弧 $\mathrm{d}s$，对应的角位移为 $\mathrm{d}\theta$，力 F_τ 做的元功为 $\mathrm{d}W_e=F_\tau r\mathrm{d}s$，定轴转动过程中 $\mathrm{d}s=r\mathrm{d}\theta$，代入上式得

$$\mathrm{d}W_e=F_\tau r\mathrm{d}s=F_\tau r\mathrm{d}\theta,$$

式中，$F_\tau r$ 是力 F_τ 对转轴的力矩 M_τ. 力做功的变化为力矩做功，外力矩的元功为

$$\mathrm{d}W_e=M_\tau\mathrm{d}\theta. \tag{2.4-17}$$

当刚体从角坐标 θ_0 转到 θ，外力矩做的总功为

$$W_e=\int_{\theta_0}^{\theta}M_e\mathrm{d}\theta. \tag{2.4-18}$$

即定轴外力矩的功等于外力矩与角位移乘积的累积。

2.4.6　刚体定轴转动动能定理

由质点系动能定理：$W_e+W_i=E_k-E_{k0}$，考虑到刚体运动时，它上面任何两质点之间没有相对位移，因而，刚体的内力不做功。因此对刚体定轴转动而言，刚体动能的增量只决定于外力做的功化：$W_e=E_k-E_{k0}$，亦即

$$\int_{\theta_0}^{\theta}M_e\mathrm{d}\theta=\frac{1}{2}I\omega^2-\frac{1}{2}I\omega^2. \tag{2.4-19}$$

上式表明：合外力矩对转动刚体做的功，等于刚体转动动能的增量。

2.4.7　刚体定轴转动定律

由刚体动能定理可知，若刚体所受合外力等于零，则刚体的动能增量为零，即刚体定轴转动角速度不会发生变化，若外力矩不等于零，则刚体定轴转动的角速度将发生变化，其变化快慢可由角加速度量度，那么刚体定轴转动角速度与合外力矩的关系是怎样的？

由刚体定轴转动动能定理可知

$$M_e\mathrm{d}\theta=\mathrm{d}\left(\frac{1}{2}I\omega^2\right)=I\omega\mathrm{d}\omega,$$

即可得

$$M_e \frac{d\theta}{dt}=I\omega \frac{d\omega}{dt}.$$

由此推得

$$M_e=I\frac{d\omega}{dt}=I\alpha. \tag{2.4-20}$$

上式表明:定轴转动的刚体的角加速度 α 与合外力矩 M_e 成正比,与本身的转动惯量成反比。该结论被称为刚体定轴转动定律,其在刚体转动中价值等同于牛顿第二定律在质点运动学中的地位。

定轴转动定律说明:刚体具有转动惯性,即刚体具有保持静止与匀速定轴转动的能力。转动惯量/是刚体保持定轴转动状态不变的能力大小的量度。外力矩 M 是改变刚体定轴转动的原因,且与定轴转动变化快慢角加速度成正比。

2.4.8 角动量定理

由刚体定轴转动定律 $M_e=I\alpha=Id\omega/dt$ 得

$$M_e dt=Id\omega=d(I\omega).$$

把转动惯量和角速度的乘积称为定轴转动刚体角动量,一般用 L 表示,则 $L=I\omega$,则得

$$M_e dt=dL. \tag{2.4-21}$$

对 $t_0 \to t$ 的过程积分得

$$\int_{t_0}^{t} M_e dt=L-L_0. \tag{2.4-22}$$

角动量类似质点动量 $p=mv$,是描述转动运动量大小与方向的物理量,反映转动刚体与其他运动相互作用时体现出的运动量的大小,是转动刚体的状态量。角动量是矢量,其方向与角速度方向相同,在定轴转动中角动量沿定轴的方向,为代数量。在国际制单位中,角动量的单位为 $kg \cdot m^2 \cdot s$。

$\int_{t_0}^{t} m_e dt$ 称为转动物体所受合外力矩的角冲量(也称冲量矩),是外力矩对时间的累积效果,是一过程量。

式(2.4-22)为角动量定理的数学表达式,即在 $t_0 \to t$ 的过程中,作用于刚体的合外力矩的角冲量等于刚体角动量的增量。角动量定理与质点动量定理相对应,表明了力矩对时间的累积效应引起刚体转动角动量的变化,且外力矩的角冲量等于角动量增量,说明角冲量是角动量变化的量度。

2.4.9 角动量守恒定律

由式(2.4-22)可知:当 $M_e=0$ 时,$L=L_0$,即作用于刚体(或刚体系统)的合外力矩为零时,刚体(或刚体系统)的角动量守恒。这一结论称为角动量守恒定律。角

动量守恒定律是除机械能守恒与动量守恒外的另一重要的力学守恒定律,是物体运动转动对称性的表现。

若是系统角动量守恒,是指系统内各物体角动量的矢量和守恒,而系统内物体间角动量是可以相互转移的,系统内角动量的转移是因系统内力矩存在的结果,系统内物体间转移的角动量等于系统内力矩的角冲量,无论系统内物体间的角动量怎样转移,系统总角动量不变,所以称为角动量守恒。

角动量守恒条件是合外力矩为零。刚体或刚体系统合外力矩为零,不一定合外力为零,所以角动量守恒的条件与动量守恒是有很大区别的。

常见的角动量守恒情况有以下几类。

1. 有心力系统

如太阳系的行星做椭圆轨道运动时,受到太阳中心的引力作用,行星对太阳的力矩为零,因此相对太阳的角动量守恒。地球的卫星绕地球的运动、原子核中的电子的运动、航天器绕地球的运动等也是遵从角动量守恒定律。

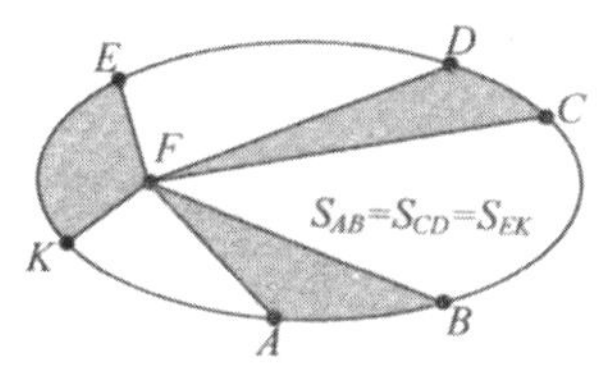

图2.4-8　行星运动“面积定律”

由于 $L=I\omega=mr^2\omega=C$(常量),可见角速度与轨道半径的平方成反比。由此还可证明开普勒第二定律,即“面积定律”:行星和太阳之间的连线(轴矢)在相等的时间间隔里扫过的面积相等,如图2.4-8所示。根据该定律知道,行星在轨道上运行的速度是不均匀的,当它离太阳最近时,运行速度最快;当它离太阳最远时,即位于轨道的另一侧时,速度最慢。也就是说,行星在近日点附近要比在远日点附近运动得快。椭圆轨道越扁,速度变化越显著。

2. 转动惯量可变化的系统

刚体未受到外力矩,角动量守恒,即 $I\omega=I_0\omega_0$,角速度与转动惯量成反比,因此可通过改变其转动惯量,使角速度发生变化。例如,跳芭蕾舞、跳水、花样滑冰,运动员高速旋转时要将身体抱紧,减小转动惯量,欲减慢转动速度,则伸展四肢,以增大转动惯量,达到减速的作用,如图2.4-9所示。

3. 刚体系统

在没有外力矩的作用下,刚体系统角动量守恒,刚体间通过内力矩角冲量实现角动量在系统内物体间转移。

如两物体组成的刚体系统,若初态两物体的状态量分别是 $I_{10}\omega_{10}$、$I_{20}\omega_{20}$;末态两物体的状态量分别是 $I_1\omega_1$、$I_2\omega_2$ 其变化过程中,受合外力矩为零,则角动量守恒,即

$$I_1\omega_1+I_2\omega_2=I_{10}\omega_{10}+I_{20}\omega_{20}. \tag{2.4-23}$$

如两转动刚体发生碰撞时(如两齿轮啮合过程,如图2.4-10所示),内力矩远大于外力矩,可忽略外力矩,视系统角动量近似守恒。

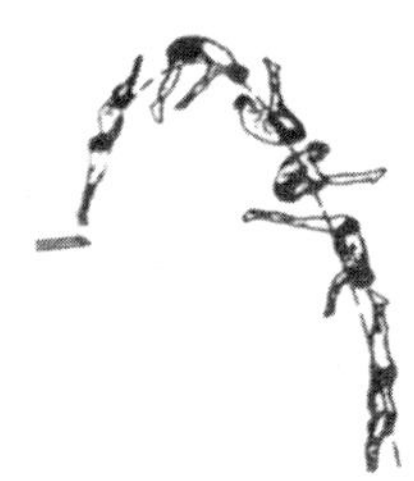

图 2.4-9　跳水过程角动量近似守恒

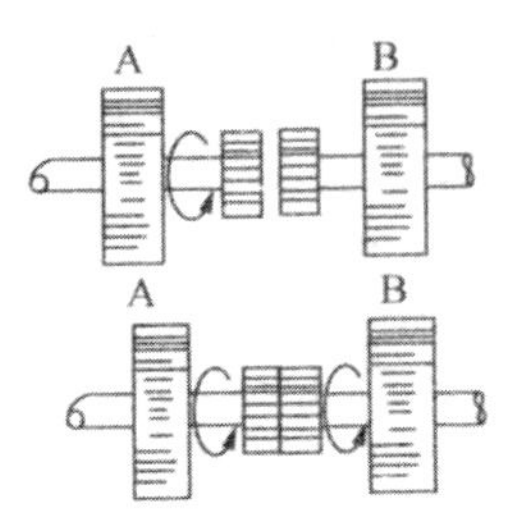

图 2.4-10　齿轮啮合过程角动量近似守恒

2.4.10　刚体定轴转动与质点直线运动规律比较

刚体定轴转动是刚体转动最简单、最基本的转动运动形式,质点直线运动是质点运动最简单、最基本的运动形式,虽然看似两种完全不同的运动形式,当找到描述刚体运动的基本物理量(角位置、角位移、角速度、角加速度、转动惯量、力矩角动量等)后(表 2.4-2),发现两种运动的运动规律(数学表达式)相同。

表 2.4-2　质点直线运动与刚体定轴转动物理量及规律对照表

质点的直线运动		刚体的定轴转动	
位置(坐标)	x	角位置(角坐标)	θ
位移	$\triangle x$	角位移	$\triangle\theta$
速度	$v=\mathrm{d}x/\mathrm{d}t$	角速度	$\omega=\mathrm{d}\theta/\mathrm{d}t$
加速度	$a=\mathrm{d}v/\mathrm{d}t=\mathrm{d}x^2/\mathrm{d}t^2$	角加速度	$\alpha=\mathrm{d}\omega/\mathrm{d}t=\mathrm{d}\theta/\mathrm{d}t^2$
匀速运动	$\triangle x\ =vt$	匀速转动	$\triangle\theta\ =\omega t$
匀变速运动	$v=v_0+at$ $\triangle x=v_0t+\frac{1}{2}at^2$	匀变速转动	$\omega=\omega_0+\alpha t$ $\triangle\theta=\omega_0t+\frac{1}{2}\alpha t^2$
质量	m	转动惯量	$I=\sum m_ir_i^2$
力	F	力矩	$M=Fr\sin\theta$

续　表

质点的直线运动		刚体的定轴转动	
牛顿第二定律	$F=ma$	转动定律	$M=I\alpha$
力的功	$W=\int_{x_0}^{x}F\mathrm{d}x$	力矩的功	$W=\int_{\theta_0}^{\theta}M\mathrm{d}\theta$
动能	$E=\frac{1}{2}mv^2$	转动动能	$E=\frac{1}{2}I\omega^2$
动能定理	$W=E_k-E_{k0}$	转动动能定理	$W=E_k-E_{k0}$
动量	$p=mv$	角动量	$L=I\omega$
冲量	$\int_{t_0}^{t}F\mathrm{d}t$	角冲量	$\int_{t_0}^{t}M\mathrm{d}t$
动量定理	$\int_{t_0}^{t}F_e\mathrm{d}t=p-p_0$	角动量定理	$\int_{t_0}^{t}M_e\mathrm{d}t=L-L_0$
动量守恒定理	$F_e=0\Rightarrow p=p_0$	角动量守恒定理	$M_e=0\Rightarrow L=L_0$

第3章 机械振动

物体(质点)在平衡位置附近的往复变化,称为机械振动。如琴弦、机械钟表的摆轮、发动机座、风中颤抖的树梢、锣鼓等都是机械振动。振动不仅仅局限在机械运动的范围内,如交流电的电流、电压也是一种振动,表现为电路中的电压与电流在零值附近的周期性变化。广义的振动是指一个物理量在某一量值附近往复变化。

3.1 简谐振动

3.1.1 简谐振动概念

物体的机械位置坐标是时间的余弦(或正弦)函数关系的振动,称为机械简谐振动。即若 t 是质点位置坐标或振动量,有

$$x=A\cos(\omega_0 t+\varphi), \tag{3.1-1}$$

其中 A 与 ω_0 为常量,则该质点的运动称为简谐振动。由余弦函数的特点可知,简谐振动的基本特征是等周期、等振幅的周期运动。

所谓简谐振动,它是振动中最简单的振动形式,因为它可用最简单的周期函数描述;它也是最基本的振动形式,因为各种复杂振动均可由简谐振动合成。

3.1.2 简谐振子

做简谐振动的系统,称为简谐振子,简称谐振子。弹簧振子和单摆都是典型的机械谐振子。

1. 弹簧振子

最简单、最基本、应用最广泛的振动系统是弹簧振子(质量弹簧系统)。例如,汽车和火车车厢,就竖直方向运动而言,都可以看成为重物放在缓冲弹簧上;一些机器设备和科学仪器与铺设于其下的弹性垫层、包装箱内的物品与其周围的弹性材料、船舶或单摆、轴的扭转均可等效(或近似等效)为弹簧振子系统。

如图 3.1-1 所示,将一个振动系统理想化为一质量可忽略的弹簧,其一端固定,另一端与一物体(可视为质点)相连接后所组成的系统,称为弹簧振子。弹簧振子若受到冲击力的作用,或者外界对振子做功,使之有一定的初始势能或动能,那么弹簧振子将在平衡位置附近做往复振动。这种系统在不受外力激励、耗能因素又可忽略的情况下的振动为自由振动。

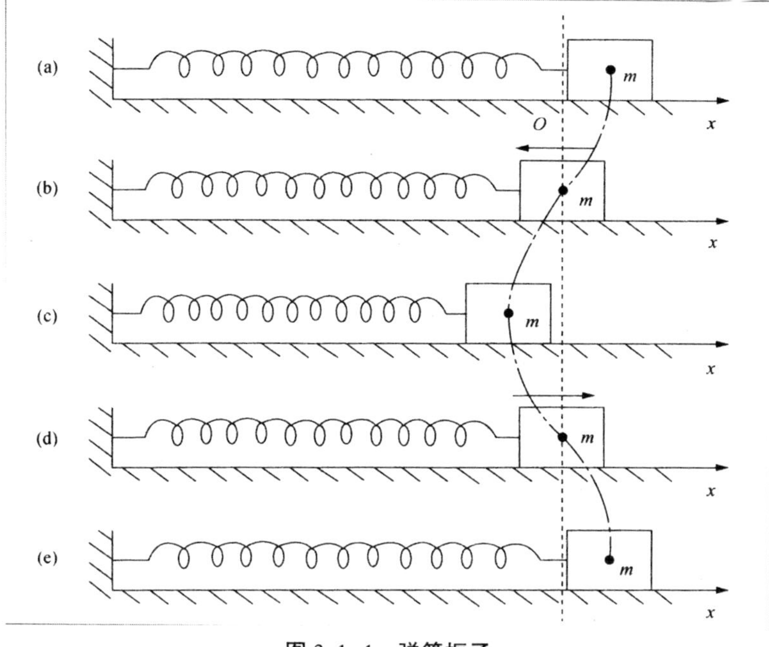

图 3.1-1　弹簧振子

现以水平放置的弹簧振动做自由振动为例进行讨论。弹簧振子处于平衡状态(合力为零)的位置称为平衡位置。以平衡位置为坐标原点,其弹簧伸长的振动方向为 x 轴正方向建立坐标系。

根据胡克定律,在弹性限度内,上述振子物块的位移为 x 时,作用于物体上的合力为

$$F=-kx. \tag{3.1-2}$$

该物体的受力特征是所受合外力为线性回复力,即力的大小与位置坐标量成正比,其方向始终指向原点。根据牛顿第二定律($F=ma$)得

$$m\frac{\mathrm{d}^2x}{\mathrm{d}t^2}=-kx. \tag{3.1-3}$$

用 m 除以上式两端,并令 $\omega_0^2=k/m$,w_0 称为弹簧振动子的固有角频率(或圆频率),其仅决定于弹簧的弹性系数与滑块的质量这些弹簧振子自身的特性,所以称为固有的。这样,该振动的动力学特征方程为

$$\frac{\mathrm{d}^2x}{\mathrm{d}t^2}+\omega_0^2x=0. \tag{3.1-4}$$

式(3.1-4)的解为振动的运动学方程

$$x=A\cos(\omega_0t+\varphi). \tag{3.1-1}$$

由此可见,弹簧振子的自由振动是简谐振动。式(3.1-2)、式(3.1-4)与式(3.1-1)所表示的三个特征是判别运动是否为简谐振动的判据。对广义振动而

言，其中物理量 z 可以是长度、角度、电流、电压，也可以是化学反应中某种化学组分的浓度等。

2. 单摆

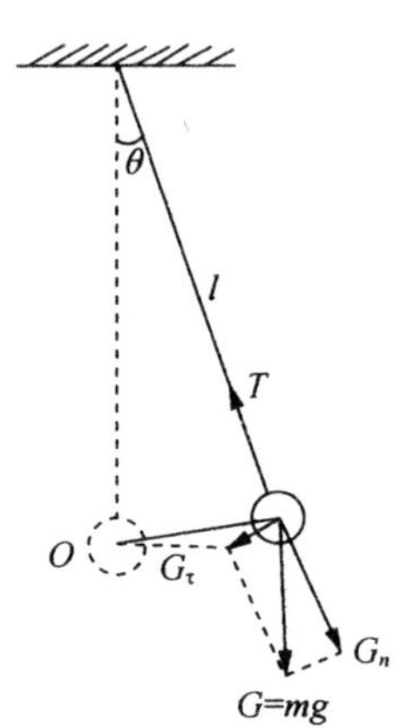

图 3.1-2　单摆

如图 3.1-2 所示，形变可忽略的轻绳挂一个小球（可视为质点），组成单摆系统. 若该系统在竖直平面内做小角度振动，则该振动为简谐振动，所以单摆系统是另一典型的谐振子系统模型。

以质点平衡位置为参考点，竖直向下为正方向，逆时针转动方向为角位置正方向，则小球在角位置 θ 处，单摆受合力为

$$G_\tau = -mg\sin\theta.$$

当 $\theta<5°$（小角度偏转）时

$$G_\tau \approx -mg\theta.$$

可见，小球受到的切向力与角位置坐标呈线性关系，且方向相反，可视为准弹性力。

根据牛顿第二定律得

$$ml\frac{d^2\theta}{dt^2} = -mg\theta,$$

令

$$\omega_0^2 = \frac{g}{l}, \tag{3.1-5}$$

则上式方程为

$$\frac{\mathrm{d}^2\theta}{\mathrm{d}t^2} + \omega_0^2\theta = 0.$$

微分方程的解为

$$\theta = \theta_m\cos(\omega_0 t + \varphi). \tag{3.1-6}$$

可见，单摆做较小摆角的自由振动时，近似为简谐振动，且振动的快慢决定于单摆的摆长 l 及单摆所处位置的重力加速度 g，与悬挂质点的质量 m 无关，由此可利用测量摆长 l 一定的单摆做小幅摆动的周期 T，则可求出 $g=4\pi^2 l/T^2$。

3.1.3　简谐振动的特征量

1. 振幅 A

振幅 A 是表示振动的范围，即物体离开平衡位置的最大位移的绝对值，或是振动量的最大值。振幅是描述振动的强度（幅度）大小物理量，为标量，其单位随振动量的不同而不同。振幅是由振动发生时的初始条件决定。

2. 周期、频率与角频率

每隔一段相等的时间就重复一次的运动,称为周期性运动,该段时间称为周期。心跳、潮汐、行星的公转与自转、电动机转子的转运等过程都是周期性运动。

简谐振动是典型的等周期性运动,其周期 T 是谐振子做一次全振动所需的时间。所谓全振动是相继出现的两个相同运动状态(相位差为 2π)之间的运动过程,即在同一周期内没有相同的振动状态,而任一时刻的振动状态每经过 T 时间后该振动状态再次出现。

频率 f 是指单位时间内谐振子所做全振动的次数,周期与频率的关系为

$$f=1/T. \tag{3.1-7}$$

在国际单位制中,频率的单位为 Hz。

角频率(圆频率)ω 是相位的变化率,即振动相位变化快慢的描述,亦是振动运动状态变化快慢的描述:

$$\omega=\frac{\mathrm{d}}{\mathrm{d}t}(\omega t+\varphi). \tag{3.1-8}$$

在国际单位制中,角频率单位为 rad/s。

因余弦函数的周期为 2π,所以有

$$\omega(t+T)+\varphi=\omega t+\varphi+2\pi\text{,即 }\omega T=2\pi.$$

由此得

$$\omega=2\pi/T=2\pi f. \tag{3.1-9}$$

以上三个物理量本质上是一致的,均是描述振动快慢的物理量,只是反映的角度和功用有所不同。周期是周期性运动的每个完整的过程所需时间,是最便于测量的物理量;角频率更直观看出振动状态(相位)变化的快慢,是便于理论描述,使公式显得简洁;而频率更形象地描述振动频度的快慢,且其在波动中与波长、波速有更直接的联系。

弹簧振子的角频率为 $\omega_0=\sqrt{k/m}$,决定于弹簧振子的弹性劲度系数 K 弹性特征和振子质量 m(惯性大小);单摆的角频率为 $\omega_0=\sqrt{g/l}$,决定于摆长 l 与摆动所在位置的重力加速度尽,这些量都是标志振动系统特征的物理量,这些物理量可分为两类:一类反映振动系统本身的惯性;一类反映线性回复力的特征。这两方面正是形成简谐振动系统的先决条件:没有系统的惯性,则质点到达平衡位置是不能继续运动,没有线性回复力,便不能使得它们返回平衡位置。所以,这些量都是取决于振动系统自身物理特性,与外部因数无关,即谐振子的角频率由谐振子本身性质所决定,而与初始条件无关,因此谐振子的角频率称为固有角频率,同样其周期、频率称为固有周期和固有频率。

3. 相位与初相

简谐振动的振幅描述出振动量变化的范围,频率或周期则描述出振动的快慢,

所以振幅与周期已大体勾画出振动的图像，不过，振幅和周期还不能确切描述振动系统任意瞬间的运动状态，即任意瞬时的位移和速度、加速度等状态信息，因此，仅知道振幅和频率还不足以充分描述简谐振动。

机械谐振子所处的运动状态，由位移 x 和速度 i 及加速度 a 的大小和方向所描述，由式(3.1-1)得振动物体的速度和加速度函数为

$$v=-\omega_0A\sin(\omega_0t+\varphi)=\omega_0A\cos(\omega_0t+\varphi+\frac{\pi}{2}), \tag{3.1-10}$$

$$v=-\omega_0^2A\cos(\omega_0t+\varphi)=\omega_0^2A\sin(\omega_0t+\varphi+\pi). \tag{3.1-11}$$

可见，若 $\omega_0t+\varphi$ 确定时，x、v、a 也是确定的，也就是说 $\omega_0t+\varphi$ 决定了谐振子在 t 时刻的运动状态，因此将 $\omega_0t+\varphi$ 称为 $\triangle t$ 时刻振动的相位。相位是时间 t 的线性函数，即某时刻或某位置的振动状态量。

简谐振动的特点包括：第一，简谐振动是周期性运动；第二，简谐振动各瞬时的运动状态由振幅和固有角频率及初相位决定；第三，简谐振动的频率是由振动系统本身固有性质决定的，而振幅和初相位仅决定于初始条件。

3.1.4　简谐振动的图示法

用作图的方法画出物理量随时间变化的曲线称为图示法。因简谐量是时间的正弦(或余弦)函数，如图 3.1-4 所示，x-t 余弦函数曲线，即是初相为 $\varphi=0$、振幅为 A，周期为 T 的简谐振动曲线，不同初相的简谐振动其图线的初始位置不同。

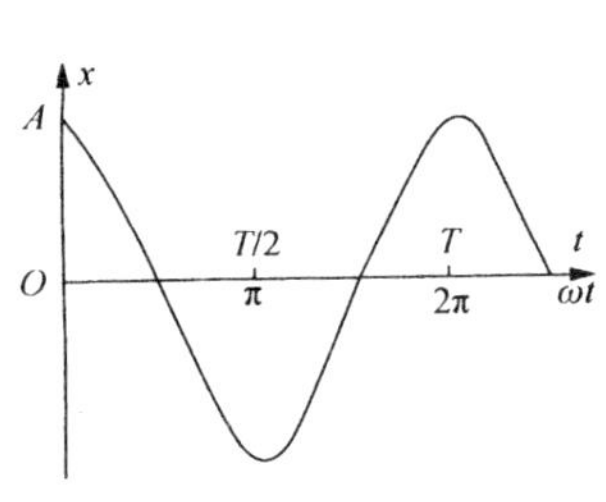

图 3.1-4　振动曲线

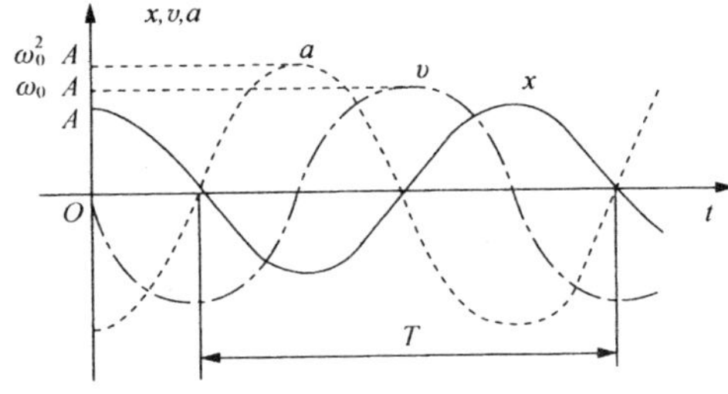

图 3.1-5　简谐振动 x、v、a 的相位关系

图 3.1-5 所示为简谐振动的位移、速度、加速度随时间变化的曲线，从图中可以看出 x、v、a 三者的相位依次相差 $\pi/2$。

3.1.5 旋转矢量法表示简谐振动

如图 3.1-6 所示，一矢量在平面内绕点 O 以角速度 ω 沿逆时针做匀角速度转动，若旋转矢量的长度等于 A，转动的角速度是 ω，则起始时刻矢量与过圆心的 Ox 轴的夹角为振动的初相位 φ，则任意时刻 t，矢量与 Ox 的夹角为 $\omega t+\varphi$，即为 t 时刻的相位，其末端在 Ox 轴上的投影点 P 的坐标为 $x=A\cos(\omega t+\varphi)$。由此可见，当旋

转矢量做匀角速度转动时,矢量末端在 Ox 上的投影点围绕坐标原点做简谐振动。这样的矢量称为旋转矢量。

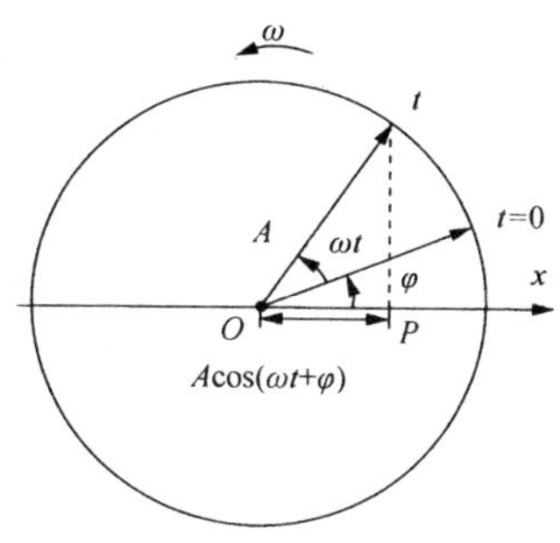

图 3.1-6　旋转矢量

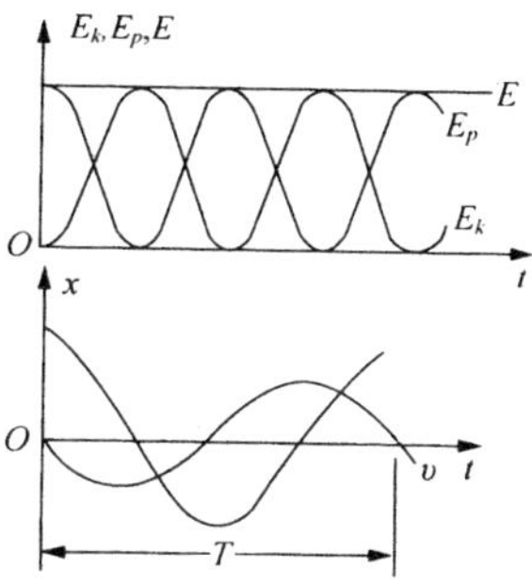

图 3.1-7　E_k、E_p、E 曲线与 x、v 曲线对比

旋转矢量每转一周,投影点 P 在 Ox 上完成一次全振动,所用的时间正是简谐振动的周期 $T=2\pi/\omega$。之所以可以用旋转矢量法描述简谐振动,是因为匀速圆周运动也是等振幅等周期的运动,且还可将圆周运动视为振动方向互相垂直的等幅等角频率的两振动的合成。用这种方法解决振动合成问题是比较方便的。

3.1.6　简谐振动的能量

以谐振子为例讨论简谐振动的能量问题,弹簧振子振动系统中线性回复力是保守力,因此简谐振动系统的总机械能守恒。将式(3.1-10)、式(3.1-1)代人质点的动能公式和弹簧的弹性势能公式得,简谐振动的动能与势能分别为

$$E_k=\frac{1}{2}mv^2=\frac{1}{2}m\omega_0^2A^2\sin^2(w_0t+\varphi),\tag{3.1-12}$$

$$E_p=\frac{1}{2}kx^2=\frac{1}{2}kA^2\cos^2(w_0t+\varphi).\tag{3.1-13}$$

又因 $\omega_0^2=k/m$,则可得简谐振动的机械能为

$$E=E_k+E_p=\frac{1}{2}kA^2.\tag{3.1-14}$$

式(3.1-16)说明,弹簧振子简谐振动谐振子的机械能决定于知度系数和振幅,与时间无关,即机械能守恒,其大小与振幅平方成正比,这一结论也适用于其他简谐振动. 可见振幅 A 反映了振动的强度,即振动系统总能量的大小。

图 3.1-7 所示为 $\varphi=0$ 情形下简谐振动的动能、势能及机械能随时间变化的曲线,可以看出机械能为一恒量,而势能与动能也按简谐规律变化,因此可以说简谐振动的动能与势能均是简谐量,只是它们变化的频率是简谐振动频率的两倍。这是因为在简谐振动过程中,只有保守内力做功,所以系统机械能守恒,而系统的动能与势能通过保守内力做功而不断地转化。

3.2 简谐振动的合成

3.2.1 振动叠加原理

实验表明,当一个振动系统受到两个或两个以上简谐激励时,振动系统的稳态响应是各简谐激励下系统的稳态响应的叠加,这称为振动叠加原理。振动叠加原理是运动叠加在振动问题中的具体体现,是振动的重要特性,也是简谐振动合成及波传播过程的理论基础。

振动合成是一个较复杂的问题,为此,把振动合成问题分为不同频率、不同方向振动的合成,不同频率、同方向的合成,同方向、同频率的合成等几类情况进行研究。

3.2.2 同频率、同方向简谐振动的叠加

同频率、同方向两简谐振动的叠加是最简单、最基本的叠加问题,物理研究总是从最简单最基本的问题开始。

设一质点同时参与同方向(x 轴)、两个同频(角频率为 ω_0)的谐振,两振动方程分别为

$$x_1=A_1\cos(\omega_0 t+\varphi_1),$$

$$x_2=A_2\cos(\omega_0 t+\varphi_2).$$

如图 3.2-1 所示,用旋转矢量 A_1、A_2 表示这两个简谐振动,由于两振动的频率相等,两矢量以相同的角速度 ω_0 旋转,两矢量的相对关系在旋转过程中保持不变,因此合振动可以用相应的两旋转矢量和(即平行四边形的对角线)来表示。由此 A_1、A_2、A 构成刚性的平行四边形,A 以同样的角速度 ω_0 逆时针旋转。根据几何关系可得

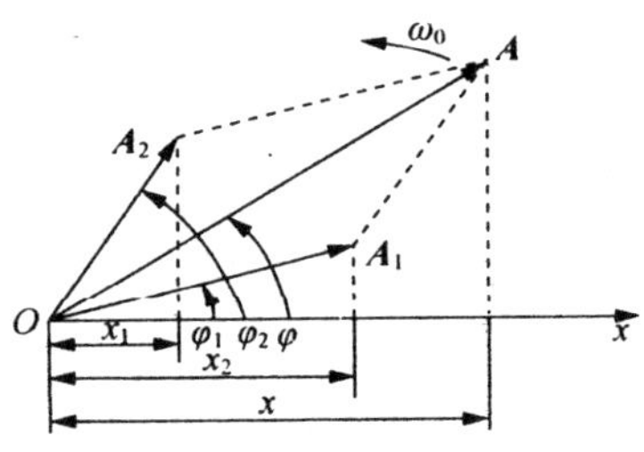

图 3.2-1　同频率同方向的振动叠加

$$x=x_1+x_2=A\cos(\omega_0+\varphi),\tag{3.2-1}$$

$$A=\sqrt{A_1^2+A_2^2+2A_1A_2\cos(\varphi_2-\varphi_1)},$$
$$\tan\varphi=\frac{A_1\sin\varphi_1+A_2\sin\varphi_2}{A_1\cos\varphi_1+A_2\cos\varphi_2}. \quad (3.2-2)$$

以上关系亦可由代数法来证明；

$$\begin{aligned} x &= x_1+x_2=A_1\cos(\omega_0t+\varphi_1)+A_2\cos(\omega_0t+\varphi_2) \\ &= A_1\cos(\omega_0t)\cos\varphi_1-A_1\sin(\omega_0t)\sin\varphi_1+A_2\cos(\omega_0t)\cos\varphi_2-A_2\sin(\omega_0t)\sin\varphi_2 \\ &= \cos(\omega_0t)(A_1\cos\varphi_1+A_2\cos\varphi_2)-\sin(\omega_0t)(A_1\sin\varphi_1+A_2\sin\varphi_2). \end{aligned}$$

令

$$A\cos\varphi=A_1\cos\varphi_1+A_2\cos\varphi_2, \quad (3.2-3)$$

$$A\sin\varphi=A_1\sin\varphi_1+A_2\sin\varphi_2, \quad (3.2-4)$$

则得

$$x=A\cos(\omega_0t)\cos\varphi-A\sin(\omega_0t)\sin\varphi=A\cos(\omega_0t+\varphi).$$

由式(3.2-1)和式(3.2-2)可知，相同方向、同频率的简谐振动的合振动仍为同频率(与分振动频率相同)的简谐振动，合振动的振幅与初相均由两个分振动的初相差与振幅决定。

相位差即两个简谐量或同一个简谐量不同时刻的相位的差值。由于相位是描述振动状态的物理量，所以常用相位差来比较两个不同的简谐量或同一个简谐量不同时刻振动状态。同频率简谐量的相位差又分以下两种情况：

同一振动、不同时刻的相位差等于角频率乘以时间间隔，即

$$\Delta\varphi=(\omega_0t_2+\varphi)-(\omega_0t_1+\varphi)=\omega_0(t_2-t_1)=\omega_0\Delta t. \quad (3.2-5)$$

同频率的两谐振量在相同时刻的相位差为

$$\Delta\varphi=(\omega_0t+\varphi_2)-(\omega_0t+\varphi_1)=\varphi_2-\varphi_1. \quad (3.2-6)$$

因角频率相同，所以相位差为初相差。同频率的两振动因相位差的不同，有不同程度的参差错落，两简谐振动的相位差反映其振动步调的差异。

当$\Delta\varphi=\varphi_2-\varphi_1=2k\pi$时，振动状态相同，称为同相。这时两振动步调相同，好像部队行军时人人手臂同步挥动，即称这两个简谐振动同相位。

当$\Delta\varphi=\varphi_2-\varphi_1=(2k+1)\pi(k=0、\pm1、\pm2\cdots)$时，振动状态相反，称为反相，就好像一个人走路时两臂朝着相反的方向前后摆动，这时就说这两个简谐振动的相位相反。

由式(3.2-1)可知，当$\Delta\varphi=\varphi_2-\varphi_1=2k\pi$时，两分振动同相时，合成效果加强最强，其振幅与初相为

$$\varphi=\varphi_2=\varphi_1, A=A_1+A_2.$$

当$\Delta\varphi=\varphi_2-\varphi_1=(2k+1)\pi$时，两分振动反相时，则合成效果强度减到最弱，其振幅与初相为

$$\varphi=\begin{cases}\varphi_2 & A_1<A_2, \\ A_1 & \varphi_1>A_2,\end{cases} \quad A=|A_1-A_2|.$$

图 3. 2–2 和图 3. 2–3 给出了分振动同相和反相两种极端情况下的简谐振动合成结果(虚线和点画线分别表示两分振动,实线表示合振动)。

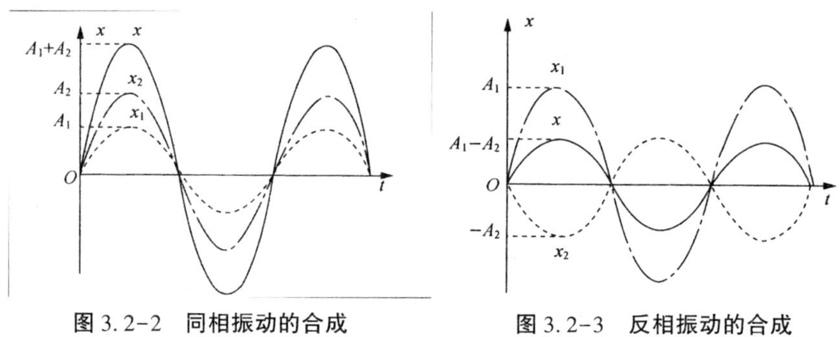

图 3. 2–2　同相振动的合成　　**图 3. 2–3　反相振动的合成**

3.2.3　同方向、不同频率简谐振动的合成

1. 两个倍频的简谐振动的合成

图 3. 2–4 是两个同方向、不同频率(分别为 ω 和 2ω)的简谐振动的合成结果(虚线、点画 线分别表示两分振动,实线表示合振动)。由图可见,同方向、不同频率两简谐振动合成后不 再是简谐振动,但仍然是周期性运动,其频率与分振动中最低频率(基频 ω 或 f)相等。

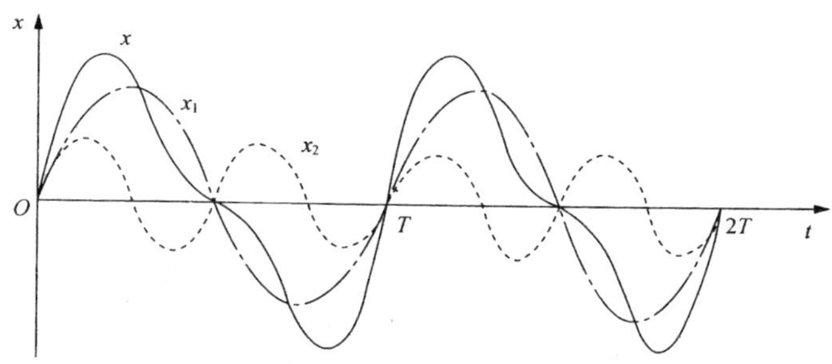

图 3. 2–4　同方向、频率为倍频的两振动合成

图 3. 2–5 是频率比为 1 : 3 : 5…的简谐振动,按下面的规律合成的振动曲线,若增加合成的项数无限,就可以得到如图 3. 2–6 所示的“方波”形的振动。

$$x(t)=A\left[\cos\omega t-\frac{1}{3}\cos(3\omega t)+\frac{1}{5}\cos(5\omega t)-\cdots\right]. \tag{3. 2–7}$$

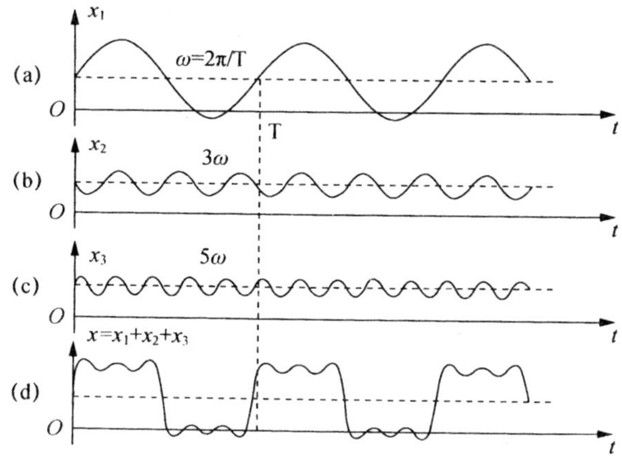

图 3.2-5　同方向，多倍频简谐振动的合成

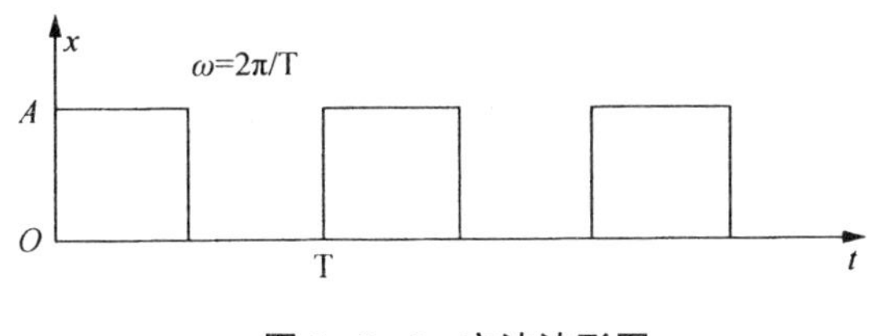

图 3.2-6　方波波形图

2. 振动分解

振动分解是振动合成的“逆运算”。上述两个倍频率关系的合成，可以反过来理解为非简谐振动可以分解为频率分别为 ω 和 2ω 的两个简谐振动。

理论与实践都证明，任何一个复杂的振动，都可视为一系列的简谐振动的合成，即可分解成一系列的简谐振动。

根据傅立叶(Fourier)定理，频率为 f_0 的周期性振动，可分解为频率为 $f=nf_0$ 的一系列简谐振动，其中 $n=1,2,\cdots$。f_0 称为基频，而 $2f_0$，$3f_0\cdots$称为倍频(或谐频)。在声学里分别被称为基音和谐音(或泛音)，谐音的构成成分决定了音品(声音的品质)。我们听到琴弦能发出悠扬悦耳的声波，实际上是琴弦上若干种频率振动的合成的效果。例如，钢琴、提琴、萨克斯管等不同乐器奏出同一基音时，虽均能听出是同一音调，但给人的感觉并不相同，就是因为它们发出的谐音成分不同。

3. 频谱分析

对振动进行测量与计算，以取得其组成的简谐振动成分和能量的频率分布图的技术称为频谱分析。将各分振动振幅按其频率大小排列而成的图像，称为频谱。图 3.2-7 表示了锯齿形振动的频谱。图 3.2-8 则表示钢琴发出基音为 100Hz 的频谱。

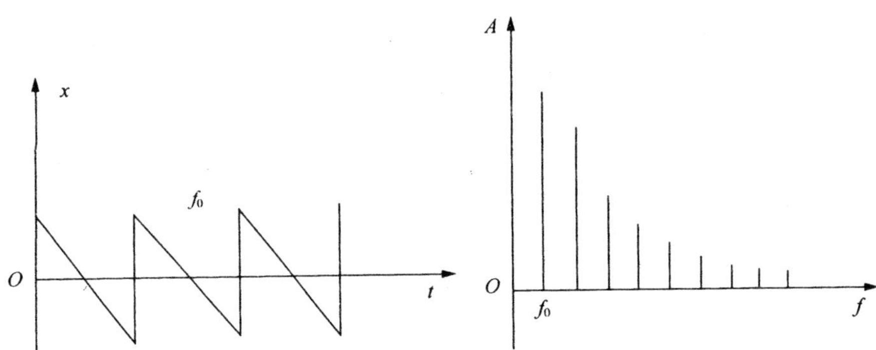

图 3.2-7 锯齿形振动的频谱

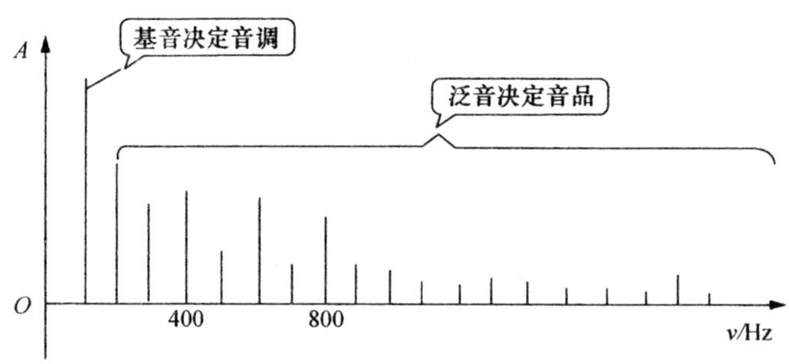

图 3.2-8 钢琴发出基音为 100Hz 的频谱

根据分析对象的不同,频谱相应的分为声谱、电磁波谱、光谱等。现在已制造出各种能自动地测量、分析、显示、打印的动态频谱分析仪,它们在许多领域均有广泛的应用。在乐器(特别是电声乐器)的制作中,声谱分析是保证制作质量的重要方法。在医疗中通过对脏器的声谱分析,可帮助诊断疾病。环境监测和遥感技术,则需进行电磁波谱分析。光谱分析是人们探索宇宙和微观世界的主要手段。

3.2.4 同频率、垂直方向两简谐振动的合成

一质点若同时参与同频率的两垂直方向的简谐振动,其振动方程分别为

$$x=A_1\cos(\omega t+\varphi_1), \tag{3.2-8}$$

$$x=A_2\cos(\omega t+\varphi_2), \tag{3.2-9}$$

则该质点的运动轨迹为

$$\frac{x^2}{A_1^2}+\frac{y^2}{A_2^2}-\frac{2xy}{A_1A_2}\cos(\varphi_2-\varphi_1)=\sin^2(\varphi_2-\varphi_1). \tag{3.2-10}$$

当 $\varphi_2-\varphi_1=2k\pi, k=0,\pm1,\pm2\cdots$ 时，则式(3.2-10)变为

$$y=\frac{A_2}{A_1}x, \tag{3.2-11}$$

其中 $x\in[-A_1,A_1], y\in[-A_2,A_2]$，其运动轨迹如图 3.2-9(a)所示。

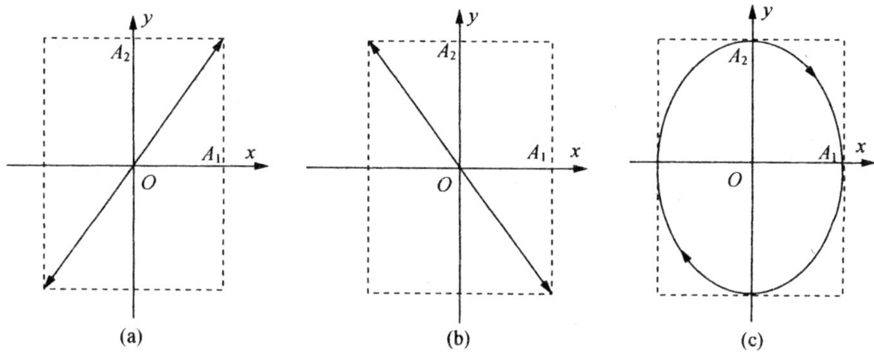

图 3.2-9　互相垂直的同频简谐振动合成的几种典型情况

当 $\varphi_2-\varphi_1=(2k+1)\pi, k=0,\pm1,\pm2\cdots$ 时，则式(3.2-10)变为

$$y=-\frac{A_2}{A_1}x, \tag{3.2-12}$$

其中 $x\in[-A_1,A_1], y\in[-A_2,A_2]$，其运动轨迹如图 3.2-9(b)所示。

当 $\varphi_2-\varphi_1=\pi/2$ 时，则轨迹式(3.2-10)变为如图 3.2-9(c)所示的正椭圆方程

$$\frac{x^2}{A_1^2}+\frac{y^2}{A_2^2}-\frac{2xy}{A_1A_2}=1. \tag{3.2-13}$$

图 3.2-10 所示分别是 $\varphi_2-\varphi_1=\pi/4, 3\pi/4, 5\pi/4, 7\pi/4$ 时，两振动合成后质点运动的轨迹图。

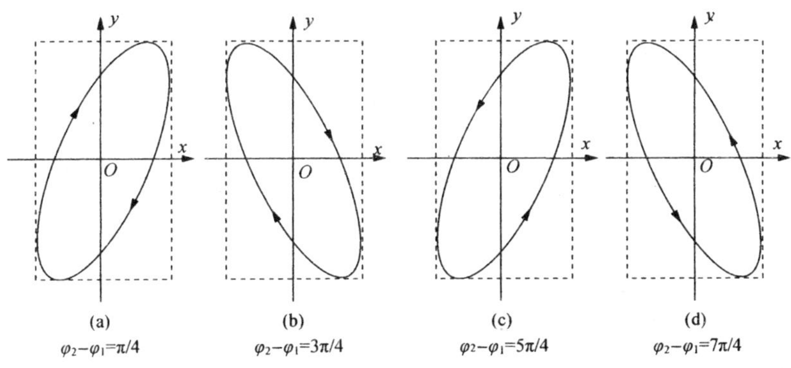

图 3.2-10　互相垂直的同频简谐振动合成的几种情况

由以上分析可见,所有周期运动均可视为简谐振动的合成。

3.3 阻尼振动与受迫振动

3.3.1 阻尼振动

谐振子在自由振动,即忽略阻力的情况下,做简谐振动,其机械能守恒,一直做等幅振动。然而,实际的振动系统在运动过程中都受阻力作用,如无外界能量补偿,振动的振幅将不断减小而归于静止。

耗损振动系统能量的因素,称为阻尼。常见阻尼因素有两种:一种是摩擦引起的阻尼,即由于摩擦或介质阻力的作用,使系统能量逐渐转化为内能的阻尼;另一种辐射引起阻尼,即由于振动系统引起周围介质振动,使系统能量转换为波动能量向四周辐射出去的阻尼。

振动系统由于阻尼存在引起的能量耗损,而使振幅不断减小的振动,称为阻尼振动(减幅振动),可以用如图 3. 3-1 所示的模型表示。

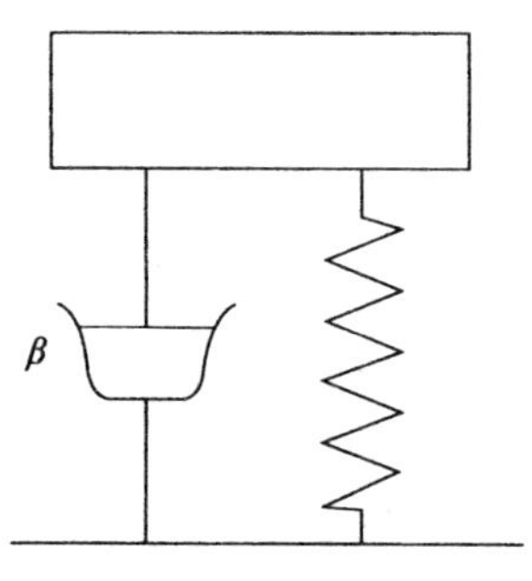

图 3. 3-1　阻尼系统模型

现讨论低速运动情况下流体介质中物体受到阻尼的情况。低速的振动情况下,流体阻力大小一般是与速度成正比的,即

$$F_{阻力}=-\mu v=-\mu\frac{\mathrm{d}x}{\mathrm{d}t},\tag{3. 3-1}$$

其中 μ 为阻力系数,决定于物体的形状、大小与介质的性质;负号表示介质阻力始终与速度方向相反。加上谐振系统的线性回复力,则由牛顿第二定律得振动系统的动力学方程为

$$m\frac{\mathrm{d}^2x}{\mathrm{d}t^2}=-\mu\frac{\mathrm{d}x}{\mathrm{d}t}-kx,\tag{3. 3-2}$$

$$\frac{\mathrm{d}^2x}{\mathrm{d}t^2}+2\frac{\mu}{2m}\frac{\mathrm{d}x}{\mathrm{d}t}+\frac{k}{m}x=0.\tag{3. 3-3}$$

令 $\beta=\frac{\mu}{2m}$(称为阻尼因素),表征阻尼强弱程度,已知 $\omega_0^2=k/m$,式(3. 3-3)为

$$\frac{\mathrm{d}^2x}{\mathrm{d}t^2}+2\beta\frac{\mathrm{d}x}{\mathrm{d}t}+\omega_0^2x=0,\tag{3. 3-4}$$

当 $\omega_0\geqslant\beta$ 时,式(3. 3-4)的解为

$$x=A_0\mathrm{e}^{-\beta t}\cos(\omega t+\varphi),\tag{3. 3-5}$$

其中

$$\omega=\sqrt{\omega_0^2-\beta^2}\approx\omega_0,\tag{3. 3-6}$$

$$A(t)=A_0 e^{-\beta t}. \tag{3.3-7}$$

$A(t)$是阻尼振动的振幅,它随着时间按指数规律衰减。阻尼振动不是等幅简谐运动。而是减幅振动,因 $\cos(\omega t+\varphi)$是周期变化,保证了质点每连续两次通过平衡位置并沿着相同方向运动所需的时间间隔是相同的,于是把 $\cos(\omega t+\varphi)$的角频率 ω 称为阻尼振动的角频率,阻尼振动的角频率小于振动系统的固有角频率 ω_0。

式(3.3-7)可见振幅衰减的快慢决定于阻尼因素 β,所以说 β 表征了振幅衰减的快慢程度,其值为阻尼振动振幅衰减到最大振幅的 $e^{-1}\approx 0.368$ 倍时所需时间的倒数。β 越大,阻尼越大,衰减越快;β 越小,阻尼越小,衰减越慢,即 β 是阻尼大小的描述。

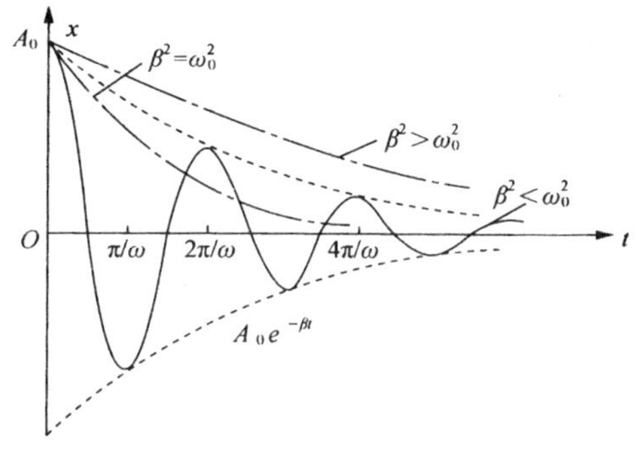

图 3.3-2　阻尼振动

阻尼振动曲线如图 3.3-2 示。当 $\beta\leqslant\omega_0$ 时称为弱阻尼状态,表示阻力很小,振动系统做振幅按指数规律逐渐减小、频率不变的振动。

当 $\beta\geqslant\omega_0$ 时称为过阻尼,表示阻力很大,若质点移开平衡位置释放后,来不及做一次往复运动,能量就损耗殆尽,到达平衡位置便归于静止。如将振子放人黏性较大的机油中,将振子移开平衡位置后释放,便慢慢地回到平衡位置停下来。

当 $\beta=\omega_0$ 称为临界阻尼,处于临界阻尼状态的系统,由于阻力相比较前者小,系统将最快地回到平衡位置。现实中使用的指针式仪表系统往往要求处于此种状态。例如,电流表的指针,因有电流通过,指针受力,偏离原平衡位置,指针受到电磁阻尼,为使指针尽快达到新的平衡位置又避免往复摆动,要求设计时指针的系统运动处于临界阻尼。

3.3.2　受迫振动

振动系统处于弱阻尼情况,为了维持系统的振动就需要不断地输入能量,对机械振动就要有外力做功。系统受外界驱动作用而被迫进行的振动称为受迫振动。扬声器的纸盒、钟摆、缝纫机针、汽缸中的活塞、连杆机构等的振动,机械运转时所引起的基座振动,及地震所引起的地面建筑等的振动,都是受迫振动。

激起系统出现振动的外界驱动作用或能量输入称为激励(或称驱力)。受迫振动的位移、速度等振动量,作为系统的输出,称为在激励作用下系统的响应,其相互关系如图 3.3-3 所示。从能量的观点看,激励输入能量,阻尼损耗能量,响应输出能量。

图 3. 3-3　受迫振动激励与响应的关系

随时间按余弦(或正弦)函数规律变化的激励,称为简谐激励。简谐激励是最简单、最基本的激励,任何复杂周期性激励都可以由若干简谐激励所合成。

在简谐激励 $F=F_m\cos\omega t$(F_m 称为力幅)的作用下,原来的弱阻尼振动系统的动力学方程变为

$$\frac{\mathrm{d}^2x}{\mathrm{d}t^2}+2\beta\frac{\mathrm{d}x}{\mathrm{d}t}+\omega_0^2x=\frac{F_m}{m}\cos(\omega t).\tag{3.3-8}$$

一开始运动比较复杂,相隔一走时间后达到稳定(稳态响应),式(3. 3-8)的稳态解为

$$x=A\cos(\omega t-\delta),\tag{3.3-9}$$

$$A=\frac{F_m/m}{\sqrt{(\omega_0^2-\omega^2)^2+4\beta^2\omega^2}},\tag{3.3-10}$$

$$\tan\varphi=\frac{2\beta\omega}{\omega_0^2-\omega^2}.\tag{3.3-11}$$

可见,稳态响应仍是一个简谐振动,且其频率等于简谐激励的频率,振幅振动幅 A 和响应相对激励的相位差 φ 与初始条件无关,由系统特性(ω_0,β)和激励性质(ω,F_m),决定。

如图 3. 3-4 和图 3. 3-5 所示,是根据式(3. 3-10)可做出的 A 随 ω_0 而变化和 A 随 ω 而变化的关系曲线,称为受迫振动的幅频特性。由图 3. 3-4 和图 3. 3-5 可见,当 $\omega\geqslant\omega_0$ 或 $\omega\leqslant\omega_0$ 时,稳态响应振幅很小;只有当激励的频率与系统固有频率相近时,振动系统才会有较明显的振动响应。

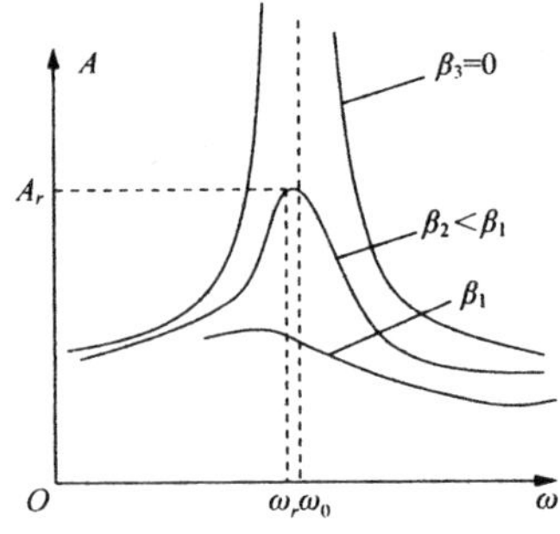

图 3. 3-4　受迫振动的幅频特性 1

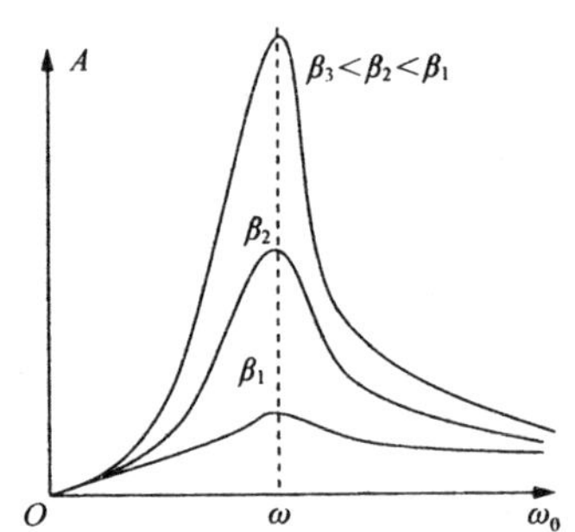

图 3. 3-5　受迫振动的幅频特性 2

3.3.3　共振

1. 共振现象与共振条件

由图 3. 3-4 和图 3. 3-5 可见，当激励角频率达到某一值时，受迫振动的振幅将达到最大这种状态称为共振。

图 3. 3-4 所示为 ω_0 一定的情况，此时式(3. 3-10)为 ω 的函数。对 $A=A(\omega)$ 求极值，令 $\mathrm{d}A(\omega)/\mathrm{d}\omega=0$，可得

$$\omega_r=\sqrt{\omega_0^2-2\beta^2}. \tag{3. 3-12}$$

将式(3. 3-12)代入式(3. 3-10)得最大振幅

$$A_r=\frac{F_{\mathrm{m}}/m}{2\beta\sqrt{\omega_0^2-2\beta^2}}, \tag{3. 3-13}$$

其中 ω_r 称为共振频率，它由系统的固有角频率 ω_0 和阻尼因素 β 所决定。当 β 很小时，共振频率近似于系统的固有频率 $\omega_r\approx\omega_0$。发生共振时的振幅，称为共振的振幅，其决定于激励和系统，由式(3. 3-13)可知，当发生共振时，β 越小，其共振振幅 A_r 越大；F_m 越大，A_r 越大。

图 3. 3-5 所示是 ω 一定的情况，此时式(3. 3-10)为 ω_0 的函数。对 $A=A(\omega_0)$ 求极值，令 $\mathrm{d}A(\omega_0)/\mathrm{d}A\omega_0=0$，可得 $\omega_0=\omega$。发生共振，其振幅为

$$A_r=\frac{F_{\mathrm{m}}/m}{2\beta\omega}. \tag{3. 3-14}$$

将 $\omega_0=\omega$ 代入式(3. 3-11)得共振时响应与激励力的相位差为 $\delta=\pi/2$，亦即激励力比共振超前 $\pi/2$，也就是激励作用力与响应振动的速度同相，激励作用力时刻对振动系统做正功. 这样，系统从激励获得能量大，即是说共振是系统对激励能量最有效地吸收，因此又称为能量的共振吸收。

2. 共振产生的两种情境

共振在力学和电学中考虑的角度不同，对于机械振动，往往系统的固有角频率是固定的，因此要产生共振，是通过调节激励力的角频率满足共振条件，产生共振现象，共振原理如图 3. 3-4 所示。

在电磁振荡中，特别是无线接收的共振现象，激励是外来信号，其频率 ω 是固定的，如图 3. 3-6 所示的 LC 调谐电路，其固有频率(亦是调谐频率)为

$$f_0=\frac{1}{2\pi\sqrt{LC}}. \tag{3. 3-15}$$

通过调节电路中的可调电容，来改变接收振荡电路的固有频率，以满足共振条件，实现共振吸收，其共振吸收原理如图 3. 3-5 所示。

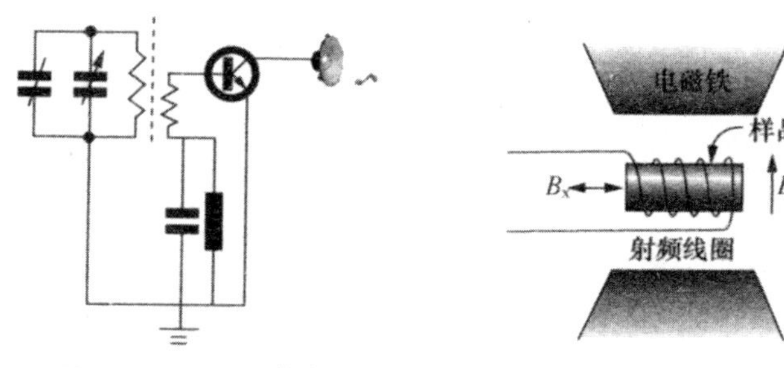

图 3.3-6　LC 调谐电路图　　3.3-7　磁共振示意图

3. 共振的利用

共振在声学中称为共鸣,在电学中称为谐振。共振是常见的自然现象,在工程技术和科学实验中都有广泛应用。乐器的设计常利用共鸣。电磁信号的产生、接收,乃至分析处理,都与谐振有关。光谱分析技术,则是利用了原子分子的能量共振。

(1)乐器的共鸣箱。钢琴、提琴、二胡等乐器的木制琴身,就是利用了共振现象使其成为一共鸣箱(盒),将优美悦耳的音乐发送出去,以提高音响效果。

(2)电磁共振。电磁共振在生活与生产中都有很多的应用,特别是在无线电技术中。收音机的调谐装置就是利用了电磁共振现象,以选择接受某一频率的电台广播。

(3)核磁共振。20 世纪中叶发展起来的新技术,它是研究物质结构的重要手段。如图 3.3-7 所示,磁共振是物体在恒定磁场和特定频率的交变磁场共同作用下,当满足一定条件时,对磁场的共振吸收现象,其中有磁性的原子核对射频场激励的共振吸收,称为核磁共振。它在工程测量、无损检测中有着重要的应用。核磁共振技术与电子计算机相结合形成的“核磁共振成像”是医疗诊断的有力工具。

(4)共振法打桩。在修建桥梁时需要把管柱插入江底作为基础,如果使打桩机打击管柱的频率跟管柱的固有频率一致,管柱就会发生共振而激烈振动,使周围的泥沙松动,这样管柱就较容易克服泥沙的阻力,下插到江底。

(5)共振武器。国外正在研制一种武器,它不用子弹、炮弹,不用激光,而是以声波作“子弹”来杀伤敌人,就是次声武器。当次声武器发出的次声波频率同人体肌肉、内脏器官的固有振荡频率吻合时,引起肌肉及内脏器官的共振,人的五脏六腑破裂,导致死亡。1968 年 4 月的一个傍晚,在法国马赛附近的一户有 12 口人的家庭正在吃晚餐,突然间莫名其妙地全部死亡,与此同时,还在田里干活的另一户农民,共十口人也当场毙命。这是什么原因引起的呢?后来经调查,才知道坐落在 16km 外的国防部次声试验所正在进行次声武器试验,由于技术原因,次声波泄露。声波与人体内脏发生共振,致使农民血管破裂、内脏损伤而迅速死亡。

4. 共振的危害

在某些情况中,共振又会造成损害。当地壳里的某一板块发生断裂时,产生的波动频率传到地面上,与建筑物产生强烈的共振,从而造成了楼房倒塌的惨剧,持续发出的某种频率的声音会使玻璃杯破碎;机器的运转可以因共振而损坏机座;高山上的一声大喊,可引起山顶积雪发生大雪崩;拖拉机驾驶员,风镐、风铲、电锯、镏钉机的操作工,他们与振动源十分接近,在工作时可能会出现人体有关部位的固有频率与振动源的频率产生共振。

1906 年的一天,一队俄国骑兵齐步通过彼得堡封塔克河上的爱纪毕特桥,突然大桥断裂。不可一世的拿破仑率领法国军队入侵西班牙时,部队行军经过一座铁链悬桥时,随着军官雄壮的口令,队伍迈着整齐的步伐走向对岸。正在这时,轰隆一声巨响,大桥坍塌,士兵军官纷纷落水。原来是士兵们齐步走的频率与桥的频率一致,引起了桥的共振。

1940 年,阵阵大风吹过美国的塔科马海峡大桥,由于共振使桥的振幅达到数米,以致刚落成才 4 个月的大桥断裂倒塌。

5. 共振的防止

从共振产生的条件可知,可以从破坏外力的周期性、改变物体的固有频率、改变外力的频率、增大系统的阻尼几方面防止有害共振的产生。

在需要防止共振危害的时候,要想办法使驱动力的频率和固有频率不相等,而且相差的越多越好。例如,播音室对隔音要求很高,常用加厚地板、墙壁的办法,使它的固有频率和声音的频率相差很多,从而使声音的振动不会引起墙壁和地板的共振。

又如,电动机要安装在水泥浇注的地基上,与大地牢牢相连,或要安装在很重的底盘上,为的是改变基础部分的固有频率,以增大与电机的振动频率(策动力频率)之差来防止基础产生共振。

如果机器主轴的中心没有对准,当机器运转时将给机座以周期性的驱动力,机座可能发生强烈的共振,使机座损坏。因此,需要很好地调整机器转动部分的平衡以及采用增大阻尼等措施来削弱共振现象,在实际工程中,必须使设备、工程结构的固有频率,远离使用中可能发生激烈的频率。汽车的减振系统示意图,如图 3.3-8 所示。

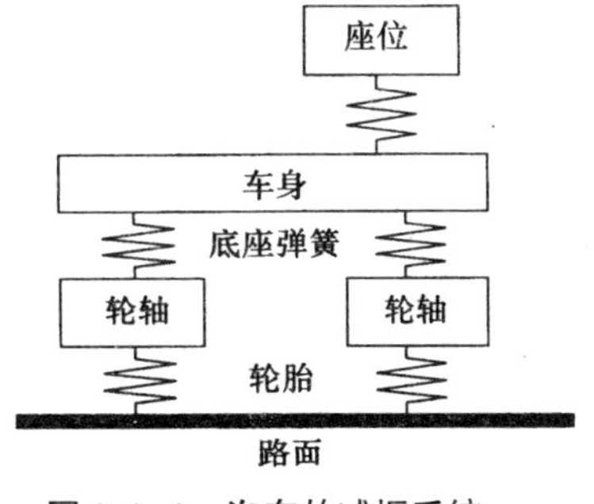

图 3.3-8　汽车的减振系统示意图

在机床加工过程中为避免机床的共振,应尽量增大系统质量 m,减小 k,即减小 $\omega_0=\sqrt{k/m}$,使其远离加工转动频率(一般较高)。如把机器安置在沉重的基座上,并在基座上垫以柔软的橡胶来减小机器运动过程中给机身受迫振动的危害,就能有效地避免有害的受迫振动。

第4章　波　动

振动的传播形成波动，简称波。波是物质运动的重要形态，自然界充满着形形色色的波，如机械波（水波、声波、地震波、冲击波等）、电磁波（无线电波、光波、x射线等）、物质波（所有微观粒子都具有波动性）。波既是一种运动形式的传播，也是能量的传播，人类历史发展过程中人们还让波成为承载了各种信息的载体，所以波是振动运动、能量和信息传播的重要手段。

无论在宏观世界还是微观世界，振动与波动都是普遍存在的运动形式之一。振动与波的规律现已成为声学、光学、电工学、无线电学、近代物理学、化学、生物学、气象学以及许多工程技术应用的理论基础。

4.1　波动及其描述

4.1.1　波动的概念及特点

1. 波是振动的传播

500多年前人类很早已认识波的基本特征，正如达·芬奇（Da Vinci）所述：常常是（水）波离开了它产生的地方，而那里的水并不离开；就像风吹过庄稼地形成的麦浪，在那里我们看到波穿越田野而去，而庄稼仍在原地。

传播机械波的媒介质元仅在原地附近运动，而运动状态在空间传播。波动是指振动状态在空间的传播，简称波，即波动是振动传播所涉及空间的所有点做相位依次落后的同频振动，各点只在各自的平衡位置附近振动，并不随波逐流，而振动形式沿波的传播方向传出。

2. 波的分类

机械振动在介质中的传播过程称为机械波。扬声器的振动在空气中传播激起声波；投石入水引起的振动在水面传播形成的水面波，都是机械波。交变的电磁场在空间的传播过程，电台、电视台、手机机站发出的无线电波，以及光波、X光、物体的辐射等都是电磁波。近代物理学的研究还表明，微观粒子也具有波动性，称为物质波。各类波的本质不同，但它们都具有波的共同特征和规律。

按振动方向与波传播方向的关系波动可分为横波与纵波。波传播方向与振动方向垂直称为横波，如图4.1-1所示的绳上传播的机械横波，又如电磁波（光波）也是横波。波的传播方向与振动方向平行的波动称为纵波，如图4.1-2所示为空气中传播的机械纵波——声波的示意图。

图 4.1-1　绳上传播的横波

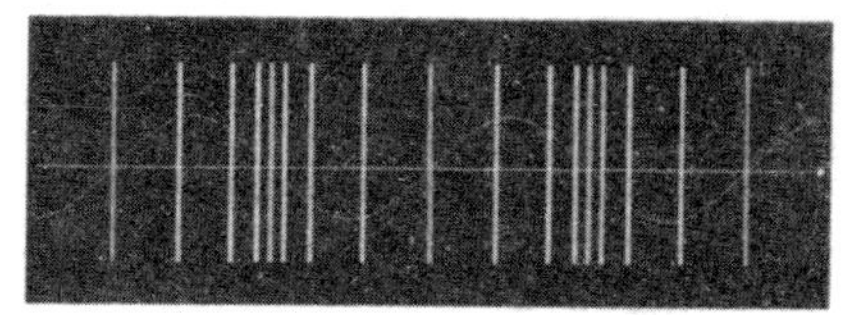

图 4.1-2 纵波示意图

4.1.2　波的几何描述

(1)波线。波的传播总是从波源处,由近及远向周围传播出去。为清晰表述波传播的特征,沿波的传播方向画出的一些带箭头的线,以表示波传播,称为波线。光线就是光波传播方向的波线。

(2)波面。波在传播过程中,波的传播方向上各点的振动相位依次落后,即远处的点比近处的落后。由不同波线上同相位的各点所组成的面(即同相面,面上所有点的相位相同),称为波阵面,简称波面。某一时刻,振源最初振动状态传到的各点所连成的曲面,亦即最前方的波面,称为波前,即离波源最远的波面。在各向同性均匀的介质中,波线与波面恒垂直。

波按波面的形状不同分为平面波、柱面波和球面波。波面为平面的波称为平面波。平面波的波线是相互平行的射线,波面是在柱面的波称为柱面波,波面为球面的波称为球面波。图 4.1-3 给出了在各向同性均匀介质中传播的球面波和平面波的剖面图及柱面波的示意图。点波源在均匀的各向同性媒质中发出的波是球面波,球面波的波线是正交于点波源的射线;球面波的波面是以点波源为中心的同心球面,但在远离球面波中心的波面的局部区域,可近似看成为平面,例如可以把到达地面的太阳光视为平面波;管中的声波可看作是平面波。平面波和球面波都是真实波动的理想近似。

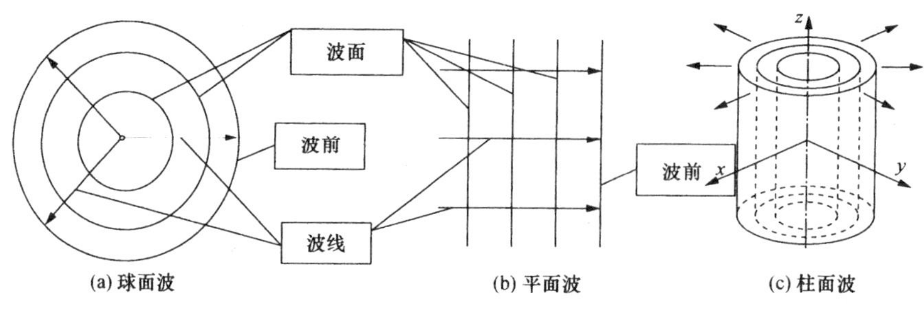

图 4.1-3　波面与波线

波源有各种形状与线度。在物理研究中,当观察者(或接收器)到波源的距离,比波源线度大 10 倍以上时,该波源即可视为点波源(理想模型),点波源模型对于波动学的意义正如质点对于力学、点电荷对于电学一样,它们都是构筑理论的出发点。任何形式的波源,都可看成点波源的集合。

4.1.3　波动的特征量

1. 波长 λ

在同一时刻、同一波线上,两个相邻的、相位差为 2π(振动状态相同)的振动点之间的距离称为波长 λ,单位为 m。横波中两相邻波峰或相邻波谷之间的距离;纵波中两相邻疏部或相邻密部中心之间的距离,均是一个波长。波长描述了波动的空间周期性,在同一波线上,相距为 $n\lambda$ 的所有点振动状态始终相同。

2. 周期 T 与频率 f

波传播一个波长所需的时间,称为波的周期,用 T 表示。波在单位时间内向外传播的完整波形(一个波长对应的波形)的个数,称为波的频率,用 f 表示,其国际制单位为 Hz(赫兹)。显然 $f=1/T$。理论与实验可证明,当波源做一次全振动时,沿波线正好传出一个波长,所以波的周期与频率等于波源的周期与频率,与介质无关。

图 4.1-4 所示为波长、周期、相位差的对应关系:波传播一个波长需用一个周期时间,相距一个波长的两点振动相位差为 2π。

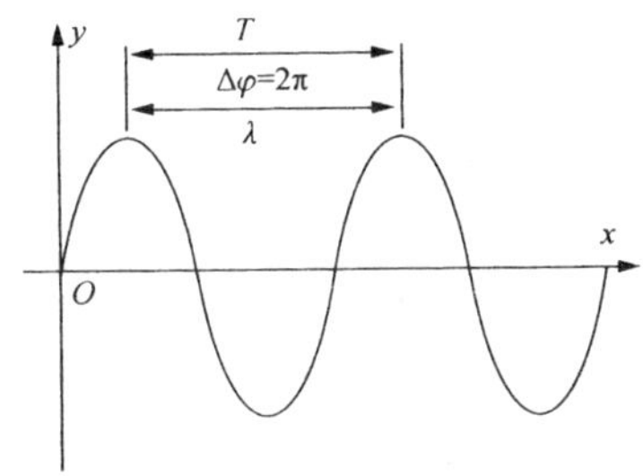

图 4.1-4　波长、周期与相位差

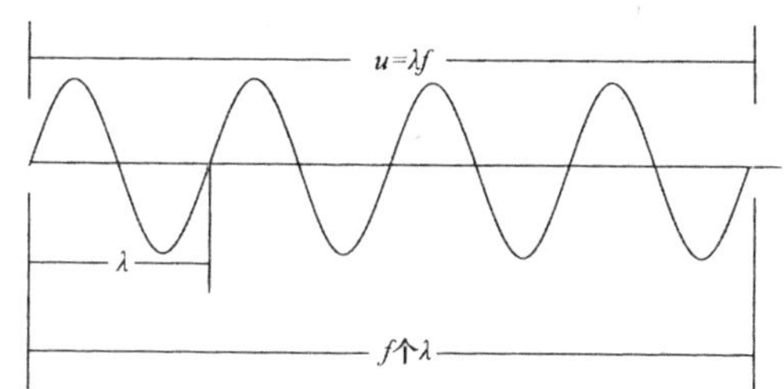

图 4.1-5　波长、频率与波速关系

3. 波速 u

单位时间内,振动所传播的距离,称为波速。波速是振动的状态(即振动相位)传播快慢的描述,因此又称为相速。

如图 4.1-5 所示,一个周期 T 内,波前进的距离为一个波长 λ,所以波速、波长与周期(频率)间的关系为

$$u=\lambda/T=\lambda f. \tag{4.1-1}$$

机械波是依靠连续介质各部分之间的弹性联系而传播的,因此机械波的波速

大小取决于介质的弹性(弹性模量)和惯性(质量密度),与波源无关。

理论与实践表明,机械波速可由下列表达式求出:

$$u=\sqrt{N/\rho}\text{(固体中横波)}, \tag{4.1-2}$$

$$u=\sqrt{Y/\rho}\text{(固体中纵波)}, \tag{4.1-3}$$

$$u=\sqrt{B/\rho}\text{(流体中纵波)}, \tag{4.1-4}$$

式中,N,Y,B 和 p 分别是介质的剪切模量、杨氏模量和体变模量及质量密度。同种材料的剪切模量 N 总小于杨氏模量 Y,因此在同一个介质中,横波波速要比纵波波速小些。而空气的体变模量 B 远小于流体的体变模量 B,所以纵声在空气中的速度小于流体中的速度。标准状态下(1 atm,0°C)声波在空气中的声速为 331m/s,在海水中约为 1500m/s,在固体中约为 3000~6000m/s。因介质的弹性和密度均与温度有关,所以机械波的波速与温度有关:空气中声速与温度的关系,可用如下近似公式表示:

$$u=331+0.61t(\text{m/s}). \tag{4.1-5}$$

其中温度 t 单位为摄氏度,u 单位为 m/s。在常温条件下(1 atm,15°C)时,声速约为 340m/s。

4.1.4 平面简谐波的波函数

1. 平面简谐波

若波源做简谐波振动,则由此波源在均匀介质中形成的波称为简谐波。简谐波的波源和波动所达到的各点均按余弦(或正弦)规律振动。

因球面简谐波微小局部可视为平面简谐波,即球面波可视为无限多平面波的合成,所以平面简谐波是最简单、最基本的波动形式,其他复杂的波动均是一系列的不同频率不同振幅的平面简谐波叠加的结果。

2. 平面简谐波的波函数

在有平面简谐波传播的媒质中,各体元都按余弦(或正弦)规律运动,但同一时刻各体元的运动状态却不尽相同。波动在空间、时间上的分布函数称、为波函数。

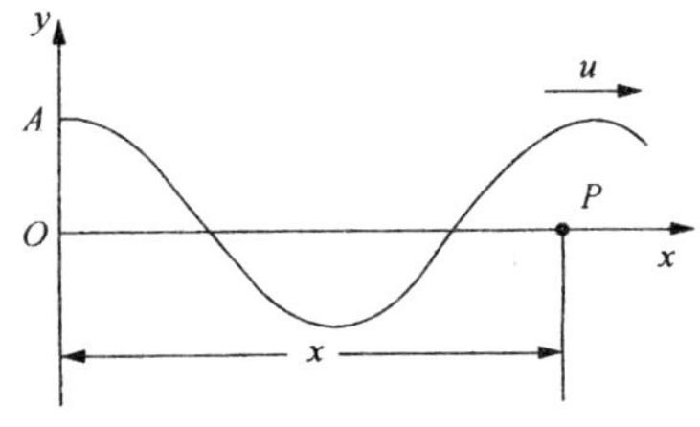

图 4.1-6　平面简谐波曲线

平面谐波只沿一个方向上传播,沿波传播方向(波速 u 的方向)取其中一条波线为 x 轴,则 x 轴上的波动情况代表了所有波线上的振动情况。

y 表示质元振动方向,即振动质兀距离平衡位置的位移,因此 y 与 x 不一定是垂直关系。A 表示振幅,ω 为振源角频率。如图 4.1-6 所示,设平面简谐波以速度 u 沿 x 轴正向传播,取 x 轴上一点为原点 O,若设原点质元的谐振动方程为

$$y(0,t)=A\cos\omega t.$$

考察 x 轴正向上平衡位置距原点为 x 的任一质元 P 点的振动，它在相位上比原点落后

$$\triangle\varphi=\frac{2\pi}{\lambda}x, \tag{4.1-6}$$

则 P 点的振动方程为

$$y(x,t)=A\cos(\omega t-\triangle\varphi)=A\cos(\omega t-\frac{2\pi}{\lambda}x). \tag{4.1-7}$$

因 P 点是任意的，式(4.1-7)即为平面波的波函数，其中 x 为沿波传播方向任一质元与波源间的距离。利用关系 $\omega=2\pi/T=2\pi f, u=\lambda/T=\lambda/f$，可得平面简谐波的几个等价表达式如下：

$$y(x,t)=A\cos\omega(t-\frac{x}{u}), \tag{4.1-8}$$

$$y(x,t)=A\cos(\omega t-\frac{\omega x}{u}), \tag{4.1-9}$$

$$y(x,t)=A\cos2\pi(\frac{t}{T}-\frac{x}{\lambda}). \tag{4.1-10}$$

波函数的物理意义如下：

(1)周期 T 是波时间周期性的描述。由式(4.1-10)可见，任意点 x 有

$$y(x,t)=y(x,t+T),$$

即每经过一个周期了的时间，波线上所有点的振动状态重复，说明了是波动时间周期性的描述。

(2)波长 λ 是波空间周期性的描述。由式(4.1-10)可见，任意点 x 和 $x+\lambda$ 有

$$y(x,t)=y(x+\lambda,t),$$

即任意时刻 t，波线上相距为 λ 的两点振动状态相同，即每相隔一个 λ 距离的两点，振动状态相同，可见 λ 是波动空间周期性的描述。

(3)对给定 $x=x_0$，波函数

$$y=(x_0,t)=A\cos\omega(t-\frac{x_0}{u}), \tag{4.1-11}$$

描述了位置 x_0 处的质点振动位移随时间做周期运动，也就是该处质元的振动方程，可看出该点的运动状态是随时间做周期性的简谐振动。式(4.1-11)表明波动到达各处质元的振动与波源的振动具有相同的特征，即具有相同的振动方向、振幅与频率。质元振动状态从 O 点传 x_0 点所需时间 $\triangle t=x_0/u$，式(4.1-11)表示 x_0 点振动状态比 O 点滞后 $\triangle t=x_0/u$，相位落后 $\triangle\varphi=2\pi x_0/\lambda$，即沿波线方向各点的振动相位依次落后。

(4)给定 $t=t_0$ 时间，则波函数为

$$y(x)=A\cos\omega\left(t_0-\frac{x}{u}\right).\tag{4.1-12}$$

它描述了 t_0 时刻,在同一条波线上各质元振动位移随位置 x 的变化规律,可看出各质元位移的分布具有空间周期性,是 t_0 时刻整个波的形态,由式(4.1-12)画出的图称为波形图,相当于某瞬间媒质中各质元相对于平衡位置位移的照片。

3. 平面简谐波的波形图

某一时刻整个波线上各点状态的图线,即由式(4.1-12)画出的图线称为波形图,可见平面简谐波的波形图也是按余弦规律变化的。由波函数还可得 $t=t_0+\Delta t$ 时刻的波形图,如图 4.1-7 所示。不同时刻的波形图形状相同,但位置向波的传播方向移动。这类波动又称为行波。

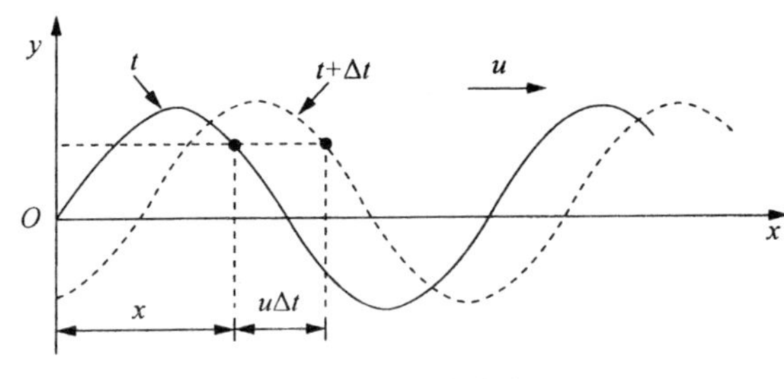

图 4.1-7　行波的波形图

由式(4.1-11)得到的任意质元振动曲线与由式(4.1-12)得到的波形图,虽然都表示振动位移变化规律,且都是余弦函数关系,但其物理意义不同:振动曲线表示的是某点振动位移随时间变化的周期性,对象是一个质点,可理解成对一个质点振动的“录像”;而波形图表示的是波动中某时刻全部质点的振动位移,是对全部质点的某一个(或多个)时刻的“照相”。

4.1.5　多普勒效应

1. 声波的多普勒(Doppler)效应

1842 年的一天,克里斯琴·约翰·多普勒(Christian Johann Doppler)正路过铁路交叉处,恰逢一列火车从他身旁驰过,他发现火车由远至近时汽笛声变响,音调变尖;而火车由近至远时汽笛声变弱,音调变低。他对这个物理现象感到极大兴趣,并进行了研究,发现这是由于振源与观察者之间存在着相对运动,使观察者听到的声音频率不同于振源频率的现象,即发生了频率移动现象,后来发现光波也具有多普勒效应。

人们为纪念多普勒,将波的频率(波长)因为波源和观测者的相对运动而产生变化的现象,称为“多普勒效应”。

2. 观察者不动，声源相对于介质以速度 v_s 运动时的多普勒效应

波源与观察者相对静止时，波面间的距离为波长 $\lambda(\lambda=uT)$。

如图4.1-8所示，一个点波源 S，在同一介质中以速率 v_s 向观察者（接收器）做匀速运动所产生的波面示意图。图4.1-8中1、2、3、4波面时差一个周期，波面间的距离应为一个波长，若波源做靠近观察者运动时，分别是由波源 S 在 S_1、S_2、S_3、S_4 处产生的波面，则各波源点位置间的距离为

$$S_{i+1}-S_i=v_sT(i=1,2,3). \qquad (4.1-13)$$

结果使波面间的距离变为

$$\lambda'=\lambda-v_sT=uT-v_sT=(u-v_s)T. \qquad (4.1-14)$$

因此，观察者接收到的频率变为

$$f'=\frac{u}{\lambda'}=\frac{u}{u-v_s}f, \qquad (4.1-15)$$

即波源做接近观察者运动时，观察者接收到的声音频率大于波源的频率，声音音调变尖。

若波源做离开观察者的运动时，式(4.1-13)和式(4.1-14)中的"－"号应变为"＋"号，因此得到观察者接收到的频率变为

$$f'=\frac{u}{\lambda'}=\frac{u}{u+v_s}f, \qquad (4.1-16)$$

即波源做远离观察者运动时，观察者接收到的声音频率减小，声音音调变低沉。

水波的多普勒效应如图4.1-9所示。

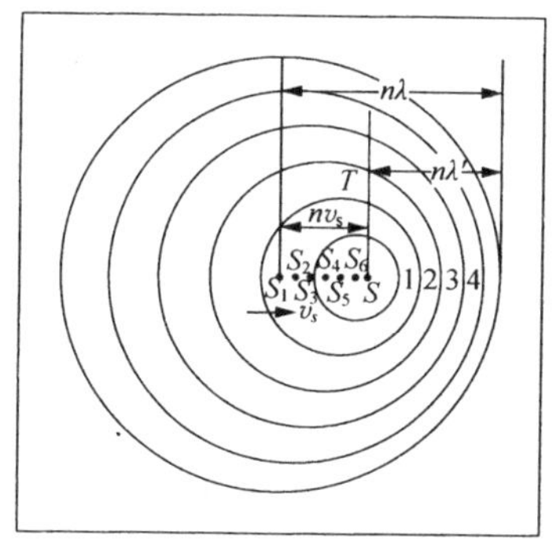

图4.1-8　声源运动的多普勒效应

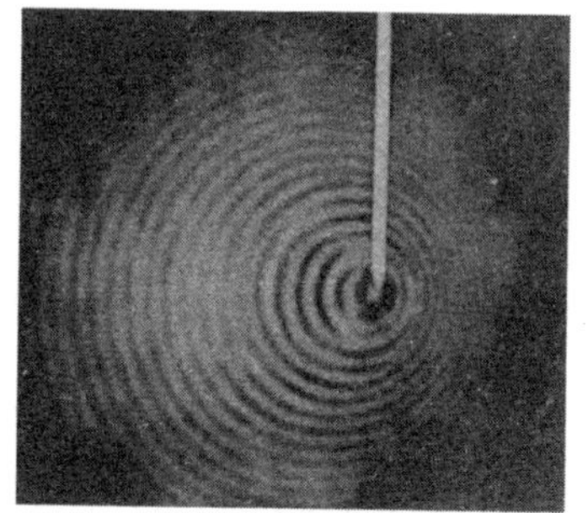

图4.1-9 水波的多普勒效应

3. 声源不动，观察者相对于介质以速度 v_0 运动时的多普勒效应

如图4.1-10所示，观察者以速度 v_0 向静止波源运动，在单位时间内原来位于观察者处的波面向观察者传播了 u 的距离，同时观察者自己向声源运动了 v_0 的距离，这就相当于波通过观察者的总距离为 $u+v_0$，因而在单位时间内观察者所接收的

全波数，即波的频率为

$$f'=\frac{u}{\lambda}=\frac{u+v_0}{\lambda}=\frac{u+v_0}{u/f}=\frac{u+v_0}{u}f. \tag{4.1-17}$$

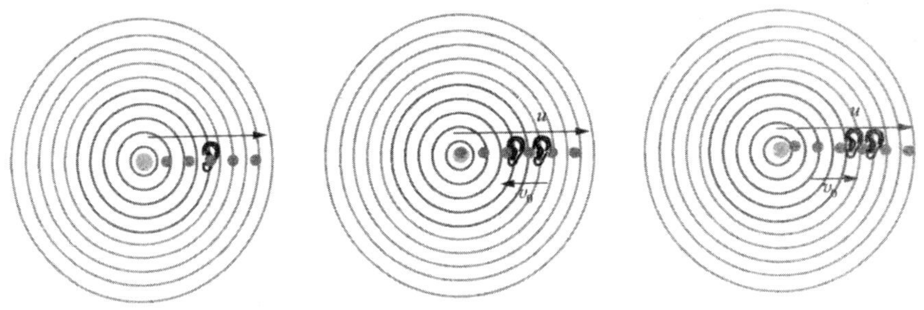

图 4.1-10　波源静止、观察者运动的多普勒效应

由此可见，当观察者靠近波源运动时，声音频率比原波源频率高，声音声调变尖。

观察者以速度 v_0 远离波源运动，按类似的分析，得观察者接收到的频率为

$$f'=\frac{u-v_0}{u}f, \tag{4.1-18}$$

即当观察者远离波源运动时，声音频率比原波源频率低，声音声调变得低沉。

若波源与观察者同时在做相对运动，则综合式(4.1-15)～(4.1-18)得观察者接收到的频率 f' 与波源的频率 f 之间满足

$$f'=\frac{u\pm v_0}{u\mp v_s}f. \tag{4.1-19}$$

波源与观察者相向运动时分子取“+”、分母取“-”；波源与观察者相背运动时，分子取“-”、分母取“+”。

4. 电磁波的多普勒效应

多普勒效应是波动过程的共同特征。电磁波(光波)也有多普勒效应。因为电磁的传播不依赖弹性介质，所以波源和观测者之间的相对速度决定了接收到的频率。电磁波以光速传播，在涉及相对运动时必须考虑相对时空变换关系，理论证明，当波源和观测者在同一直线上运动时，观测者接收到的频率 f_R 为

$$f_R=\sqrt{\frac{c+v}{c-v}}f_s \tag{4.1-20}$$

式中，v 表示波源与观测者(接收器)之间相对运动的速度。当波源与观测者相互接近时，取 $v>0$，则 $f_R>f_s$，即接收到的频率比发射源发射的频率高，此现象被称为光波的紫移现象；当波源与观测者相互远离时，取 $v<0$，则 $f_R<f_s$，即接收到的频率比发射源发射的频率低，此现象被称为光的红移现象。

5. 多普勒效应的应用

在宇宙学研究中,多普勒效应的应用导致了十分新奇的结论。约从1971年开始,天文学家将来自星球的光谱与地球上相同元素的光谱比较,发现河外星系的谱线几乎都有红移,而且越远的星系的红移越甚。1929年,哈勃进而指出,星系的退行速度与其离观测者的距离成正比。于是,根据多普勒效应,科学家们确认为宇宙膨胀的图景。伽莫夫(Gamow)等人推测,宇宙早期应源于一个原始火球的大爆炸,由于得到不少观测事实的支持,大爆炸宇宙模型如今已成了宇宙的标准模型。霍金(Hawking)认为:"宇宙膨胀的发现是20世纪最伟大的智慧革命之一。"

多普勒效应在国防、工业、交通运输等许多领域均有广泛应用。由多普勒频移表达式可知,已知波源静止和运动时所发出波的两种频率,即可推知波源的运动速度。实用中往往是从一个不动的信号源发射波,让它被运动物体反射,则反射波就相当于是从运动的信号源发射波。由于频率的测量精确度很高,所推算的速度因而也有很高的精确度。交通警察所用的速度监测器、跟踪飞行物、卫星的雷达,工业上测定封闭管道中流体流速的流量计,都利用了多普勒频移测量原理。

4.2 波的叠加

4.2.1 波的独立传播与叠加原理

观察和研究表明:波可以独立在同区域内传播,每列波传播时,不会因与其他波相遇而改变自己原有的特性(传播方向、振动方向、频率、波长等);在几列同类波相遇的区域中,质点的振动是各列波单独传播时在该点引起振动的合成。这一传播规律称为波的独立传播与叠加原理。

管弦乐队演奏或几个人同时说话时,人们仍然能够清楚辨别出各种乐器或各个人的声音,这就是机械波独立传播例证。在众多的广播电台中,人们能够随意选择接收某一载波频率的信号,证明电磁波也有满足波的独立传播原理。

波的独立传播原理清楚地表明:机械波的传播只是运动的传播,而不是质元的传播,因为当几个运动物体相遇时,它们就会产生碰撞,每一物体的运动都会发生改变。波动的交会(叠加)和运动粒子的交会(碰撞)有着完全不同的物理图像。

人们通常遇到的波均满足叠加原理,但并不是所有的波都满足叠加原理,因此把满足叠加原理的波称为线性波,否则称为非线性波。如超音速飞机运动时所形成的冲击波,强烈的爆炸声,某些大振幅的电磁波(能量传输功率达 10^{10} W/m^2 以上),就是非线性波。

4.2.2 波的干涉

波的干涉是波叠加的特例,而且是最简单最重要的特例。实验发现,当两列同类波满足相干条件，即两波的频率相同、振动方向相同、相位差恒定时，则两列波相遇时，形成某些地方振动始终加强（干涉相长），另一些地方振动始终减弱（干涉相消），形成稳定的合振动振幅加强、减弱相间分布的现象称为波的干涉。图4.2-1所示为两水波干涉的图像，满足相干条件，能产生干涉现象的两列波称为相干波。相应的波源称为相干波源。

设 S_1、S_2 为两相干波源，其振动方程分别为

$$y_{10}=A_{10}\cos(\omega t+\varphi_{10}),$$

$$y_{20}=A_{20}\cos(\omega t+\varphi_{20}).$$

如图4.2-2所示，考察同一介质中距离两波源 r_1、r_2 的一点 P 的振动情况，则两波单独在 P 点引起的振动方程分别为

$$y_1=A_1\cos\left(\omega t+\varphi_{10}-\frac{2\pi}{\lambda}r_1\right), \tag{4.2-1}$$

$$y_2=A_2\cos\left(\omega t+\varphi_{20}-\frac{2\pi}{\lambda}r_2\right). \tag{4.2-2}$$

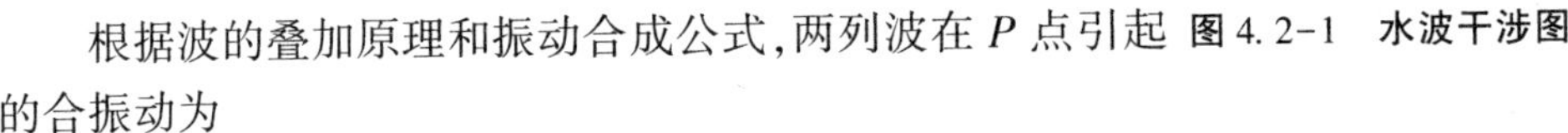

图4.2-1　水波干涉图

根据波的叠加原理和振动合成公式，两列波在 P 点引起的合振动为

$$y=A\cos(\omega t+\varphi),$$

其中

$$A^2=A_1^2+A_2^2+2A_1A_2\cos\triangle\varphi, \tag{4.2-3}$$

$$\triangle\varphi=(\varphi_{20}-\varphi_{10})+\frac{2\pi}{\lambda}(r_2-r_1). \tag{4.2-4}$$

可见振幅 A 的大小决定于两波传播到达 P 点时振动的相位差 $\triangle\varphi$，正如狄拉克 Dirac 所说：相位是极其重要的，因为它是所有干涉现象的根源。

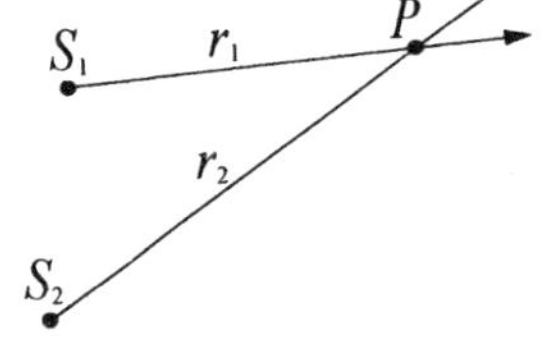

图4.2-2　两相干波在 P 点相遇

而相位差决定于两波源的初相差与两振源分别到点 P 的路程差 $\triangle r=r_2-r_1$，称为波程差，它随 P 点的位置不同而不同，也就是两波传播到不同的位置，其叠加后合振动的振幅是不同的。合振动的振幅在 $A_{max}=A_1+A_2$ 和 $A_{min}=|A_1-A_2|$ 之间，把合振动振幅最大的情况称为干涉相长；合振动振幅最小的情况称为干涉相消。哪些点会成干涉相长或干涉相消呢？下面讨论两种特殊情况：

1. 两相干波源同相（初相相同）

两相干波同相即 $\varphi_{20}-\varphi_{10}=0$，则两波传到 P 点振动的相位差仅由波程差决定

$$\triangle\varphi=\frac{2\pi}{\lambda}(r_2-r_1). \tag{4.2-5}$$

由此可推得干涉相长的条件是

$$\triangle r=2k\frac{\lambda}{2}\quad(k=0,1,2,\cdots),\quad A=A_1+A_2;$$

干涉相消的条件是

$$\triangle r=(2k+1)\frac{\lambda}{2}\quad(k=0,1,2,\cdots),\quad A=|A_1-A_2|.$$

即当某点与两波源的波程差$\triangle r$等于半波长的偶数倍时,这点两波传到此处振动的合振动振幅最大,则称该点为干涉相长点;当某点与两波源的波程差$\triangle r$等于半波长的奇数倍时,这点两波传到此处振动的合振动振幅最小,称该点为干涉相消点。

2. 两相干波源反相(初相差为 π)

两相干波源反相,即外$\varphi_{20}-\varphi_{10}=\pi$,则两波传到$P$点振动的相位差为

$$\triangle\varphi=\pi+\frac{2\pi}{\lambda}(r_2-r_1).\tag{4.2-6}$$

由此可推得干涉相长与相消条件如下:

$$\triangle r=(2k+1)\frac{\lambda}{2}(k=0,1,2,\cdots)\text{时},A=A_1+A_2,\text{干涉相长},$$

$$\triangle r=2k\frac{\lambda}{2}(k=0,1,2,\cdots)\text{时},A=|A_1-A_2|,\text{干涉相消。}$$

干涉相长和相消的条件,与两相干波源同相时正好相反。

4.2.3　驻波

1. 驻波

在同一介质中,两列振幅相同,而传播方向相反的两列简谐相干波叠加得到的振动,其波形不运动,与相对波形在运动的波(行波)而言称其为驻波。驻波是一种特殊的干涉现象。由于机械波传到界面时会发生反射,因此,机械波在有限大小的物体中传播时可能就会产生驻波。

2. 驻波方程

图 4.2-3 所示为一绳上形成驻波的实验装置图。

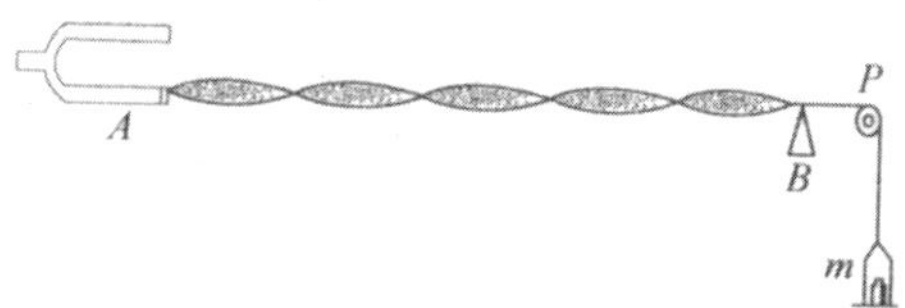

图 4.2-3　绳驻波实验示意图

设一列波沿x正向传播,另一列波沿x负向传播,选取共同的坐标原点和计时

起点,则两波方程为

$$y_1=A\cos(\omega t+kx),y_2=A\cos(\omega t-kx),$$

其中 $k=2\pi/\lambda$,称为波数,则在相遇的质元上合振动为

$$y=y_1+y_2=2\cos\frac{2\pi}{\lambda}x\cos(\omega t).\tag{4.2-7}$$

此方程可视为各质元仍做频率为 w 的简谐振动,各点的振幅随位置坐标做周期性的变化,规律为

$$A(x)=2A\cos\frac{2\pi}{\lambda}x,\tag{4.2-8}$$

即驻波振幅随位置坐标按余弦函数规律做周期变化。图 4.2-4 所示为四个特殊时刻的驻波示意图,由此可看出驻波的形成和波振过程。

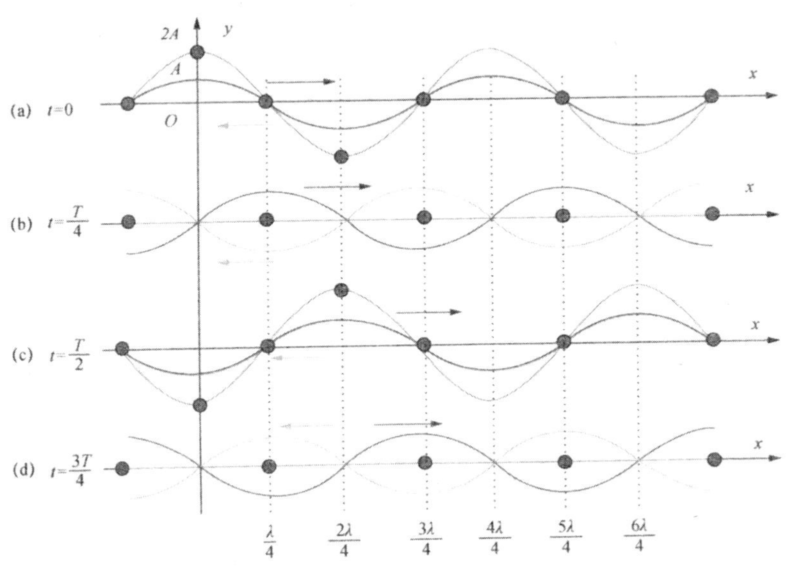

图 4.2-4　驻波过程示意图

3. 驻波的特点

根据图 4.2-4 和式(4.2-8)可知,驻波有以下特点。

(1)当 $x=2k\lambda/4$,即位置坐标为 1/4 波长的偶数倍时,振幅最大为 $2A$,这些点称为波腹。

(2)当 $x=(2k+1)\lambda/4$,即位置坐标为 1/4 波长的奇数倍时,振幅为 0,这些点为静止点,称为波节。

(3)波节将驻波分为若干段,每段的长度为两个相邻波节之差,即

$$\Delta x=(2(k+1)+1)\lambda/4-(2k+1)\lambda/4=\lambda/2.$$

驻波相邻两波腹间或相邻两波节间的距离均为 $A/2$，而相邻波腹和波节间的距离则为 $\lambda/4$。

(4) 相邻两段中的各点的振动相位相反，同一段中各点相位相同，这意味着同一段中各点的振动同相，因此，驻波实际上是分段振动现象。

4. 常见的驻波

弦乐发声是一维驻波；鼓面是二维驻波；微波振荡器、激光器谐振腔都是驻波的典型示例。

拨动弦乐器的弦线，弦线中所产生的来回地波也会形成驻波，由于弦的两个端点固定不动，所以这两点必为波节；如图 4. 2-5 所示，因驻波中每段的长度都是 $\lambda/2$，所以产生驻波的一般条件是：两上界面（或端点）之间的距离 L 应为半波长的整数倍 $n(n=1,2,3\cdots)$，其对应的波长与频率分别为

$$\lambda_n=\frac{2L}{n}. \tag{4. 2-9}$$

$$f_n=n\frac{u}{2L}. \tag{4. 2-10}$$

$n=1$ 对应的频率 $f_1=u/2L$，称为基频，$n>l$ 对应的频率称为谐频。

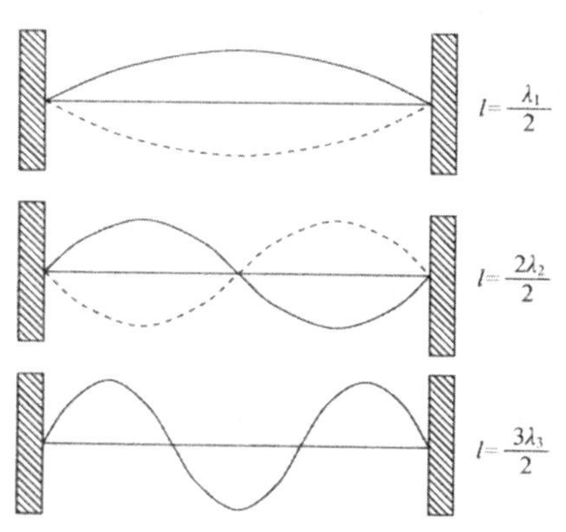

图 4. 2-5　两端固定弦上的驻波

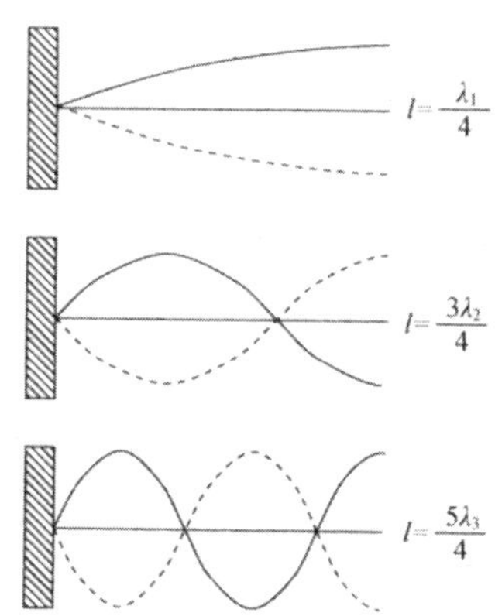

图 4. 2-6　一端自由弦上的驻波

基频振幅往往比其他谐频大得多，所以人们听到的弦线声音，其实就是占优势的基频音调。可以证明，弦线中波的速度 $u=\sqrt{T/\eta}$（T 是弦线的张力，η 是弦线的质量线密度），可见通过换用 η 不同的弦线或调节张力 T，或改变 L，都可改变弦线的基频，即改变弦线的音调。一端自由的弦上也可能形成驻波，其形成驻波的情况如图 4. 2-6 所示。

4.3　波的能量

在波传播过程中,随着波面的推进,机械能也不断传输出去。波源既是波的振动源,又是波的能量源。若波在传播过程中无能量损失,则波所传播的能量等于波源所做的功。

4.3.1　波强

1. 机械波的平均能量密度

机械波在弹性介质中传播时,各质元在平衡位置附近振动而具有一定的动能,同时由于质元发生形变而具有一定的弹性势能,因而波动介质的机械能是介质质元的动能和弹性势能的总和。

与独立的简谐振动系统不同的是波动中质元振动时的机械能不再保持不变。因为介质元通过相互间的弹性作用不断从波源方向吸收能量,同时又向其后的介质元输出能量,这种“吸收”与“输出”就是靠介质元的机械能变化来实现的。

如图 4.3-1 所示,机械横波介质元振动示意图。设介质密度为 ρ 一介质元体积为 $\triangle V$,质量为 $\triangle m=\rho\triangle V$,其中心平衡位置坐标为 x,当平面简谐波在介质中传播时,其波函数为

$$y=A\cos[\omega(t-\frac{x}{u})],$$

则此介质元在 t 时刻的振动动能为

$$E_k=\frac{1}{2}\rho\triangle V(\frac{dy}{dt})^2=\frac{1}{2}\rho\triangle V\,\omega^2A^2\sin^2[\omega(t-\frac{x}{u})].\qquad(4.3-1)$$

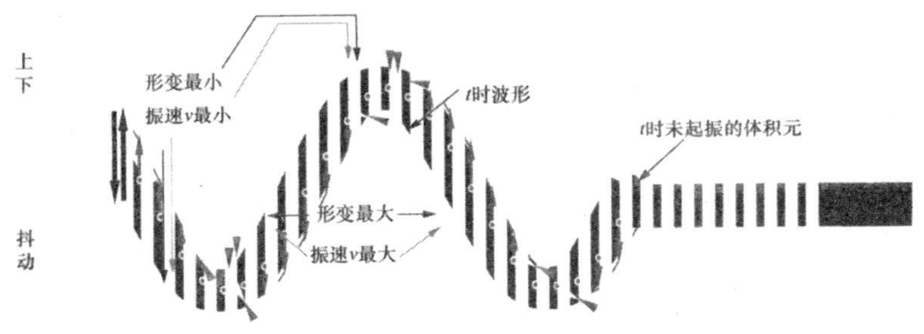

图 4.3-1　机械波(横波)中的质元的形变与速度示意图

由图 4.3-1 可见,在最大位移处,介质元形变最小,弹性势能最小;在平衡位置处,介质元形变最大,弹性势能也最大。介质元形变而产生的弹性势能为

$$E_p=\frac{1}{2}N\triangle V(\frac{dy}{dx})^2=\frac{1}{2}N\triangle V\frac{\omega^2A^2}{u^2}\sin^2[\omega(t-\frac{x}{u})].\qquad(4.3-2)$$

又因 $u=\sqrt{\dfrac{N}{\rho}}$，即 $N=u^2\rho$ 所以

$$E_p=\frac{1}{2}\rho\triangle V\omega^2A^2\sin^2[\omega(t-\frac{x}{u})].\tag{4.3-3}$$

由式(4.3-1)和式(4.3-3)可见，介质元的弹性势能与动能在任意时刻都相等，而机械能总值为

$$E=E_p+E_k=\rho\triangle V\ \omega^2A^2\sin^2[\omega(t-\frac{x}{u})].\tag{4.3-4}$$

式(4.3-4)表明，质元的机械能也是时间和空间位置坐标的周期函数，任意质元机械能是不守恒的，而是随时间做周期性的变化。这是因为波中质元都与相邻质元存在弹性联系，因此以质元为研究对象时，有弹性外力做功，机械能不守恒，通过质元间的弹性联系，在质元振动中，将能量从波源向波动方向传播出去。

式(4.3-4)表明，质元的总机械能的最大值与质元振动振幅 A 和角频率 w 的平方成正比，即 $E\propto\omega^2$，$E\propto A^2$。

式(4.3-4)还表明，质元的机械能与所取的体积元的体积 $\triangle V$ 成正比，为此引入能量密度概念，即介质单位体积内的波动能量，用 ω 表示，即有

$$\omega=E/\triangle V=\rho\omega^2A^2\sin^2[\omega(t-\frac{x}{u})].\tag{4.3-5}$$

可见，质元的能量密度是随时间变化的，从波传播能量角度，常常用一个周期内单位体积的平均能量密度来描述波能量大小，即平均能量密度 $\overline{\omega}$：

$$\overline{\omega}=\int_0^T\rho\omega^2A^2\sin^2[\omega(t-\frac{x}{u})]\ dt=\frac{1}{2}\rho\omega^2A^2.\tag{4.3-6}$$

可见，对于某一媒质，波的平均能量密度正比于波的振幅平方，也正比于角频率平方，还正比于介质的质量密度。

能量密度表示媒质中能量分布情况，从中可以确定在某时刻媒质中单位体积内能量随各体元位置的周期分布，或对于媒质中某确定体元单位体积内能量随时间的变化。

2. 机械波的能流密度和能流

波是能量的传播，而能量传播的大小与强弱，由平均能量密度和波动速度决定。为描述波能量传播的情况，引入能流密度和能流两个物理量。每个体元的能量是由振动状态决定的，而振动状态又以波速传播，所以能量也是以波速传播的。

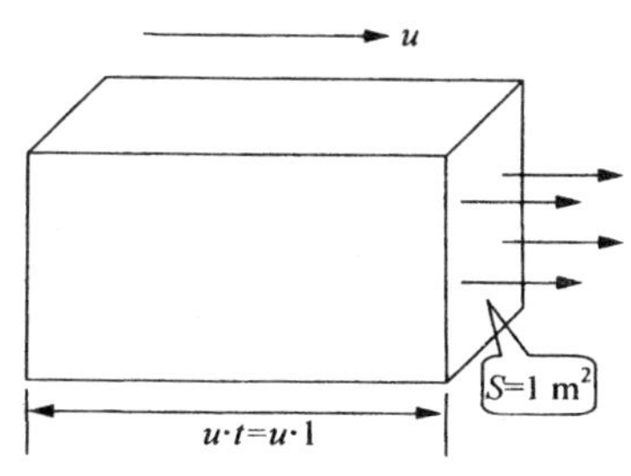

图 4.3-2 能流示意图

单位时间内通过垂直于波线单位截面的能

量,其方向沿着波传播的方向,即传播功率的面密度,称为能流密度,用 I 表示。图 4. 3-2 所示的长方体内波动能量,在单位时间($t=1\text{s}$)内均通过单位波面 S(S 与波传播方向垂直且 $S=1\text{m}^2$),所以能流密度的值为

$$I=\overline{\omega}u=\frac{1}{2}\rho u\omega^2 A^2, \tag{4. 3-7}$$

其国际制单位为 W/m^2。

能流密度反映了波的强弱。Z 越大,单位时间内通过单位波面的能量越多,波就越强,因此能流密度又称为波强。对于声波,又称为声强;对于光波,又称为光强。其值正比于振动振幅的平方、正比于角频率的平方,还正比于介质密度和波在介质中的传播速度。

能流即是波通过某波面 S 的总功率。若波在传播过程中介质不吸收,能流则为波源的输出功率。单位时间内通过介质中某一波面的能量,称为通过该波面的能流,用 P 表示,则其值为

$$P=IS=\frac{1}{2}\rho uS\omega^2 A^2. \tag{4. 3-8}$$

通过整个波面的声能流也称为声功率。对于声波而言,若介质不吸收,它表示了声源的输出功率,即声源每秒钟向外辐射的声能。声功率一般很小,如人讲话时 $P\approx 10^{-5}\text{W}$,即使 30 万人同时说话,也仅相当于一个 15W 灯泡的电功率。

4.3.2 波传播引起的能量衰减

大家都有这样的经验,离声源越远,听到的声音越小;离光源越远,看到的光线越弱。这种波的强度随距离的增大而减小的现象,称为波能量衰减,或波的衰减。它主要由于波分布扩散和传播介质吸收两方面原因造成的。

1. 分布扩展造成的衰减

设由点波源发出的球面波在吸收可忽略的介质中传播,如图 4. 3-3 所示的两个波面的能流密度分别为 I_1、I_2,对应的振幅分别为 A_1 和 A_2。波的传播满足能量守恒定律,波由一个波面传播到另一个波面时,能量不变,即

$$I_1(4\pi r_1^2)=I_2(4\pi r_2^2).$$

由此得到球面波的能流密度分布式衰减关系

$$I_1/I_2=r_2^2/r_1^2, \tag{4. 3-9}$$

以及球面波的振幅分布式衰减关系

$$A_1/A_2=r^2/r_1. \tag{4. 3-10}$$

可见,球面波的振幅将随距离的增大成反比地减小;波强将随距离的二次方成反比地减小。

如图 4. 3-4 所示,小喇叭使发出的声音经过筒壁反射后,传播方向变得较为集中,波面的面积增加较少,减小因分布式扩展造成的声强减弱,从而可使声音更强。

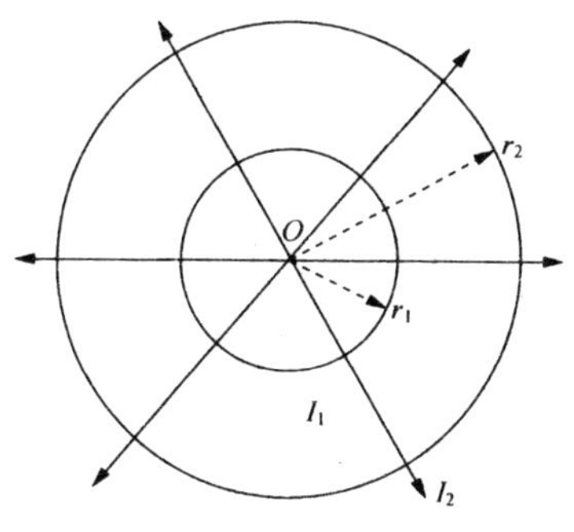

图 4.3-3　球面波分布的扩展

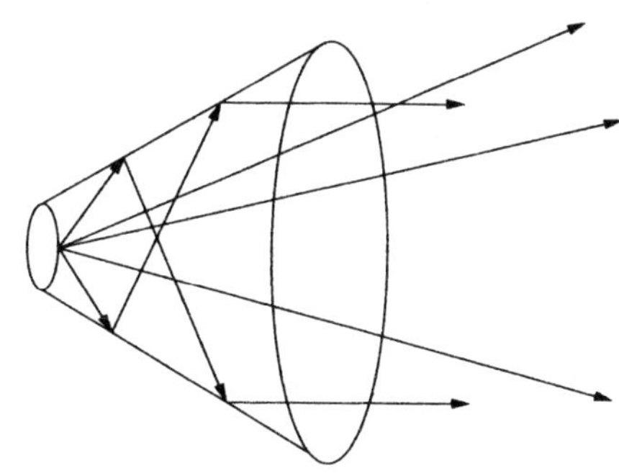

图 4.3-4　小喇叭传声示意图

2. 传播介质吸收造成的衰减

波在介质中传播时,其能量或多或少,或快或慢地不断转换为介质的内能。在宏观上就表现为介质对能量的吸收。

设平面波在均匀介质中沿 x 正向传播,实验证实:波强的衰减量与波强和波在介质中传播的距离成正比,即

$$dI = -\alpha I dx, \tag{4.3-11}$$

其中"-"表示波强随距离的增大而减小,由此得出

$$I = I_0 e^{-\alpha x}, \tag{4.3-12}$$

即波强随传播距离的负指数规律衰减,如图 4.3-5 所示。α 称为介质吸收系数,表征介质对波能量的吸收能力,单位为 m^{-1},其大小则与波的种类、介质的性质、波的频率等因素有关,不同的介质对同一列波的吸收能力往往差别很大。表 4.3-1 为某些介质对可见光的吸收率。

表 4.3-1　几种介质对可见光的吸收率

介质	空气	水(对红光)	光学玻璃	金属箔片
α/m^{-1}	$\approx 10^{-3}$	2.4	4	10^7

介质对声波的吸收与介质性质有关,还与声频密切相关。根据实验,在一定的声频范围内,吸收率 α 与 f^2 成正比。表 4.3-2 中列出了几种介质的 α/f^2。声波的吸收之所以与频率有关,是因为频率越高,质点振动越快,因摩擦等原因引起的能量损失也越大。

表 4.3-1　几种介质的 α/f^2

介质	空气	水	蓖麻油	钢

$\frac{\alpha}{f^2}$/s^2 · m^{-1}	2. 0×10^{-11}	2. 5×10^{-15}	7. 8×10^{-12}	4. 6×10^{-7}

如果一种介质在一个较宽的波长范围内,对通过它的电磁波作用很小且几乎同等的吸收,则称此介质在这波段具有一般吸收性,也称该介质对这波段是透明的。有些介质对某些范围的光是透明的,而对另一些范围的光却是不透明的。

若介质对某种波长(或频率)光的吸收显著或很强烈,而对另一些波长(或频率)的光则不吸收或吸收率很小,则称此介质对这种波长的光具有选择吸收性。例如,大气对可见光和波长在300nm 的以上的光线是透明的;而波长短于300nm 的紫外线将被空气中的臭氧层强烈吸收;对红外辐射,大气只在某些狭窄的波段内是透明的,此透明波段称为“大气窗口”。

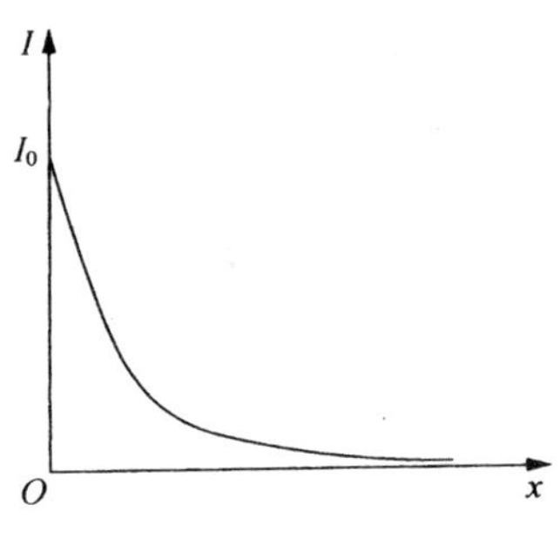

图 4. 3-5 介质吸收波强衰减曲线

不透明的介质对光具有选择性吸收,同时表现为选择性反射,如黄色物体对红、蓝等色光吸收最强,而对黄色反射最强。选择吸收是吸收光谱的基础,也是物体呈现颜色的主要原因。如滤光片是专门用于吸收某些波段的光学器件。

式(4. 3-12)是对均匀介质而言,若介质不均匀,可把介质分为微小厚度 d(在这些小段中介质均匀),第 i 小段的吸收率为 α_i,则式(4. 3-10)可改写为

$$\ln=\frac{I_0}{I}=d\sum_i\alpha_i. \tag{4. 3-13}$$

如果用 X 射线从不同方向照射同一物质断层,同时,用射线探测器测量 I 和 I_0,那么借助电子计算机可求解关于 $\sum\alpha_i$ 的联立方程,并重建被测断层密度图像,这就是医疗上和工业上的电子计算机 X 射线断层照相技术(computed tomography, CT)的原理。

X 射线和计算机 X 射线断层照相技术,提供了因体内不同组织间密度区别而产生的细节:物体密度越大,挡住的 X 射线就越多,在 X 射线或计算机 X 射线断层照相技术图像上呈现的颜色就越白,这就是利用 X 射线与 CT 检测的原理。

3. 声能的反射、透射和吸收

声传播过程中遇到介质界面(入射到阻隔层)时,一般会同时产生反射、吸收与透射。如图 4. 3-6 所示,若设入射(incidence)、反射(reflection)、吸收(absorbed)、透射(transmission)声能分别为 E_i、E_r、E_α、E_τ 根据遵守能量守恒有

$$E_i=E_r+E_\alpha+E_\tau. \tag{4. 3-14}$$

为反映界面对声的反射、透射和吸收能力,引入以下三个系数:

$$r = E_r / E_i \quad (反射系数), \tag{4.3-15}$$

$$t = E_\tau / E_i \quad (透射系数), \tag{4.3-16}$$

$$\alpha = \frac{(E_\alpha + E_\tau)}{E_i} = \frac{(E_r - E_i)}{E_i} = 1 - r \quad (吸声系数). \tag{4.3-17}$$

实验表明:坚硬而光滑的材料吸声系数小、反射大,粗糙、松软、多孔的材料吸声系数大;吸声系数还与声波频率、入射角有关。表 4.3-3 中列出了几种常见材料的吸声系数的大致范围。人们常把 τ 小的材料用作为隔声材料。把 α 大而 r 小的材料,用作为吸声材料。

表 4.3-3　几种材料的吸声系数

材料	砖墙抹灰	玻璃窗扇	丝绒幕布	毛质地毯
α/m^{-1}	0.024~0.037	0.04~0.35	0.06~0.50	0.10~0.42

4.4　声　波

4.4.1　超声波与次声波

声波是与人类关系最密切的机械纵波,频率在 20~20000Hz 之间的声波,能引起人的听觉,又称可闻声波,简称声波;频率低于 20Hz 的称为次声波;高于 20000Hz 的称为超声波。

1. 超声波

超声波一般可由具有磁致伸缩或压电效应的晶体振动产生。它的显著特点是频率高,波长短,衍射现象不明显,因而具有良好的定向传播特性,易于聚焦。也由于其频率高,超声波的声强比一般声波大得多,用聚焦的方法,可以获得场强高达 $10^9 W/m^2$ 的超声波。超声波能量大而集中,可用于超声雾化,机械切削、焊接、钻孔、清洗机件,还可用以理疗、美容、处理种子和促进化学反应等。医学上应用超声波可打碎身体中的结石。实验还表明:超声波在软组织和肌肉中衰减也较小,故而可用于探测体内病变。

超声波的方向性好,可实现定向传播性,水中超声波的衰减系数比在空气中小得多,且超声波的波长短,波长越短,直线性越好,遇障碍物时易形成反射,可用于探测水中物体,如鱼群、潜艇等,也用来进行深海探测。海水对电磁波吸收严重,所以在海下电磁雷达无法使用,声波雷达——声呐成为海洋探测的有力手段。

超声波在杂质或介质分界面上有显著的反射,利用这一特征可以探测工件内部的缺陷。超声波探测不损伤工件,而且穿透力强,可以探测大型工件。目前超声探伤向着显像方向发展,即用声电元件把声信号变换成电信号,再用显像管显示出物的像。在医学上探测人体内部密度的 B 超,就是利用超声波显示人体内部结构图像的。

2. 次声波

次声波一般指频率在 10-4～20Hz 之间的机械波,人耳听不到。它与地球、海洋和大气等大规模运动有密切关系。例如,火山爆发、地震、陨石落地、大气湍流、雷暴、磁暴等自然活动中,都有次声波产生,因此次声波已成为研究地球、海洋、大气等大规模运动的有力工具。

次声波频率低,波长长,一般障碍物无法阻挡它,它可一绕而过,甚至山峦也无法阻挡。被媒质吸收少,能量衰减极小,具有远距离传播的突出优点。

3. 地震波

地震是一种严重的自然灾害,它起源于地壳岩层的突然破裂。一年内大概发生约百万次地震,绝大多数不能被人感知而只能由地震仪记录到,只有少数(几十次)造成或大或小的灾难。发生岩层破裂的震源一般在地表下几千米到几百米的地方,震源正上方地表的那一点称为震中。从震源和震中发出的地震波在地球内部有两种形式:纵波和横波,它们分别称 P 波(首波)和 S 波(次波):P 波的传播速度从地壳内的 5km/s 到地幔深处的 14km/s;S 波的速度较小,约 3～8km/s。P 波和 S 波传到地球表面时会发生反射,反射时会发生沿地表传播的表面波。表面波也有两种形式:一种是扭曲波,使地表发生扭曲;另一种使地表上下波动,就像大洋面上的水波那样。地震波的振幅可以大到几米,例如 1976 年唐山大地震地表起伏达 lm 多,因而能造成巨大灾害。一次强地震所释放的能量可以达到 10^{17}～10^{18}J。例如,一次里氏 7 级地震释放的能量约为 10^{15}J,相当于百万吨氢弹爆炸所释放出的能量。

4.4.2 声强级

引起听觉的声波不仅有一定频率范围,还有一定声强范围。能够引起听觉的声强约在 10^{-12}～$1W/m^2$ 之间。声强太小,不能引起听觉;声强太大,震耳欲聋,只能引起痛觉。由于声强能引起听觉的声强上下限数量比高达 10^{12};加之声学实验和心理学实验证实,人耳感觉到的响度近似与声强 Z 的对数成正比,如图 4.4-1 所示。

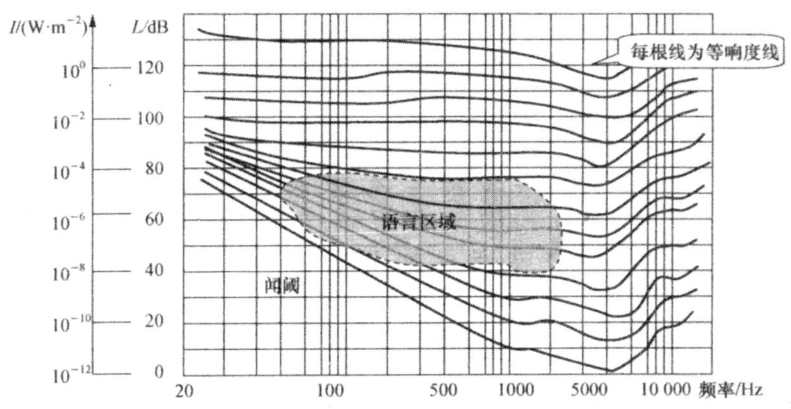

图 4.4-1　人的听觉范围图

为了评价声辐射的听觉效应,引入声强级概念。取 $I_0 = 10^{-12}\mathrm{W/m^2}$ 为基准声强,它相当于人刚能听到 1000Hz 的声音,则 I 的声强级为 I 与基准声强 I_0 之比值的常用对数乘以 10,即

$$L_1 = 10\lg \frac{I}{I_0}. \tag{4.4-1}$$

声强是声波能量密度强弱的客观描述,声强级是声波引起人耳听觉响度级别(具有主观性特征)的量度,其单位为分贝(dB)。表 4.4-1 列出了一些常见声音的声强级。

表 4.41　一些常见声音的声强级

声源	声强级	感觉	声源	声强级	感觉
听觉起点	0		礼堂讲演	~70	
正常呼吸	~10	很静	交通要道	~80	吵闹
小溪流水	~20		高音喇叭	~90	
耳边细语	~30		地铁列车	~100	震耳
办公场所	~50		柴油机车	~120	
日常交谈	~60	正常	喷气飞机	~140	痛苦

4.5 光度学

光度学是研究可见光能量计量的学科,其目的在于评价可见光辐射所产生的视觉效应。照明设备和许多光学仪器的设计,都必须考虑这种视觉效应。

1. 辐射通量 P

单位时间内发射、传播或接收的辐射能,称为辐射通量 P。即为波的能流在光度学中的表示形式。

大多数实际光源的辐射,总是由许多不同波长(不同频率)的电磁辐射所组成的。不同波长的光所占的能量比例一般不同。对于离散光谱,波长为 λ 的辐射通量记为 $P(\lambda)$,则光源的辐射通量为

$$P=\sum_{\lambda}P(\lambda) \tag{4. 5-1}$$

2. 视见函数 $V(\lambda)$

因人眼对光的辐射能的视觉感觉与光波的频率(波长)有关,即人眼对不同波长光的视觉灵敏度不同。为研究客观的辐射通量与它们使人眼产生的主观感觉强度之间的关系,引入视见函数。

在引起强度相同的视觉,若所需某单色光的辐射通量越小,则说明人眼对该单色光的视觉灵敏度越高。对大量具有正常视力的观察者所做的实验和统计分析表明,在明亮的环境下(白昼)人视觉最敏感的光是黄绿光(555nm),即产生相同的明亮的感觉,波长为 555nm 光的辐射通量最小 $p_{\min}$,而波长的光的辐射能量为 $p_{\lambda}(>p_{\min})$,它们的比值形成的函数称为明视觉条件下的视见函数 $V(\lambda)$

$$V(\lambda)=p_{\min}/p_{\lambda}. \tag{4. 5-2}$$

辐射通量是单位时间内转移辐射能的客观量度,但它不能反映这些能量引起的视觉强度。视见函数 $V(A)$ 反映人眼在明亮环境中对不同波长光辐射的视觉灵敏度。如图 4. 5-1 所示,其中实线即为明亮环境条件下的视见函数,而虚线则表示了比较昏暗的环境中的视见函数,即视见函数在较昏暗的环境条件下其曲线向短波(紫光)方向偏移。

除眼睛外,通常的感光器件(光敏元件、感光乳胶等)也都有与人眼视见函数对应的“光谱响应曲线”,其中的锑铯光电管的光谱响应特性,很接近于人眼的视觉特性。

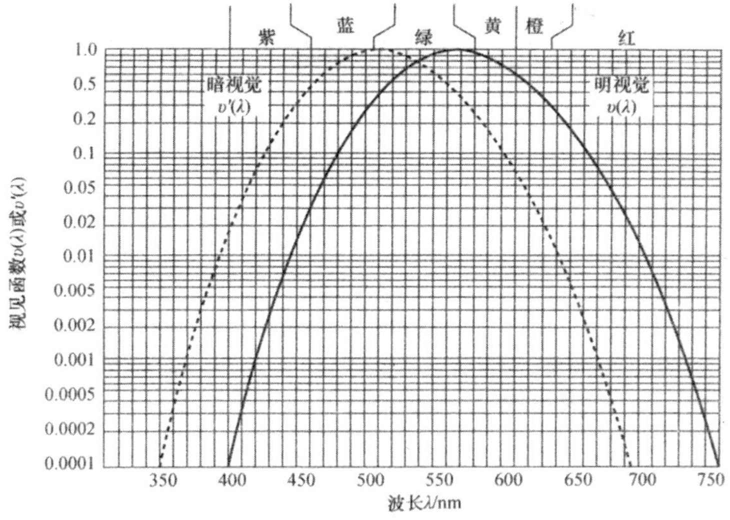

图 4. 5-1　**视见函数曲线**

3. 光通量 Φ

可见光对视觉有效的辐射通量强弱的量度,称为光通量。人眼对波长为 λ 的光的视觉强弱程度,既与辐射能量 $P(\lambda)$ 成正比,又与视见函数 $V(\lambda)$ 成正比。对离散光谱,光能量为

$$\Phi=K\sum_{\lambda}V(\lambda)P_{\lambda} \tag{4.5-3}$$

光通量 Φ 的国际制单位为流明,简称"流",记为 1m。式中的 K 为单位换算系数,其值为 $K=683$ lm/W。

4. 发光效率

若电光源消耗的电功率 P,发出的光通量为 Φ,则称光通量与功率的比值为光源的发光效率 η,即

$$\eta=\Phi/P, \tag{4.5-4}$$

其单位为 lm/W。常见的白炽灯的发光效率为 9～19 lm/W,日光灯为 46～66 lm/W,高压水银灯为 30～50 lm/W,钠灯为 100～150 lm/W。

5. 发光强度

如图 4. 5-2 所示,球面上取一面积,由它的边缘各点引直线到球心 O,所构成的锥体的"顶角"称为立体角 Ω。立体角用球面度来量度,即立体角锥体底面积与半径平方的比值称为立体角 Ω 的球面度

$$\Omega=S/r^2(sr). \tag{4.5-5}$$

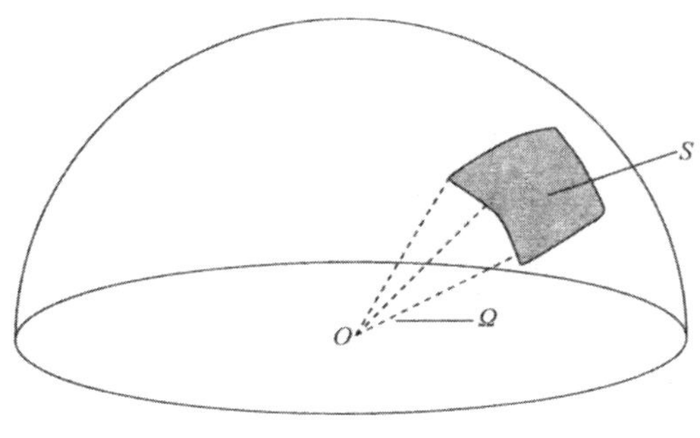

图 4.5-2　立体角

立体角 Ω 大小与 S 和 r 无关,是立体角大小的量度,其单位为球面度(sr),亦称三维弧度。

若光源的线度远小于它与受照物体的距离,光源本身的形状和大小可以忽略,这样的光源称为点光源。点光源向各个方向辐射光,如果在某一方向立体角 Ω 内发出的光能量为 Φ,则单位立体角的平均光通量称为该范围内的平均发光强度,即

$$\bar{I}=\Phi/\Omega \tag{4.5-6}$$

若在某一方向上,立体角微元 dΩ 内,发出的光通量为 dΦ 少,则得该点光源在给定方向上的发光强度 I 为

$$\bar{I}=\mathrm{d}\Phi/\mathrm{d}\Omega. \tag{4.5-7}$$

发光强度表征光源在一定方向范围内单位立体角发出的对视觉有效辐射强度的强弱,其国际制单位为坎德拉,简称“坎”,符号为 cd,显然 1lm = 1cd · sr,坎德拉是国际单位制中 7 个基本单位之一。

6. 光照度(照度)E

从使用光源的角度来说,人们更关心的是照射效果。为此引入描述照射效果的物理量,即受照射的单位面积所接到的光通量称为光照度,简称照度,用 E 表示为

$$E=\mathrm{d}\Phi\ /\mathrm{d}S, \tag{4.5-8}$$

若光通量均匀分布在被照面积上,则照度可表示为

$$E=\Phi/S, \tag{4.5-9}$$

其单位为勒克斯,简称“勒”,符号为 1x,1lx = 1lm/m^2。表 4.5-1 列出了常见情况的照度数据。

表 4.5-1　常见光照情况下的照度数据

光照情况	照度/lx
无月夜天的地面	3×10^{-4}
正对满月的地面	0.2
一般读书、写字	50~75
办公室工作时必需的照度	20~100
晴朗夏天采光良好的室内	100~500
夏日太阳不直接射到的露天地面	10^3~10^4
拍摄电影	$>10^4$

7. 照度平方反比律

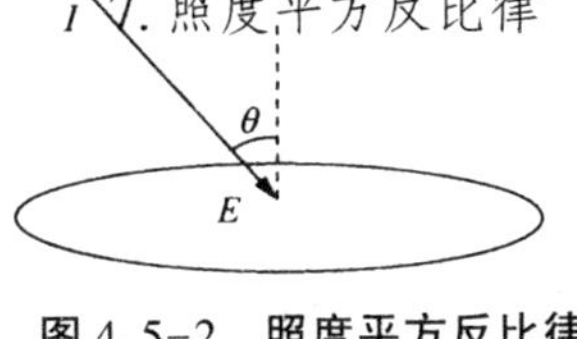

图 4.5-2　照度平方反比律示意图

实验与理论均可证明,如图 4.5-3 所示,若光线方向与被照面间法线夹角为 θ 角,被照面的照度与光源在入射方向的发光强度 I 及入射角 θ 的余弦成正比,与被照面距光源的距离 r 平方成反比。这一规律被称为照度平方反比律,即

$$E=\frac{I\cos\theta}{r^2}. \tag{4.5-10}$$

第5章　波动光学

光学是一门古老又充满生命力的学科,早在2400多年前,墨翟及其弟子们所著的《墨经》中就记载了光的传播成像等现象。科学家们围绕光的本质进行了长达两个多世纪的探索,使人们对光的认识不断接近客观真理。近代物理学认为:光具有波动性和粒子性,在与物质相互作用过程中,粒子性明显,在传播过程中波动性明显。光的干涉、衍射和偏振是光波动性的体现。

光的研究主要是研究光传播以及它与物质相互作用的规律等。常分为以下三个分支:

(1)几何光学,以光的直线传播规律为基础,主要研究各种成像光学仪器的理论。

(2)波动光学,研究光的电磁性质和传播规律,特别是干涉、衍射、偏振的理论和应用。

(3)量子光学,以光的量子理论为基础,研究光与物质相互作用的规律。

本章主要介绍波动光学的相关内容,即光干涉、衍射和偏振的理论及应用。在现代科学实验和工程技术中,光的干涉是精密测量的理论基础,而且在应力研究、天文观测、全息摄影、光学元件的研制,以及光学精密加工的自动控制等许多领域中,都有广泛的应用。在光学测量中,衍射影响是必须考虑的因素,衍射又是现代信息光学的生长点,偏振器件也是在光学仪器中经常用到。

5.1　光的干涉

5.1.1　光波

1. 电磁波

电磁波是变化的电磁场在空间的传播。图5.1-1(a)所示为平面简谐电磁波的传播图像,电磁波是由交变的电场强度 E 和磁场强度 B 组成的,它们的振动方向相互垂直,且与电磁波的传播方向垂直,如图5.1-1(b)所示,三者成右手螺旋关系,可见电磁波是横波。简谐电磁波 E 和 B 的波函数,与机械波相似,分别为

$$E=E_0\cos2\pi\left(vt-\frac{x}{\lambda}\right),\tag{5.1-1}$$

$$B=B_0\cos2\pi\left(vt-\frac{x}{\lambda}\right).\tag{5.1-2}$$

从波的传播特性来看,电场矢量和磁场矢量处于相同的地位,相互激励,不能

分离;但从光与物质的相互作用来看,所起作用不同。电磁波中能引起视觉和使感光材料感光的原因主要是振动电场五,因此人们将常用电场矢量 E 代表光振动,称为光矢量。

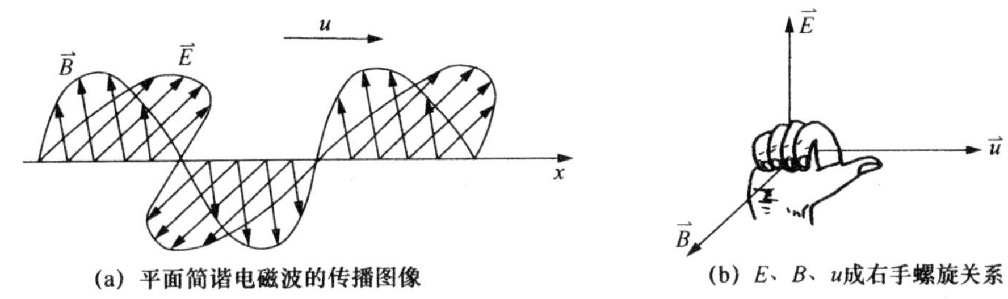

(a) 平面简谐电磁波的传播图像　　(b) E、B、u成右手螺旋关系

图 5.1-1　电磁波

电磁波研究波长与频率范围极广,波长为 $10^{-15}\sim10^{7}$m,频率为 $10\sim10^{23}$Hz。如同机械波一样,不同频率段的电磁波,一般具有不同的辐射和不同的物理特性,因而也有不同的用途,表 5.1-1 为电磁波的频谱(又称为波谱)简表。

表 5.1-1　电磁波频谱简表

频段名称	频率范围/Hz	基本波源	主要用途
无线电波	$10\sim10^{9}$	振荡电路	通信广播
微波	$10^{9}\sim3\times10^{11}$	微波振荡器分子能级跃迁	电视,雷达,导航
红外线	$3\times10^{11}\sim3.9\times10^{14}$	分子转动能和振动能级跃迁	加热,遥感,夜视
可见光	$3.9\times10^{14}\sim7.7\times10^{14}$	原子外层电子跃迁	照明,成像
紫外线	$8\times10^{14}\sim3\times10^{17}$	原子外层或内层电子跃迁	消毒,激发荧光
X 射线	$3\times10^{17}\sim5\times10^{19}$	原子内层电子跃迁	透视,晶体研究
γ 射线	$10^{18}\sim10^{23}$	原子核能级跃迁	育种,治疗,核研究

2. 光色谱与单色光

由电磁波频谱简表可见光波是特定波段的电磁波,即光波是可见光区域的电磁波;其频率范围为 $3.9\times10^{14}\sim7.7\times10^{14}$Hz,在真空中的波长范围为 390~770nm。不同频率(或波长)的可见光给人以不同的颜色感觉,其色谱简表如表 5.1-2 所示。

表 5.1-2　可见光的色谱简表

颜色	红	橙	黄	绿	青	蓝	紫
λ/nm	770~622	622~597	597~577	577~492	492~450	450~435	435~390

单色光是指只对应单一波长的光,从光谱角度看是指无限窄的单一谱线,而实际上任何谱线都有一定的宽度,其频率或波长都有一定的范围,因此通常所说的单色光是指频率或波长范围$\triangle\lambda$ 很小的光。而单色光的波长是指"中心波长 λ_0",如图 5. 1-2 所示,其值为光强最大处对应的波长;$\triangle\lambda$ 称为谱线宽度,其值为光强最大强度 I_0 的 1/2 处两点对应的波长差。通常认为$\triangle\lambda=1$nm 量级的谱线单色性较差,而$\triangle\lambda=10^{-3}$nm 量级的谱线单色性极好。

激光是理想的单色光,如常用的氦氖激光的波长 $\lambda_0=632.8$nm、谱线宽度为 $\lambda_0=10^{-8}$nm。普通光源中单色性最好的是氪灯所发出光波的波长为 $\lambda_0=605.7$nm、$\triangle\lambda_0=4.7\times10^{-3}$nm 的谱线。

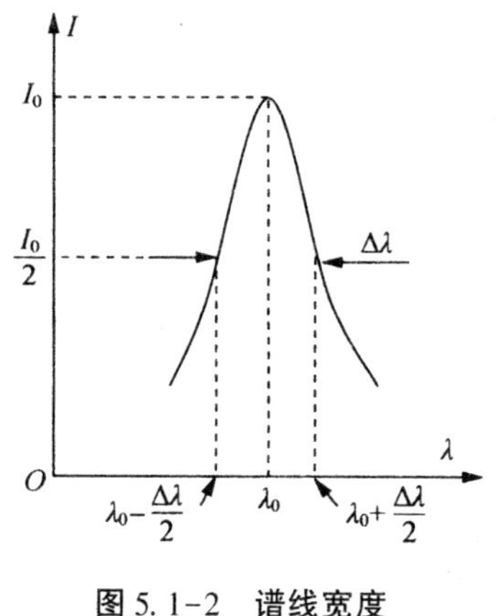

图 5. 1-2　谱线宽度

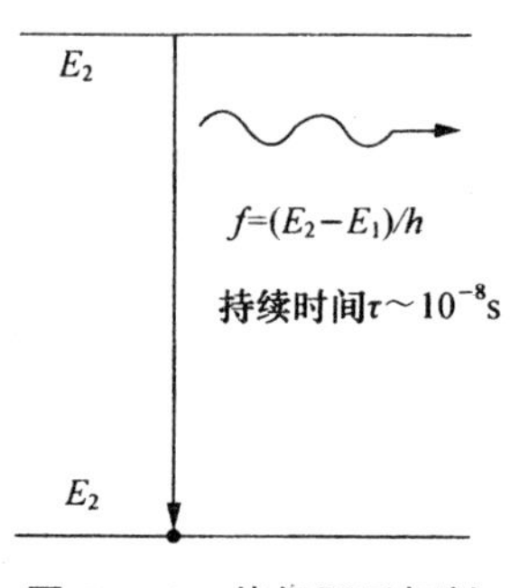

图 5. 1-3　能级跃迁辐射

3. 光源发光原理

普通光源是由大量原子、分子从高能级(激发态)自发跃迁到较低的能级(基态或较低的激发态)而产生辐射形成的,如图 5. 1-3 所示。这种跃迁辐射是间歇的,无规则的,每次辐射的时间小于 10^{-8}s,形成一段短短的波,称为波列。不同原子的光辐射,或同一原子前后的光辐射,相互独立毫不关联,它们在频率、振动方向和相位均是随机的,如图 5. 1-4 所示。普通光源发出的光是由一段段长度有限的光列组成的,各波列间的频率、振动方向和初相均呈无规则状况,因此它们叠加的结果,不到 10^{-8}s 就会改变一次,人们观察不到任何稳定的相干图像,只能看到随机平均效果,表现为非相干效果。激光具有较高的单色性,如图 5. 1-5 所示,其光源发光是通过在特定频率的光子激发而产生的受激辐射,其频率与激励光的频率相同。

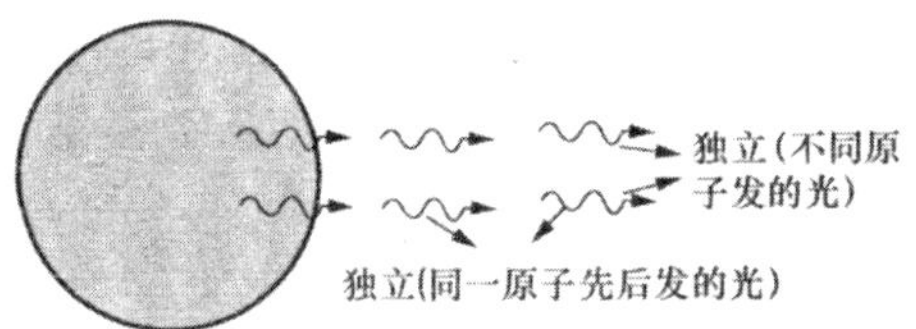

图 5.1-4 普通光源自发辐射

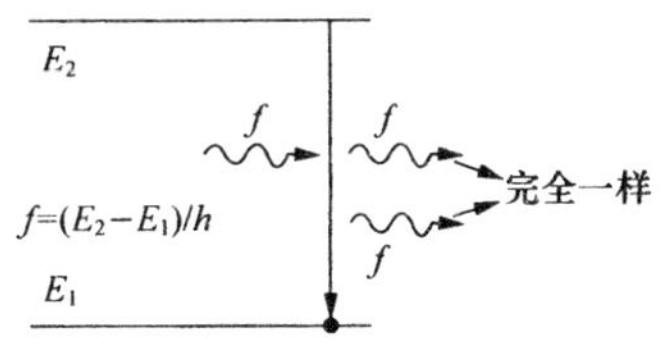

图 5.1-5 激光光源的受激辐射

5.1.2　光的相干叠加与非相干叠加

实验中,采用单色光源来获得相同频率的光,可以用偏振片来使光振动方向一致,由普通光源的发光原理可知,要获得稳定的初相差是不可能的,因此,一般情况下,两普通光源所发的光不具有相干性。普通光源所发光在空间相遇产生非相干叠加。

大部分接收器,包括人的眼睛,响应的是光的强度。光强 $I\propto A^2$,在讨论光的干涉和衍射等问题时,只需涉及光的相对强度,为简化起见,可直接用 A^2 代替光强。因此两束频率相同、振动方向一致的光叠加的结果,若用光强表示则为

$$I=I_1+I_2+2\sqrt{I_1I_2}\cos\Delta\Phi. \tag{5.1-3}$$

可见,其叠加后光强的值决定于 $2\sqrt{I_1I_2}\cos\Delta\Phi$ 称为相干项,而决定于相干项值的是两光源到达同一点的相位差的余弦 $\cos\Delta\Phi$。普通光源的光不到 10^{-8}s 就会改变一次,而人眼只能观察到 10^{-1}s 内光的平均值,在这段时间内 $\Delta\varphi$ 可以机会均等地取 $0\sim2\pi$ 间的所有值,因此相干项的平均值 $\overline{\cos\Delta\varphi}=0$,所以观测到的光强为

$$\bar{I}=I_1+I_2+2\sqrt{I_1I_2\overline{\cos(\varphi_{20}-\varphi_{10})}}=I_1+I_2. \tag{5.1-4}$$

可见,这两束光叠加后的光强等于每束光的光强之和,这就是平时开两盏灯比开一盏灯亮一倍的感觉,这种叠加称为非相干叠加。

当 $\Delta\varphi$ 恒定时,两束光按式(5.1-3)方式叠加,形成相长与相消叠加稳定的干涉图像的情况,称为相干叠加。

普通光源发出的光一般不能满足相干叠加条件,为获得相干光,常用的办法是将普通光源发出的同一波列用一定的方法分为两列,然后使它们通过不同的波程重新相遇,由于属于同一波列,它们的振动频率相同,振动方向相同,初相位差恒定的条件。常用分波列的方法有分波阵面法(图 5.1-6)和分振幅法(图 5.1-7)。

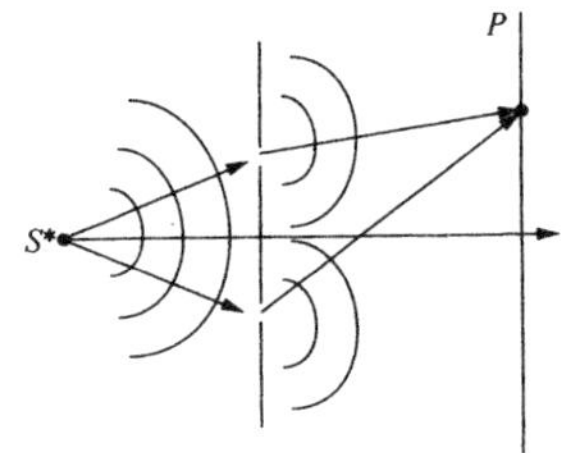

图 5.1-6 分波面干涉

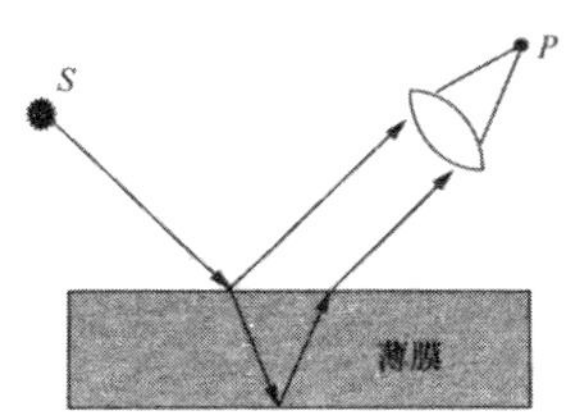

图 5.1-7 分振幅干涉

5.1.3 双缝干涉

1. 杨氏双缝干涉实验

1801 年,英国物理学家托马斯·杨(Thomas Young)(见图 5.1-8)首先用实验方法研究了普通光实现相干的方法,并成功证明光具有干涉现象,从而为光的波动学说提供了坚实的实验基础。由于构思巧妙、效果明显,光的杨氏双缝干涉实验被称为物理学十大美丽实验之一。

图 5.1-8 托马斯·杨 (1773—1829 年)

杨氏双缝干涉实验装置如图 5.1-9 所示,用单色光垂直照射单缝 S,再照射到双狭缝 S_1 和 S_2 上,该双缝与单缝 S 平行且对称,所以由 S 发出的光波到达双缝 S_1 和 S_2 时相位相同,即照到双缝 S_1 和 S_2 的光是同一、波阵面的不同部分,因此是相干光。此相干光通过双缝继续传播到达屏(屏与双缝相距为 $D \geqslant a$)相遇叠加,在屏幕 P 上出现明、暗交替的干涉条纹。这种从同一波阵面上取出两部分,让它们分别继续传播,然后再相遇而产生干涉的方法,称为分波阵面干涉。

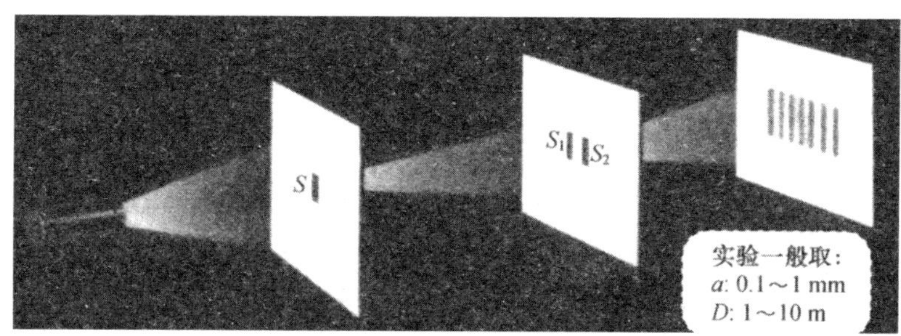

图 5.1-9 杨氏双缝干涉实验装置图

2. 双缝干涉条纹的分布规律

如图 5.1-10 所示,设从同相位的 S_1 和 S_2 到光屏上一点 P 的距离分别为 r_1 和

r_2,由波干涉规律可知,两列光在 P 点的干涉效果,决定于波程差

$$\triangle r=r_2-r_1\approx a\sin\theta \tag{5.1-5}$$

其中 θ 是 S_1 和 S_2 中垂直线 MO 与 MP 间夹角,由于 $D\geqslant a$,θ 很小,可作以上近似。干涉条纹明纹中心处是相长干涉,暗纹中心处是相消干涉,根据波的相长、相消条件得

$$\text{明纹中心条件}:\triangle r=a\sin\theta=\pm(2k)\frac{\lambda}{2}\quad(k=0,1,2,3\cdots); \tag{5.1-6}$$

$$\text{暗纹中心条件}:\triangle r=a\sin\theta=\pm(2k-1)\frac{\lambda}{2}\quad(k=1,2,3\cdots). \tag{5.1-7}$$

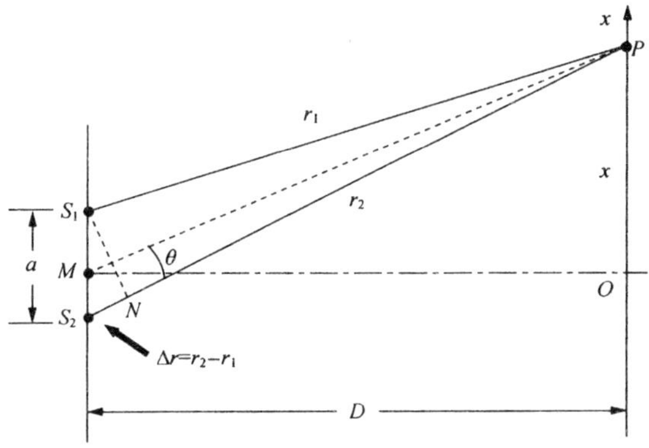

图 5.1-10　杨氏双缝干涉条纹计算图

如图 5.1-10 所示,$x=D\tan\theta\approx D\theta$。将 $\sin\theta\approx x/D$ 代入式(5.1-6)和式(5.1-7)得出各明暗纹中心在屏上的位置为

$$\text{明纹中心位置}:x_k=\pm(2k)\frac{D\lambda}{2a}\quad(k=0,1,2,\cdots); \tag{5.1-8}$$

$$\text{暗纹中心位置}:x_k=\pm(2k-1)\frac{D\lambda}{2a}\quad(k=1,2,3\cdots). \tag{5.1-9}$$

其中 k 称为干涉级,$k=0$ 称为零级明纹或中央明纹,$k=1,2,3\cdots$的明纹(或暗纹),分别称为第一级明纹(或暗纹)、第二级明纹(或暗纹)……

由上两式得条纹间距,即相邻明纹(或暗纹)中心距离,其值为

$$l=\triangle x=x_{k+1}-x_k=2(k+1)\frac{D\lambda}{a}-2k\frac{D\lambda}{a}=\frac{D\lambda}{a}; \tag{5.1-10}$$

而条纹宽度,明纹(或暗纹)宽度是指相邻明纹和暗纹中心之间的距离,其值为

$$l_0=x_{k\text{明}}-x_{k\text{暗}}=2k\frac{D\lambda}{2a}-(2k-1)\frac{D\lambda}{2a}=\frac{D\lambda}{2a}=\frac{l}{2}. \tag{5.1-11}$$

由式(5.1-10)和式(5.1-11)的条纹宽度可知,条纹间距和条纹宽度与条纹级数 k

无关,说明干涉条纹呈等距分布。

式(5. 1-8)8 式(5. 1-11)解释了实验观察到的杨氏双缝干涉条纹分布的特点,即对称、等距、明暗交替。

由于两缝 S_1 和 S_2 是在同一波面上,其振幅相等,实验观测到通常在旁轴(靠近 MO 轴)的区域内,通过两缝光到达屏的波程近似相等,因此两相干光到达屏时的光强近似相等。设两相干光到达屏时的光强均为 I_0,根据式(5. 1-3)可得屏上相干叠加后光强分布表达式为

$$I=4I_0\cos^2(\Delta\varphi/2). \tag{5. 1-12}$$

上式的曲线如图 5. 1-11 所示,表现出了光强对称、等距、明暗交替的分布特点;而且条纹间距 $l=D\lambda/a$ 反映了光屏上光强分布的空间周期性;还表明各明纹中心的强度与级数无关,最大光强都同为 $4I_0$。

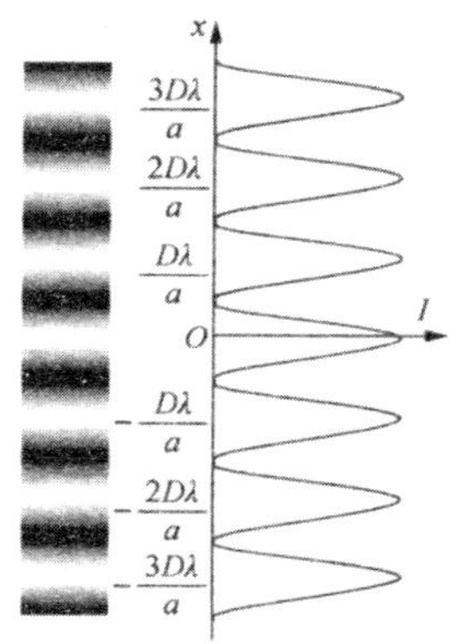

5. 1-11　**条纹强度分布曲线**

由式(5. 1-11)可知,杨氏双缝干涉条纹宽度与入射波长成正比,因此若用白光作为入射光,将出现彩色条纹。

5. 1. 4 光程与光程差

1. 光程

如图 5. 1-12 所示,在双缝装置中的一缝后放一长为 l 透明气室。当气室里充以某种气体时,屏幕上的干涉条纹会发生移动,移过的条数与气体的浓度有关,这一事实说明光在真空中与在介质中经过同样路径引起的相位差是不同的。

当同一频率光通过不同介质时,其波长不同,这是因其在不同介质中的传播速度不同。在折射率为 n 的介质中,光速度为 $u=c/n$,真空中波长 λ 的波在折射率为 n 的介质中的波长变为

$$\lambda_n=\lambda/n. \tag{5. 1-13}$$

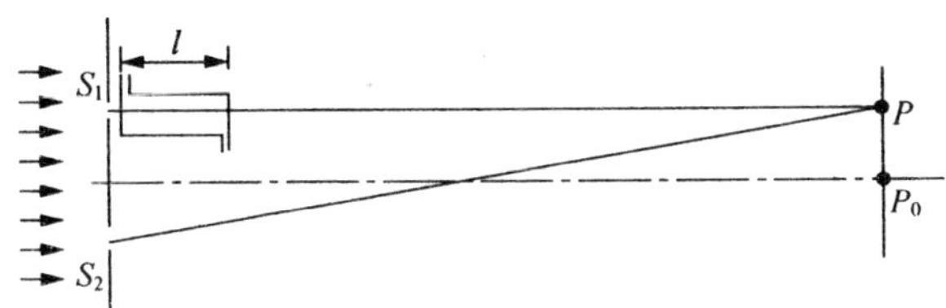

图 5.1-12　气室后的双缝干涉装置

光在真空中通过 l 波程后引起的相位变化为

$$\triangle\varphi = 2\pi\frac{l}{\lambda}. \tag{5.1-14}$$

光在折射率为 n 的介质中通过同样的波程引起的相位变化为

$$\triangle\varphi = 2\pi\frac{l}{\lambda_n}=2\pi\frac{nl}{\lambda}. \tag{5.1-15}$$

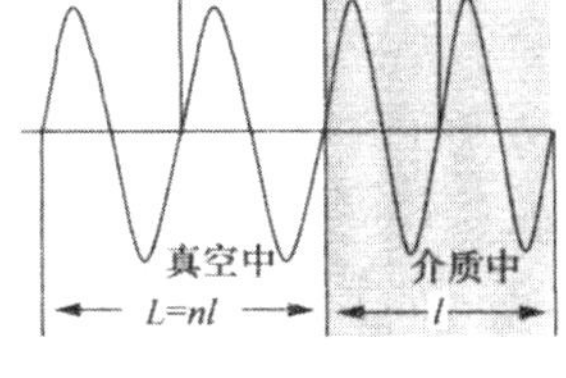

图 5.1-13　光程与相位

比较式(5.1-14)和式(5.1-15),通过同样的几何路径,光在介质中引起的相位变化是真空中的 n 倍。在这种情况下就不能只根据波程差来计算相位差了。为此,引入光程的概念,如图 5.1-13 所示。

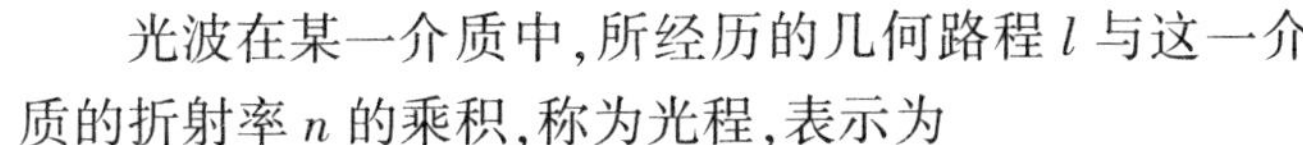

光波在某一介质中,所经历的几何路程 l 与这一介质的折射率 n 的乘积,称为光程,表示为

$$L=nl. \tag{5.1-16}$$

光程是个折合量,即在相同时间内光线在真空中传播的距离。其物理意义是把介质中传播的路程等效为真空中的路程。由式(5.1-14)和式(5.1-15)可知,无论光在真空中还是在某种介质中传播,只要通过的光程相同,它们引起的相位差就相同,而且光波传播的时间也相等。这样用光程讨论问题时,可以不去理会光是在什么样的介质中传播。

2. 光程差

有了光程这一概念,就可以把单色光在不同介质中的传播路程,都折算为该单色光在真空中的传播路程。两相干光分别通过不同的介质在空间某点相遇时,它们的光程之差称为光程差

$$\delta=L_2-L_1. \tag{5.1-17}$$

它与两束光相位差的关系为

$$\triangle\varphi=2\pi\frac{\delta}{\lambda}. \tag{5.1-18}$$

由波的相干理论可得两相干光在交会点的干涉效果与光程差、相位差的关系,如表 5.1-3 所示。

表 5.1-3　光程差与干涉效果对比表

光程差 δ	相位差 $\Delta\varphi$	叠加强度 I	干涉效果	条纹
$\pm 2k\dfrac{\lambda}{2}$	$\pm 2k\pi$	$I_1+I_2+2\sqrt{I_1I_2}$	相长干涉	明纹
$\pm 2k\dfrac{\lambda}{2}$	$\pm 2(k+1)\pi$	$I_1+I_2-2\sqrt{I_1I_2}$	相消干涉	暗纹

回到前面的问题，双缝干涉实验装置 S_1 后放一长为 l 的透明容器，当某种气体注入容器而将空气排出后，从 S_1 射出的光经过容器时光程要增加。原到达对称点 P_0 处光程差为零级明纹，现在该明纹出现在 P_0 的上方 P 处，若条纹上移 m 条，则 P_0 处出现第 m 级明纹。设空气和气体的折射率分别为 n_0 和 n_x，则有

$$\delta = n_x l - n_0 l = m\lambda, \tag{5.1-19}$$

解得气体的折射率为

$$n_x = \frac{m\lambda}{l} + n_0. \tag{5.1-20}$$

由此可测得气体的折射率，而折射率又与气体浓度有关，由此可测气体的浓度。

上述讨论中，没有考虑容器壁同样会引起条纹的移动，为了消除这一影响，可在 S_2 后面放一同样的空置容器，这样容器存在引起的相位变化相同，不产生光程差，从而消除了容器壁的影响。

3. 透镜与光程

在光学仪器中常用到透镜，透镜与真空的折射率不一样，但光线经过透镜后改变了传播方向和路程，波程不一样了，理论与实验可证明光线经透镜后不增加附加光程，即光线通过透镜后其光程不变。如图 5.1-14 所示，波阵面与透镜光轴垂直的一束平行光经过透镜后会聚在焦面上 F 点，虽然光线 a 经过的路径比光线 b 经过的路径长，但 F 是个亮点，这说明这一束光在 F 点会聚时光程相等，即会聚在焦点的各光线，从垂直于入射光束的任一平面算起，直到会聚，并不因透镜的存在而产生附加光程。所以使用透镜只能改变光波的传播方向，对物、像间各光线不会引起附加的光程差。

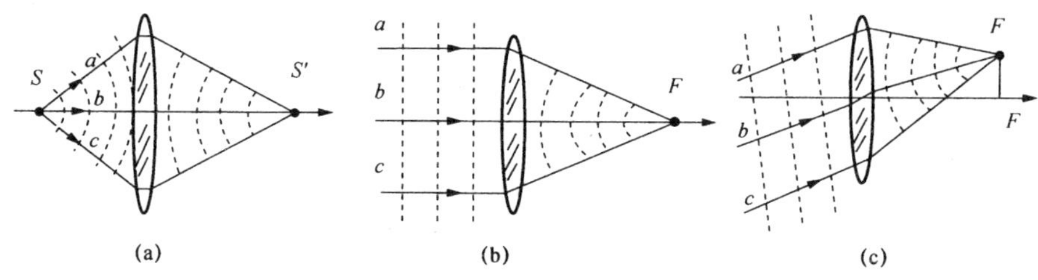

图 5.1-14　通过透镜各光线光程相等

5.1.5 光学薄膜

1. 薄膜干涉

阳光照射下的肥皂膜,水面上的油膜,蜻蜓、蝉等昆虫的翅膀上呈现的彩色花纹,车床车削下来的钢铁碎屑上呈现的蓝色光谱等都是薄膜干涉结果。薄膜干涉常用于干涉测量,如测定细丝、滚珠直径,判断零件表面光洁度等。利用薄膜干涉制成的高反膜、增透膜、干涉滤光片等光学元件上有着广泛的应用。

如图 5.1-15 所示,在玻璃上覆盖一层厚为 e,折射率为 $n(n>n_{玻璃})$ 的透明介质薄膜,光近乎垂直入射到界面 1 上,一部分成为反射光线(Ⅰ),另一部分透入薄膜在界面 2 反射,再经界面 1 透射出来,成为光线(Ⅱ),光线(Ⅰ)、(Ⅱ)是同一光源分成的两束光,因此两束光的频率、振动方向相同,相位差恒定,是相干光,它们在界面 1 上相遇时发生相长干涉还是相消干涉,取决于光线(Ⅰ)和(Ⅱ)的光程差

$$\delta=2ne. \tag{5.1-21}$$

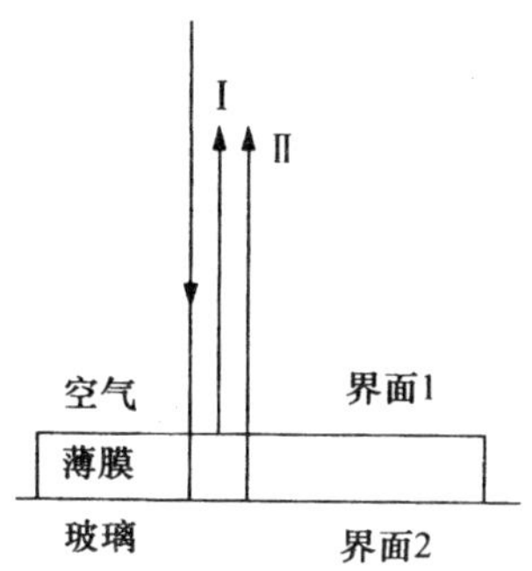

图 5.1-15　薄膜干涉

根据波的干涉相长波程差条件

$$\delta=2k\frac{\lambda}{2}\quad(k=0,1,2\cdots), \tag{5.1-22}$$

可得干涉相长的薄膜厚度条件为

$$e=2k\frac{\lambda}{4n}=2k\frac{\lambda_n}{4}\quad(k=0,1,2\cdots), \tag{5.1-23}$$

根据波的干涉相消波程差条件

$$\delta=(2k+1)\frac{\lambda}{2}\quad(k=0,1,2\cdots), \tag{5.1-24}$$

可得干涉相消的薄膜厚度条件为

$$e=(2k+1)\frac{\lambda_n}{4}\quad(k=0,1,2\cdots). \tag{5.1-25}$$

由此推论得，薄膜的厚度若为入射光波长四分之一的偶数倍时，则产生干涉相长现象；薄膜的厚度若为入射光波长四分之一的奇数倍时，则产生干涉相消现象。

实验表明，当 $n<n_{玻璃}$ 时，干涉相长、相消的条件与上推论相同；当 $n>n_{玻璃}$ 时，干涉相长、相消的条件与上述相消与上条件正好相反。为什么会出现这样相反的结果呢？

经研究发现，出现相反结果的原因是，特定情况下的反射光具有半波损失现象。当光从折射率较小（光疏）介质向折射率较大（光密）介质垂直（入射角近似为0）或近乎垂直入射、或掠射（入射角近似为90°）时，反射光会产生 π 的相位突变，π 的相位差对应半个波长，即相当于此反射光多走了半个波长的光程。这种反射光相对于该点入射光产生的相位突变的现象称为半波损失现象。

若薄膜的折射率小于玻璃，即 $n<n_{玻璃}$ 时，反射光（Ⅰ）和光（Ⅱ）均是从折射率较小入射到折射率较大的介质，均有半波损失，因此两束反射光的光程差即为 $\delta=2ne$，所以干涉相长与相消的薄膜厚度条件即为式（5.1-23）和式（5.1-25）。

若薄膜的折射率大于玻璃，当 $n>n_{玻璃}$ 时，从空气到薄膜而反射的反射光（Ⅰ）有半波损失，而由薄膜到一玻璃反射的反射光（Ⅱ）是从折射率较大的入射到折射率较小的介质的反射，因此无半波损失，所以上述薄膜两束光的光程差为

$$\delta=2ne-\frac{\lambda}{2}. \tag{5.1-26}$$

由干涉相长的波程差条件为

$$\delta=2ne-\frac{\lambda}{2}=2k\frac{\lambda}{2}, \tag{5.1-27}$$

得干涉相长的薄膜厚度条件为

$$e=(2k+1)\frac{\lambda_n}{4}\quad(k=0,1,2\cdots). \tag{5.1-28}$$

由干涉相消的波程差条件

$$\delta=2ne-\frac{\lambda}{2}=(2k+1)\frac{\lambda}{2}, \tag{5.1-29}$$

得干涉相消的薄膜厚度为

$$e=2k\frac{\lambda_n}{4}\quad(k=1,2,3\cdots). \tag{5.1-30}$$

由上推论知，当 $n>n_{玻璃}$ 时，若薄膜厚度为入射波波长的1/4的奇数倍时，则干涉相长；若薄膜厚度为入射波波长的1/4的偶数倍时，则干涉相消。

2. 减反（增透）膜

在各种光学器件，如透镜、棱角、反射镜、分光镜的表面上，总有光的反射和透射，其自然表面往往不能满足实用要求。在近代光学技术中，用器件表面镀膜的方法，来改变其反射和透射的比例，其理论基础即是薄膜干涉原理。

为了矫正像差或消除其他原因造成的成像不清晰，成像仪器往往采用透镜组合，例如，较高级的照相机由 6 个镜头组成，潜水艇用的潜望镜有 20 个透镜。这样，复杂的光学仪器就可能有几十个界面。计算表明，如果不采用有效措施，因反射造成的光能损失可高达 40%～90%。此外，反射光还会造成有害的杂散光，从而影响成像的清晰度。

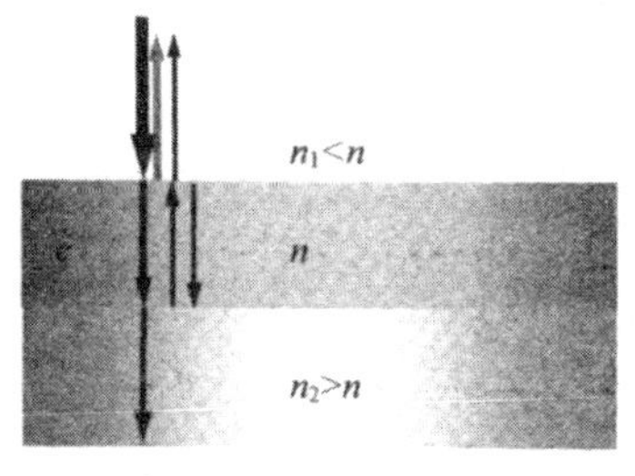

图 5.1-16　增透膜结构

为了避免反射光损失，近代光学仪器中，常采用真空镀膜或化学镀膜的方法，在透镜表面镀上一层厚度均匀的薄膜，使之起到减少光反射、增强光透射的作用，因而称为减反膜或增透膜。

如图 5.1-16 所示，设镀膜基体（一般玻璃，有时用光学塑料）的折射率为 n_2，薄膜折射率 n、厚度为 e，膜外环境介质（一般为空气）折射率为 n_1，三种折射率关系为 $n_1<n<n_2$，因而上下表面反射光均有半波损失，两者在光程差的计算中相互抵消，因此两相干光的光程差为 $\delta=2ne$，要减小反射损失，则两反射光相干相消，其光程差应满足

$$\delta=2ne=(2k+1)\frac{\lambda}{2}\quad(k=0,1,2\cdots),$$

则减反膜的厚度应满足

$$e=(2k+1)\frac{\lambda_n}{4}.$$

最薄的减反膜厚为 $e=\lambda_n/4$，即减反膜厚度为 1/4 波长，因此也常称为四分之一膜。厚度数量级与光波波长相近的透明薄，称为光学薄膜。

理论上还可证明，只有 $n=\sqrt{n_1n_2}$ 时，才能使反射波长为 λ 的反射光完全相消。对 $n_2=1.5\sim1.7$ 的光学玻璃，要求 $n=1.2\sim1.3$，但实际上并未找到折射率如此之低而其他性能又好的材料，目前多采用的氟化镁（MgF_2）。

减反膜只能使个别波长的反射光达到极小，对于其他波长相近的反射光也有不同程度的减弱。至于要选择使哪一个波长的反射光达到极小，应视实际需要而定。对于光学仪器和照相机，一般选可见光中眼睛最灵敏的 555nm 光来消反射光，此波长的光呈黄绿色，所以减反膜的反射光呈现出与它互补的蓝紫色。要实现多波长的光均减小反射，可用多层不同厚度的薄膜组成多层膜实现，从而减反各波长的光，以增加光透效果。

3. 高反膜

小轿车与客车车窗常常需贴上减反膜相反功能的膜，即尽量减少透射光，这类膜称高反膜（又称增反膜）。高反膜可分金属膜和电介质反射膜两大类。金属反

射膜(如银、铝等镀层),例如水银镜面,其特点是有较高的反射率,工作波长范围宽,制作工艺简单;缺点是吸收率较高,反射率不可能提高,容易氧化。使用较多的是全电介质反射膜,或金属加电介质反射膜。

电介质反射膜是利用反射光的相长干涉来增强反射的,同样可用图 5.1-19 所示的结构,要求,这样只有薄膜上表面的反射光才会产生半波损失,其光程差为 $\delta=2ne-\lambda/2$,则高反射膜的光程差应满足

$$\delta=2ne-\frac{\lambda}{2}=2k\frac{\lambda}{2}\quad(k=0,1,2\cdots),$$

所以高反膜的厚度应满足

$$e=(2k+1)\frac{\lambda}{4}.$$

最薄的高反膜厚为 $e=\lambda_n/4$,也常称为四分之一膜,这也是最常见的光学厚度。

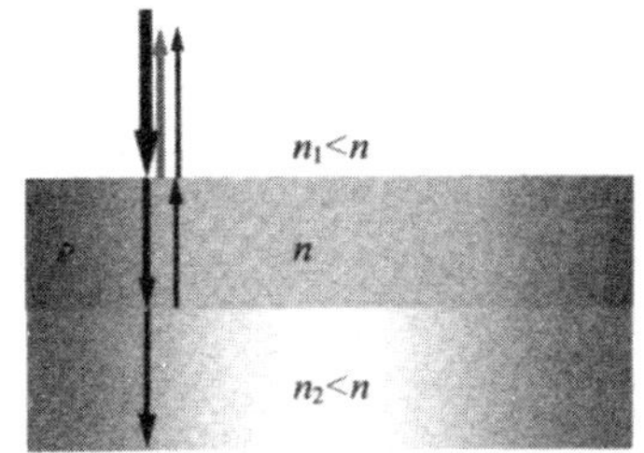

图 5.1-18　高反膜结构

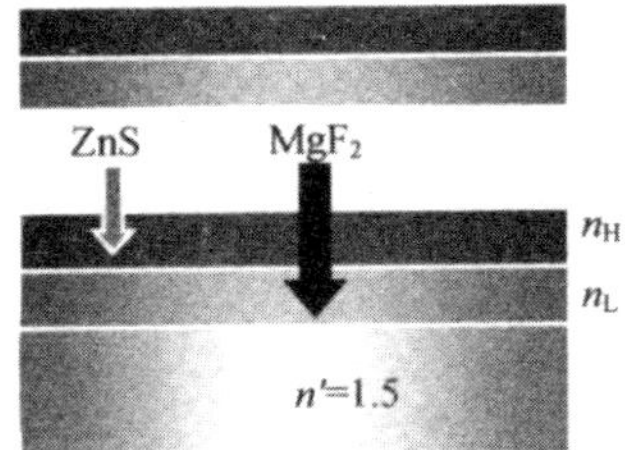

图 5.1-19　多层高反膜实例

如在玻璃上用蒸发方法镀上一层原为 $\lambda_n/4$ 的、折射率为 $n=2.4$ 的硫化锌薄膜,可使反射率提高到30%以上。

单层高反膜,高反射的主要是波长为 λ 的光波,因此要进一步提高反射率,应采取多层膜,图 5.1-19 为一种多层高反膜的实例,其中两种介质折射率分别为 $n_H=2.40$ 和 $n_L=1.38$。目前用于激光器谐振腔反射的优质高反膜,介质薄膜层已达 15 层,其反射率已超过 99.9%。使得激光的输出功率成倍地提高。

5.1.6 等厚干涉

1. 劈尖薄膜等厚干涉

呈劈尖状的透明介质薄层,称为劈尖薄膜,简称劈尖。如图 5.1-20 所示,折射率为 n 的劈尖,置于折射率为 n'的环境中,两个表面是平面,其间有一个十分小的夹角 θ(通常不到 1′或者说 10^{-4}rad),因此两个表面可看成是平行的,用单色平行光垂直照射劈尖,任意厚度为 e 处地从上表面反射回去的反射光 Ⅰ 和透过薄膜下表面反射回去的反射光Ⅱ(可视为重合),是相干光,相当于厚度为 e 的薄膜干涉,则整个劈尖是厚度连续变化的薄膜干涉的组合。

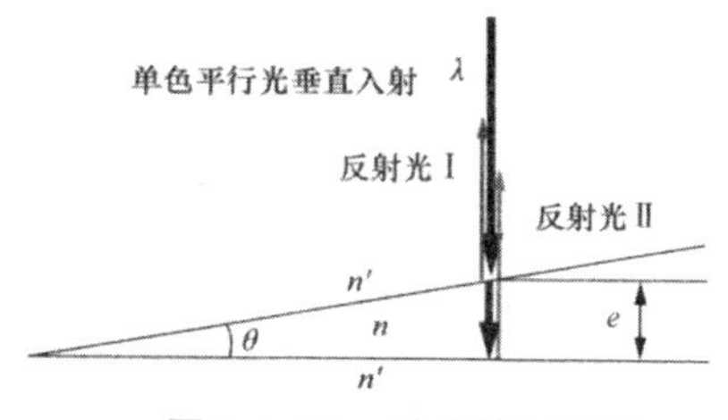

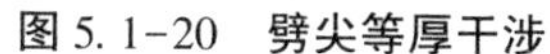
图 5. 1-20　劈尖等厚干涉

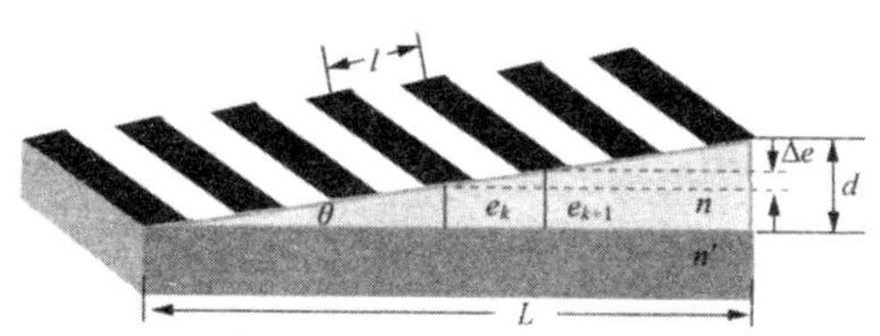

图 5. 1-21　劈尖等厚干涉条纹规律

观察劈尖的反射光干涉结果，可以看到明暗交替、等距分布的干涉条纹，如图 5. 1-21 所示，考虑厚度为 e 处的光程差，由于两条反射光中有一条产生半波损失，所以该处光程 δ 及其与干涉级 k 的关系为

$$\delta=2ne+-7r=\begin{cases}2k\dfrac{\lambda}{2} & (k=0,1,2,\cdots)\quad(\text{明纹中心}),\\(2k+1)\dfrac{\lambda}{2} & (k=0,1,2,\cdots)\quad(\text{暗纹中心}).\end{cases}\tag{5. 1-31}$$

由式(5. 1-31)表明，每级明纹或暗纹，都与一定的膜厚 e 相对应，因此薄膜表面的干涉条纹，均沿薄膜等厚线分布，因而称其为等厚干涉条纹。劈尖的干涉条纹，显然是平行于棱边的一系列直条纹，且得明纹与暗纹对应的膜厚条件为

$$e_k=\begin{cases}(2k-1)\dfrac{\lambda_n}{4} & (k=1,2,3\cdots)\quad(\text{明纹中心}),\\2k\dfrac{\lambda_n}{4} & (k=0,1,2,\cdots)\quad(\text{暗纹中心}).\end{cases}\tag{5. 1-32}$$

由式(5. 1-32)得相邻暗纹(或明纹)的间距为

$$\triangle e=e_{k+1}-e_k=2(k+1)-2k\frac{\lambda_n}{4}=\frac{\lambda_n}{2},\tag{5. 1-33}$$

与此相对应条纹的宽度 l，如图 5. 1-20 所示得

$$l=\frac{\lambda L}{2nd}\approx\frac{\lambda}{2n\theta}.\tag{5. 1-34}$$

对于单色光，l 为常量，因而条纹呈等距分布，由式(5. 1-34)可知，l 与 θ 成反比，θ 必须很小，否则将因条纹太密而无法分辨。因此，用劈尖等厚干涉方法测量微小厚度 d 或微小角度 θ，也可用于测量折射率 n 或波长 λ。

2. 牛顿环

如图 5. 1-22(a)所示，在一块光学玻璃平板上，放置一块曲率半径较大的平凸玻璃透镜，则平凸透镜的凸面与玻璃平板之间的形成厚度从中心到边缘逐渐增加空气薄膜层。若以平行单色光垂直照射到牛顿环上，则经空气层上、下表面反射的二光束存在光程差，它们在平凸透镜的上面相遇后，将发生干涉。沿着入射光的方向可以观察到如图 5. 1-22(b)、(c)所示的一系列的以接触点 O 为中心的明暗相间的同心圆环条纹。这一同心圆环条纹首先由牛顿发现,因而被称为牛顿环。

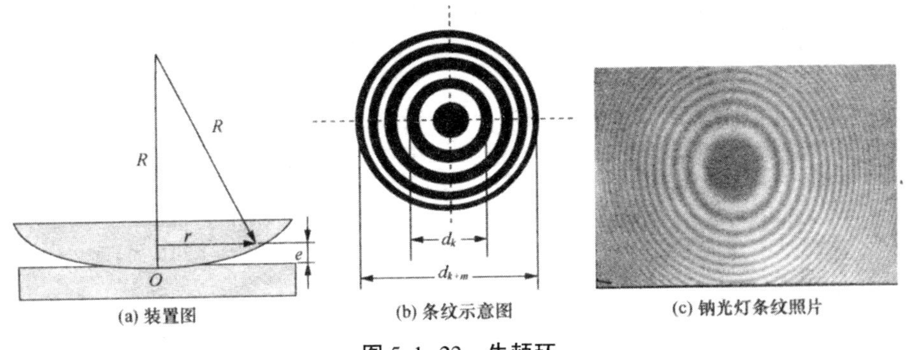

(a) 装置图　(b) 条纹示意图　(c) 钠光灯条纹照片

图 5. 1-22　**牛顿环**

设半径为 r 的明纹(或暗纹)中心对应于厚度 e,因平玻璃面反射有半波损失,凸面镜反射无半波损失。则此处两反射光的光程差及产生明暗环的条件为

$$\delta=2e+\frac{\lambda}{2}=\begin{cases} k\lambda & (k=1,2,3\cdots)\quad (明环), \\ (2k+1)\dfrac{\lambda}{2} & (k=0,1,2\cdots)\quad (暗环). \end{cases}$$

如图 5. 1-22(a)所示的几何关系得(因 $e\leqslant R$,忽略 e^2)

$$r^2=R^2-(R-e)^2=2eR-e^2\approx 2eR. \tag{5. 1-35}$$

将 $2e\approx r^2/R$ 代入上式得

$$\delta=2e+\frac{\lambda}{2}=\frac{r^2}{R}+\frac{\lambda}{2}=\begin{cases} k\lambda & (明环), \\ (2k+1)\dfrac{\lambda}{2} & (暗环). \end{cases}$$

$$\Rightarrow r_k=\begin{cases} \sqrt{\dfrac{(2k-1)R\lambda}{2}} & (k=1,2,3\cdots)\quad (明环), \\ \sqrt{kR\lambda} & (k=0,1,2,3\cdots)\quad (暗环). \end{cases} \tag{5. 1-36}$$

由实验与理论说明,由入射光方向观察牛顿环条纹是明暗相间的同心圆环,接触点为暗圆斑(证明半波损失的存在),明暗环不等距,内疏外密,即环的级数 k 越大,环间越密。

在实验室中常用牛顿环测定光波的波长或平凸透镜的曲率半径。其原理为:对第 k 级和第 $k+m$ 级的暗环的半径分别为和 $r_k^2=kR\lambda$ 和 $r_{k+m}^2=(k+m)R\lambda$,则得到

$$r_{k+m}^2-r_k^2=mR\lambda,$$

即

$$R=(r_{k+m}^2-r_k^2)/m\lambda \quad 或 \quad R=(d_{k+m}^2-d_k^2)/(4m\lambda). \tag{5. 1-37}$$

由此可知,如果单色光源的波长 λ 已知,测出相距 m 级的两个暗环中心的半

径 r_k 和 r_{k+m}，即可得出平凸透镜的曲率半径尺 R；同理，若 R 已知，可计算出入射单色光波的波长 λ。

5.2　光的衍射

5.2.1　光的衍射现象

1. 光的衍射现象

光的直线传播定律告诉我们，光在均匀介质中沿直线传播。按此规律，光在传播过程中，受到障碍物或小孔、缝的限制时，其传播效果如图 5.2-1(*a*)所示。

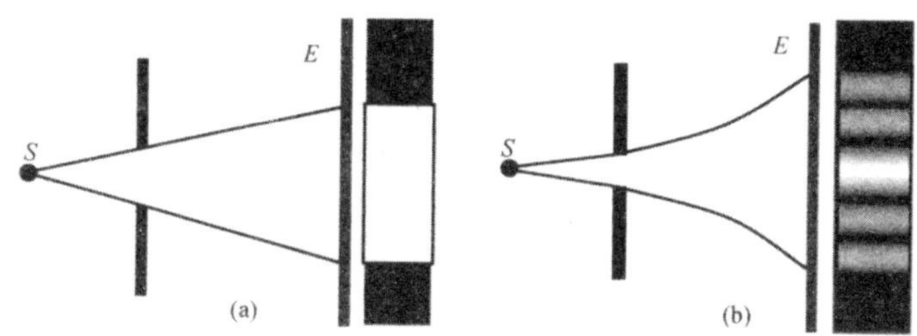

图 5.2-1　光的直线传播(a)与衍射(b)效果比较

波在传播过程中，受到障碍物或小孔、缝的限制时，会出现偏离直线方向的传播，在障碍物或孔隙背后展衍，其效果如图 5.2-1(b)所示，这种的现象称波的衍射。衍射现象是波在传播过程中所特有的现象。光作为一种波，在遇到小孔、缝等障碍物时，是否也具有衍射现象呢？

如图 5.2-2 所示，分别为一束平行光通过狭缝、矩孔和小圆孔时，在其后屏幕上形成的衍射图像。这些实验说明，光在传播过程中受到障碍物或小孔、缝的限制时，并不满足直线传播规律。即光束在通过缝或孔后偏离了原来的传播方向进入阴影区，并出现了光强的不均匀分布，形成明暗相间的衍射条纹。这种光遇到障碍物或孔隙后偏离直线传播(几何光学传播规律)的现象称为光的衍射。光具有衍射现象再一次证明光是一种波。

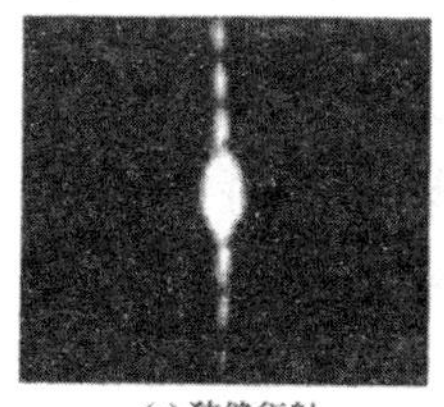
(a) 狭缝衍射

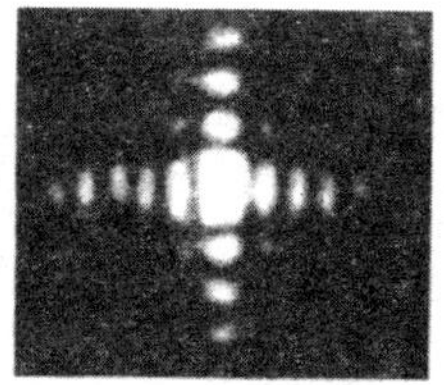
(b) 矩孔衍射

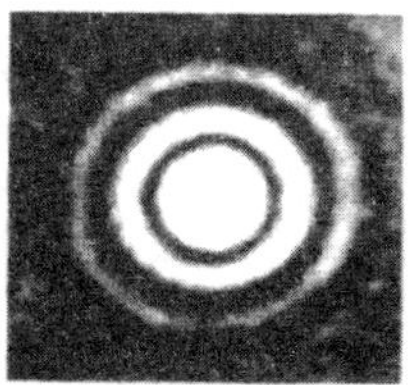
(c) 圆孔衍射

图 5.2-2　狭缝、矩孔、圆孔衍射的图像

2. 惠更斯-菲涅尔原理

惠更斯(Huygens)指出:波前上的各点都可以看作发射子波的子波源,在其后任一时刻的新波前,就是这些子波的包络面(即与所有子波的波前相切的曲面),在各向同性的介质中,子波源均发射球面子波。

惠更斯原理能定性地解释光偏离直线传播的现象,但其无法解释光衍射时出现光强不均匀分布的原因。菲涅尔(Fresnel)拓展了惠更斯的原理,进一步认为从波前上各点所发出的子波都是相干的,因此波阵面上各点所发出的子波,经传播在空间各点相遇时,也可以互相叠加而产生干涉现象。惠更斯原理加上菲涅尔的补充,称为惠更斯-菲涅尔原理,如图 5.2-3 所示。根据此原理,若已知光波在某时刻的波前,便可计算光传到某给定点时引起的振幅和相位,从而解释衍射条纹的分布规律。

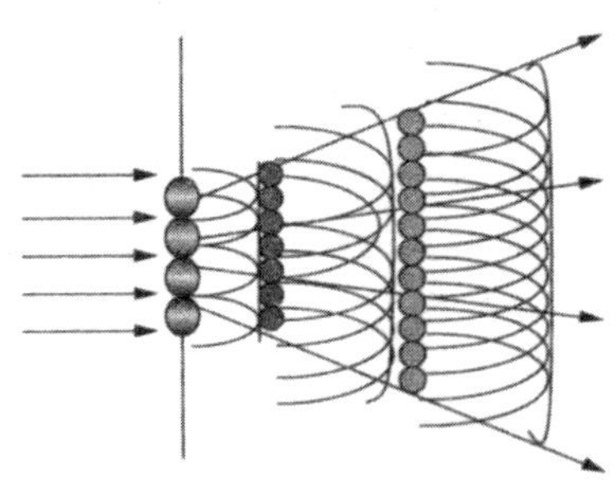

图 5.2-3　惠更斯-菲涅尔原理示意图

5.2.2　单缝衍射

1. 实验装置

弗琅禾费(Fraunhofer)单缝衍射是一种平行光的衍射。图 5.2-4 所示为弗琅禾费单缝衍射实验装置示意图,它将点光源置于透镜的焦点上,经透镜后形成平行光垂直照射到单缝上,通过单缝衍射后,再经第二个透镜成像于焦平面,形成如图 5.2-2(a)所示的衍射条纹。

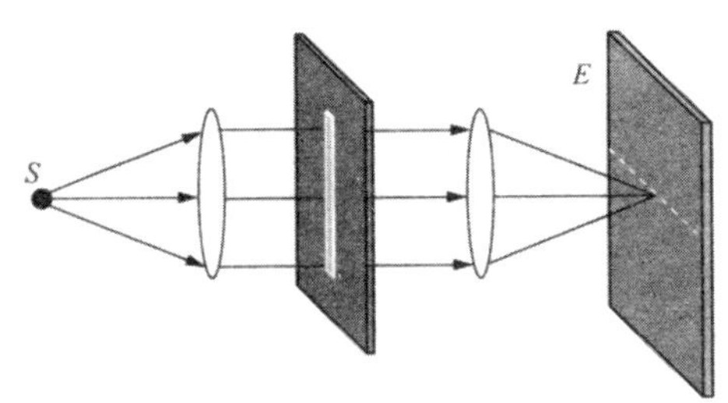

图 5.2-4　弗朗禾费单缝衍射实验装置示意图

2. 条纹特征

由单缝衍射实验(如图 5.2-2(a)所示)可见,单缝衍射的条纹特征是:沿缝限制的方向,形成与缝平行的明暗相间的条纹;透镜主光轴处出现最亮的条纹,且其宽度是其他亮纹宽度的两倍,这一亮纹称为中央明纹;在中央明纹的两边对称分布明暗相交的亮纹,但其亮度远低于中央明纹。

3. 条纹规律

如图 5.2-5 所示,由于是平行光垂直照射单缝,所以到达缝 AB 处的是同一波阵面,因此 AB 各处发出的子波具有相同的相位。这些子波可以沿不同方向传播,子被传播的方向与原光的传播方向之间的夹角 φ 称为衍射角(见图 5.2-6)。

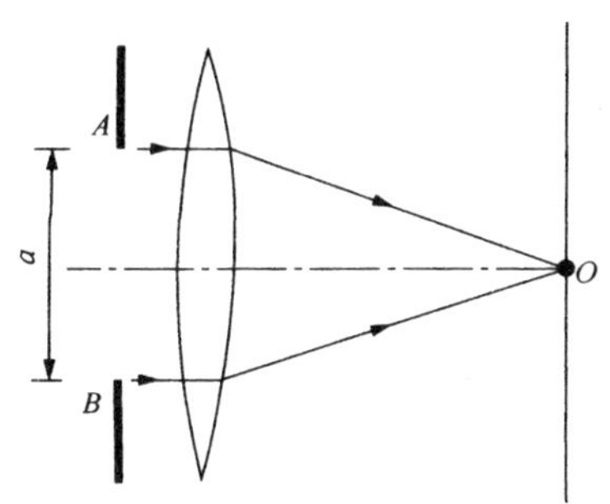

图 5.2-5　中央明纹形成

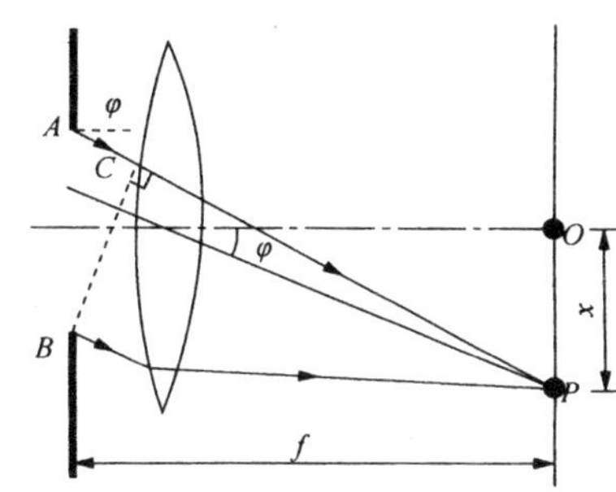

图 5.2-6　会聚于 P 点的子波射线

(1)中央明纹。图 5.2-5 所示是各点 $\varphi=0$ 子波沿主光轴传播,经透镜会聚于 O 点,由于透镜不产生附加的光程差,所以各点 $\varphi=0$ 子波达到 O 点相位相同干涉加强呈明条纹。

(2)其他明纹。如图 5.2-6 所示,衍射角为 φ 子波经过透镜达到焦平面的屏时,会聚于 P 点,其叠加的结果是相长还是相消决定于它们的最大光程差。过 B 点作 $BC\perp AC$,则 BC 上垂直于 BC 各子波射线到 P 点的光程相等,因此单缝面处同相位的波到达 P 点的相位差就是 AB 到 BC 面的相位差,由图 5.2-6 可知 AB 面各点衍射角为 φ 的子波,达到 P 点的光程差是不相同,其中 A 和 B 两子波源发出的光波的光程差最大,为

$$\delta_{\max}=BC=a\sin\varphi. \tag{5.2-1}$$

据此及图 5.2-6 中几何关系得.

$$\delta_{\max}=a\sin\varphi=\begin{cases}\pm2k\dfrac{\lambda}{2} & (k=1,2,3\cdots)\quad(\text{暗纹中心}),\\ \pm2(k+1)\dfrac{\lambda}{2} & (k=1,2,3\cdots)\quad(\text{明纹中心}).\end{cases} \tag{5.2-2}$$

用菲涅尔波带法研究,可证明 P 出现明暗条纹的条件为

$$x = f\tan\varphi \approx f\sin\varphi = \begin{cases} \pm 2k\dfrac{\lambda f}{2a} & (k=1,2,3\cdots) \quad (\text{暗纹中心}), \\ \pm 2(k+1)\dfrac{\lambda f}{2a} & (k=1,2,3\cdots) \quad (\text{明纹中心}). \end{cases} \tag{5.2-3}$$

其中 $k=1,2,3\cdots$ 称明暗纹的级数。中央明纹宽度等于其两侧一级暗纹中心的间距

$$l_0 = x_1 - x_{-1} = 2\frac{\lambda f}{a}, \tag{5.2-4}$$

其他明纹宽度等于与其相邻暗纹中心的间距,即

$$l = x_{k+1} - x_k = \frac{\lambda f}{a} = \frac{l_0}{2}. \tag{5.2-5}$$

由此可得出以下规律:①中央明纹宽度约为其他明纹宽度的 2 倍,其他明纹宽度相等,即除中央明纹外其他各级明纹是对称等距的;②若 λ、f 一定,中央明条纹宽度 l_0 与 a 成反比,即 a 越小,条纹越宽,亦说明光束受到的限制越厉害,衍射后弥散程度越大;③若 $a \geqslant \lambda$ 的情况下,各级条纹都密集于中央明纹附近,只能观察到一条亮纹,即单缝的像,衍射现象可忽略,这时可视光是以直线传播的;④若 a、f 一定,$l_0 \propto \lambda$,若白光入射,则中央明纹中间为白色,两侧为由紫到红的彩条;⑤若 a、f 已知,可通过测 l 或 l_0 求 λ。

(3)衍射图像的光强分布。由实验测得单缝衍射图像的光强分布情况如图 5.2-7 所示。即大部分的(约 93%)光能集中于中央明纹,其他明纹的光强随级数的增大而减小。

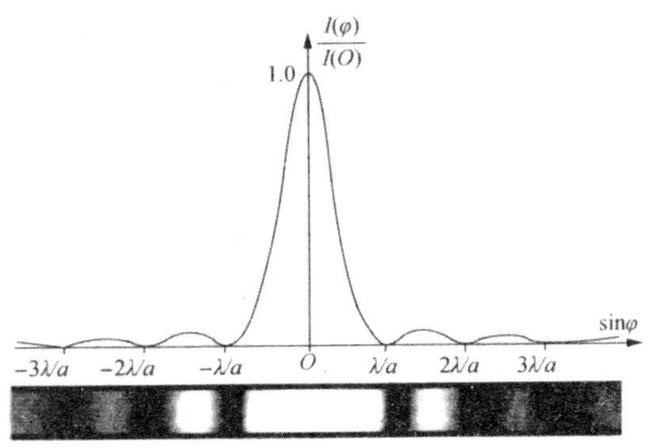

图 5.2-7 单缝衍射条纹的强度分布

5.2.3 圆孔衍射与光学仪器的分辨率

1. 圆孔的夫琅禾费衍射

如图 5.2-8 所示为夫琅禾费圆孔衍射实验装置示意图,与夫朗禾费单缝衍射

装置一样，把单缝换成圆孔即可。圆孔直径为 D，用波长为 λ 的单色光垂直照射圆孔，衍射光经透镜成像在屏上，衍射条纹是一系列的明暗相间的同心圆环，中心为一亮圆斑，称为艾里（Airy）斑，它集中了衍射光 84%的光能，是圆孔衍射的主要成分。

计算求得到艾里斑的直径为

$$d=2.44\frac{\lambda f}{D} \tag{5.2-6}$$

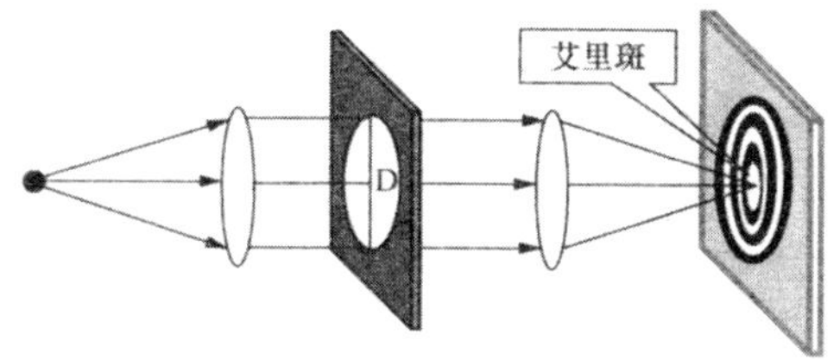

图 5.2-8　圆孔衍射实验装置示意图

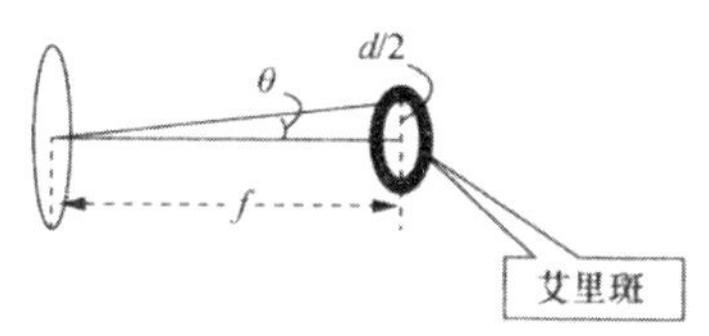

图 5.2-9　艾里斑与透镜的关系

式中，λ 为入射光的波长，f 为透镜焦距，D 为圆孔直径。由式(5.2-6)知，圆孔直径 D 越小，艾里斑直径 d 越大，图像越弥散，衍射现象越明显；反之圆孔直径 D 越大，艾里斑 d 越小。若 $D\geqslant\lambda$，则衍射现象无法观察到，即衍射现象消失。

如图 5.2-9 所示，θ 为艾里斑半径对透镜光心的张角。当 $\theta<5°$时，$\theta\approx\tan\theta$ 则有

$$\theta=\tan\theta=\frac{d/2}{f}=1.22\frac{\lambda}{D} \tag{5.2-7}$$

2. 光学仪器的分辨率

光学仪器中透镜的透光部分相当于透光圆孔，其直径称为孔径。按几何光学定律，只要适当选择透镜的焦距，就可以把任何微小的物体放大到清晰可见的程度，因而任意两个点光源，不论相距多么近，总是可以分辨的。实际上，由于衍射，一个物点经透镜成像后不再是一个像点，而至少是一个像斑。因此如果两物点靠得过近，会使两物点成的“像斑”相互交盖而无法分辨。

怎样判断一个光学仪器可分辨的物点距离呢？经研究，瑞利提出了一种可辨别的判据，如图 5.2-10 所示。对一个光学仪器来说，当两个物点形成的艾里斑中心距离等于每个艾里斑的半径时，即两个艾里斑交盖至半径重叠时，重叠部分中心光强约是两个艾里斑光强的 80%，这两个发光物点刚好还能被分辨，交盖超过这个限度就不能分辨。刚好还能被分辨的条件称为瑞利判据。若光学仪器满足刚好能分辨的条件时，两艾里斑中心对透镜光心的张角称为最小分辨角 θ_0，由式(5.2-7)得

$$\theta_0\approx1.22\frac{\lambda}{D}. \tag{5.2-8}$$

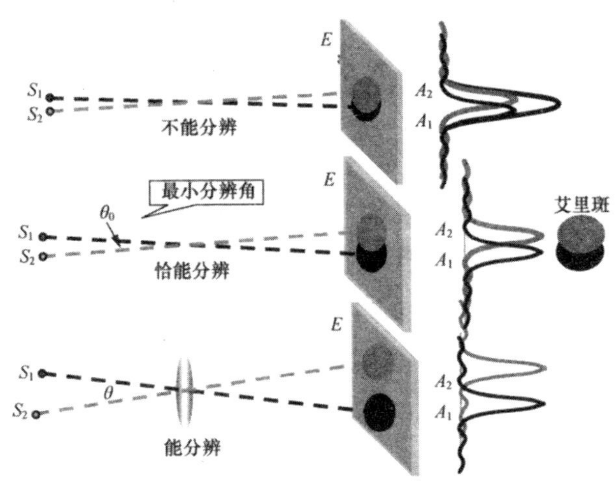

图 5. 2-10 瑞利判据示意图

两物点对透镜光心的张角 $\theta \geqslant \theta_0$ 时,就能分辨,反之不可分辨。显然,最小分辨角 θ_0 越小,分辨率越高,因此用最小分辨角的倒数表示光学仪器最大分辨率,简称分辨率 R

$$R=\frac{1}{\theta_0}=\frac{D}{1.22\lambda}. \tag{5.2-9}$$

可见,光学仪器的分辨率 R 与孔径 D 成正比,与照射光的波长 λ 成反比。据此可知提高光学仪器分辨率的方法有:增大透镜透光的孔径与减小照射光波长。

望远镜的分辨本领决定于物镜的直径,这是因为在设计制造望远镜时,总是让物镜成为限制成像光大小的通光孔,物镜的直径就是整个望远镜的孔镜,而入射光波是自然光,所以提高其分辨本领的途径是增大物镜的直径。例如,天文望远镜一般孔径较大,如 1990 年发明的哈勃天文望远镜孔径达 2. 4m,最小分辨角达 0. 1″(角秒),而安装在夏威夷的天文望远镜孔径达 10m。

显微镜与望远镜不同,显微镜的物镜的焦距较短,被观察的物体放置在物镜的焦距外,经物镜成一放大的实像后再由目镜放大,式最小分辨极限用最小分辨距离来表示,理论计算得到显微镜的最小分辨距离为

$$\triangle y=\frac{0.61\lambda}{n\sin u}, \tag{5.2-10}$$

式中,n 为物镜的折射率,u 为孔径对物点的半张角,$n\sin u$ 常称为显微镜的数值孔径。因此显微镜的分辨本领为

$$R=\frac{n\sin u}{0.61\lambda}. \tag{5.2-11}$$

一般显微镜的数值孔径较小,高倍率的显微镜使用油浸式的镜头,就是使用显

微镜时,在载物片与物镜之间滴油,这样可使数值孔径增大到 1.5 左右,这时分辨率的最小距离可达 0.4λ,这是光的波动性在显微镜下的极限,因此,提高显微镜分辨率本领最有效的方法是减小波长。例如,用 λ = 400nm 的紫光照射可获得较其他光高的分辨率。要再提高分辨率,就需用更短的波长——电子波来照射物体,电子显微镜就是用加速的电子束代替光束照射物体,根据量子理论,微观粒子具有波粒二象性,一束经 150V 电压加速的电子束,其波长约 0.1nm,因此可大大提高显微镜的分辨本领,能“看”清某些分子的结构。

5.3　光的偏振

5.3.1　光的偏振现象

因为光是可见光区域的电磁波,光矢量是电磁波中的电矢量,电矢量与电磁波的传播方向垂直,所以光是一种横波。光具有偏振性就是光波横波性的证明。

1. 自然光

光是分子、原子等粒子从高能级向低能级跃迁时产生,实际光源都包含着大量的分子、原子等粒子,它们发出的光矢量,其取向、大小都随时间作无规则变化(是随机的,哪个方向都有均等的概率),因此,在相当长时间内(如 10^{-6}s),在各个取向上光振动振幅的平均值是相等的,因而由一光源向某一方向发出光时,在垂直于传播方向的平面内,任何方向上都有光矢量分布,且各方向的振动振幅相等。这种具有各方向振动,并且各方向上振动强度相等的光称为自然光。常见的光,如灯光和太阳光,都是自然光。

自然光的表示方式,如图 5.3-1 所示。

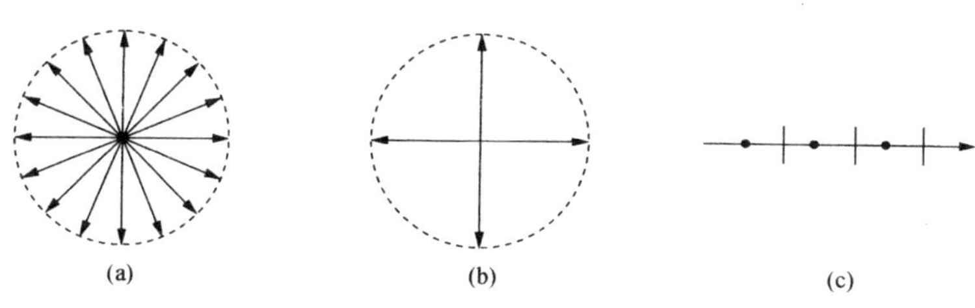

图 5.3-1　自然光符号

图 5.3-1(a)中,光从图面射出,带箭头的直线表示光矢量振幅的平均值。每一方向振动的光矢量都可以分解为相互垂直的两个方向,如 z 方向,把所有光振动在这两个方向的分量分别合成,由于各方向光振动的强度相等,因而合成后在 x 方向与 y 方向的强度相等,各占总强度的一半。因此可用图 5.3-1(b)等效于图 5.3-1(a)表示方法。图 5.3-1(c)是自然光的传播侧面,即箭头表示光传播方向,用

互相垂直的短竖线和点表示振动方向,都与传播方向垂直,其中短竖线表示光矢量与纸面平行,点表示光矢量与纸面垂直,短线与点的多少分别表示两方向上振动强度的大小,线与点均匀分布表示各方向振动均匀的自然光。

2. 线偏振光

只有某一方向的光振动的光称为线偏振光,又称为完全偏振光,简称偏振光,其表示方法如图 5. 3-2 所示。

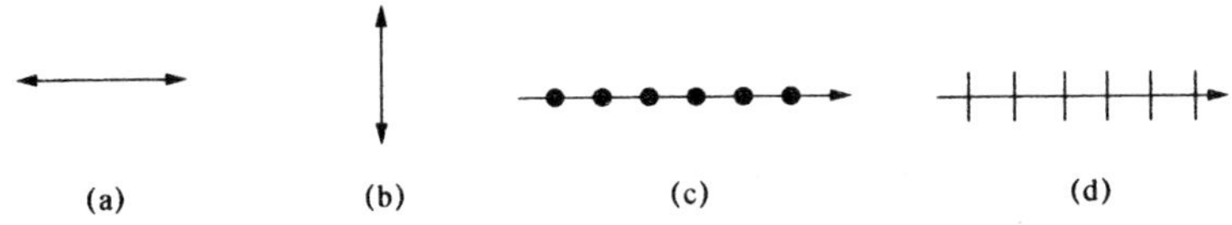

图 5. 3-2　线偏振光符号

3. 部分偏振光

某一方向的光振动比与其他方向的光振动光强强的光,称为部分偏振光,其表示方法如图 5. 3-3 所示。晴朗的日子里,蔚蓝色的天空所散射出来的日光多半是部分偏振光。

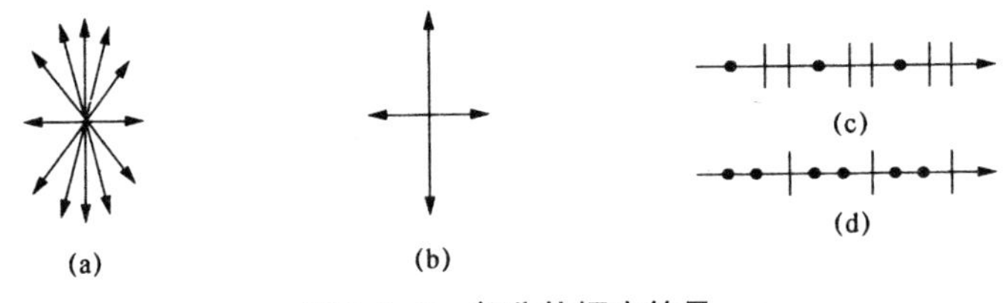

图 5. 3-3　部分偏振光符号

自然光经过吸收、反射及散射后会变成偏振光或部分偏振光。

5. 3. 2　偏振片的起偏和检偏与马吕斯定律

1. 偏振片

偏振片是只允许特定方向振动的光通过的透明薄片。偏振片允许通过的光振动的方向(透光轴)称为偏振化方向。

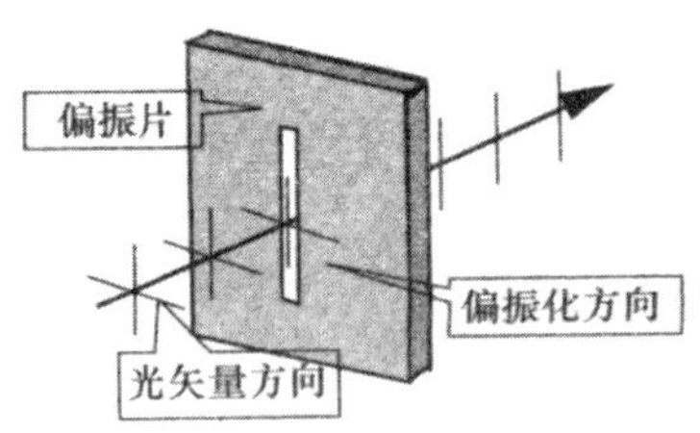

图 5. 3-4　偏振片原理示意图

在透明材料薄片表面涂上一层含长链的碳氢化合物分子,将薄片在某方向拉伸,使碳氢化合物分子链整齐地排列起来,然后把薄片浸在含碘的溶液中,晾干后就成了偏振片。如

图 5. 3-4 所示，光入射到偏振片时，平行链长方向的光矢量推动碘中具有导电能力的电子沿链长方向运动而做功，其光能被吸收，垂直于链长方向的光矢量不对电子做功，因而能透过，于是透射光就成了偏振光。与链长垂直的方向就是偏振化方向。

2. 起偏和检偏

将自然光变成偏振光的简便方法就是采用偏振片起偏。自然光照射到偏振片上，只有偏振化方向的光矢量能通过，因此透射光就成为只有与偏振化方向相同的线偏振光。

对于偏振光的检测，人眼是无能为力的。偏振片可用来检验一束光是否为偏振光。检验入射光偏振状态的过程称为检偏。一束光通过偏振片时，以光的传播方向为轴转动偏振片，通过观察透射光的强度变化可检验该束光的偏振状态。

若入射光是自然光，由于自然光包含各不同方向的光振动且各方向的强度均等，所以不论偏振片转到何位置，都有等强度的光通过，所以透射光强不变，又由于自然光可以在任意两个互相垂直的方向分解成强度相等、各为总强度的一半，所以通过偏振片的自然光其透射光强是原光强的 1/2。若入射光为线偏振光，当偏振片的偏振化方向与入射光的光振动方向一致时，光全部透过偏振片；当偏振片转到其偏振化方向垂直于光振动方向时，光便不能透过；处于两者之间时，则可将光振动在垂直于偏振化方向和平行于偏振化方向进行分解，其沿偏振化方向的分量能透过偏振片，因此在转动偏振片的过程中，在某一位置透射光最强，之后逐渐减弱，转过 90°时，透射光强最弱并为零。若入射光是部分偏振光，出现的情况与线偏振类似，只是偏振片从透射光最强转过 90°时，透射光为最弱，但不为零。

3. 马吕斯定律

法国人马吕斯（Malus）研究了线偏振入射偏振片后出射光强与线偏振方向的关系，在 1809 年得出了相关规律，被称为马吕斯定律。

如图 5. 3-5 所示，自然光通过偏振片 P_1（起偏器），则透射光是线偏振光，由于自然光可以在任意两个互相垂直的方向上分解成强度相等互为总强度的一半的两个分振动，所以经 P_1 变成线偏振光，其强度减为原来（$2I_0$）的一半（I_0），设相应的振幅 A_0，振动方向与 P_1 偏振化方向一致；该光再经过偏振片 P_2（检偏器），P_2 与 P_1 偏振化方向夹角为 θ，如图 5. 3-6 所示，将 A_0 沿 P_2 的偏振化方向和与之垂直的方向分解为 $A_{//}=A_0\cos\theta$ 和 $A_\perp$，则只有与 P_2 偏振化方向平行的 $A_{//}$ 能通过，所以通过 P_2 的光强 I 与 I_0 的关系为

$$\frac{I}{I_0}=\frac{(A_0\cos\theta)^2}{A_0^2}=\cos^2\theta, \tag{5. 3-1}$$

即得

$$I=I_0\cos^2\theta. \tag{5. 3-2}$$

式(5.3-2)说明线偏振光通过偏振片后出射光强与入射光强的关系,这一关系称为马吕斯定律。

当 $\theta=0°$时,$I=I_0$;$\theta=90°$时,$I=0$;当 θ 从 0°变到 90°时,$I=I_0\cos^2\theta$ 光强逐渐变小,最后到 0,即光由亮转暗,到全黑。可见,马吕斯定律是用偏振片检验线偏振光的依据。

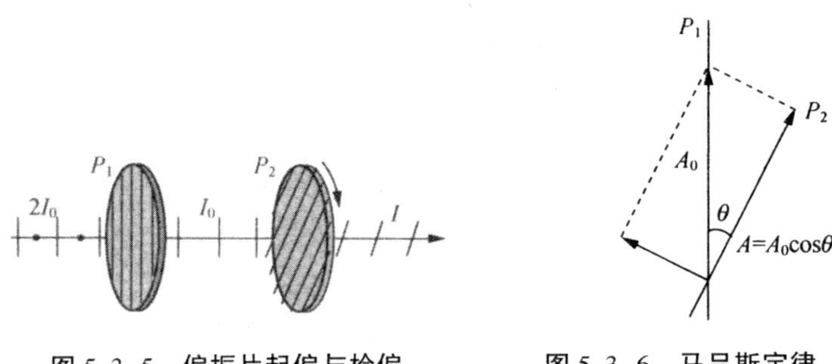

图 5.3-5　偏振片起偏与检偏

图 5.3-6　马吕斯定律

根据这一定律,可以用改变起偏器和检偏器夹角 θ 来改变光的强度,以调节光的强度。

5.3.3　布儒斯特定律

实验表明,当自然光入射到两种不同介质分界面上时,在一般情况下,反射光与折射光都变成部分偏振光,如图 5.3-7 所示,反射光中垂直于入射面的振动成分多于平行于入射面的振动;折射光相反,平行入射面的振动成分多于垂直于入射面的振动。这种偏振化程度是随着入射角的变化而变化的,而且当入射角为某一值 i_0,i_0 满足 $\tan i_0=n_2/n_1$ 时,反射光为完全垂直于入射面振动的线偏振动光,折射光仍为平行于入射平面振动占优的部分偏振光。这一规律称为布儒斯特定律,称为起偏角或布儒斯特角。由此可见,界面的反射与折射均可用于起偏。

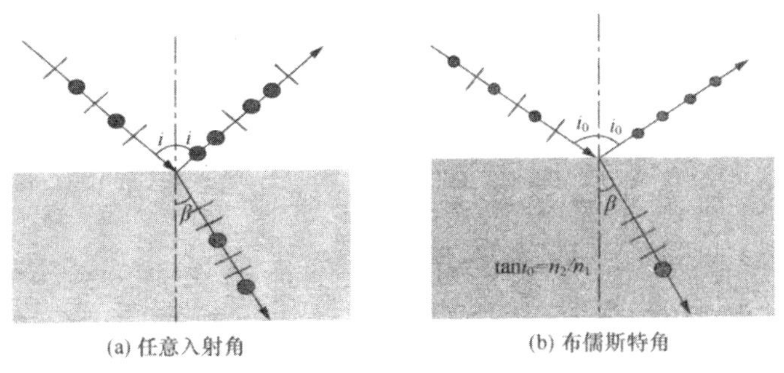

(a) 任意入射角　(b) 布儒斯特角

图 5.3-7　反射与折射光的偏振性

当以起偏角 i_0 为入射角时，折射角为 β，则由布儒斯特定律和折射定律得

$$\tan i_0=\frac{\sin i_0}{\cos i_0}=\frac{n_2}{n_1}, \tag{5.3-3}$$

$$\frac{\sin i_0}{\cos\beta}=\frac{n_2}{n_1}, \tag{5.3-4}$$

由此得 $\cos i_0=\sin\beta$，即

$$i_0=+\beta=\frac{\pi}{2}, \tag{5.3-5}$$

可见，以起偏角入射分界面时，反射光线与折射光相互垂直。

利用反射光的偏振性，可以消除不需要的反射光，例如在照相时，只要在镜头加一只偏振片制成的镜头，调节偏振镜头的偏振化方向，使之与反射光的振动方向垂直，反射光便不能通过偏振镜透入相机，于是反射的景物不在照片上出现，从而改善了画面效果。

第6章 热力学定律

热力学是研究物质热现象与热运动规律的一门学科。其研究的对象、问题、方法与力学有所不同。热力学研究对象是由大量微观粒子(分子或其他粒子)组成的宏观物质系统,称为热力学系统;与系统发生相互作用的其他物体称为外界。物质系统中大量分子、原子处于永恒的无规则运动之中,这种大量微观粒子无规则的运动称为热运动,热运动的宏观表现为热现象。热运动也称为无序运动,热运动越剧烈,其无序程度越高。相应地宏观机械运动称为有序运动。可见热运动与机械运动有着本质的差别。热力学是以观测和实验事实为依据,分析研究热力学系统状态变化中有关热与功的关系与条件,是热运动的宏观理论,所以从本质上说热力学是研究热运动的转移(热量传递)与转化(热转化为功)规律的学科。

许多现代生产过程,如金属冶炼过程、化工过程、半导体工艺过程都伴随着热现象;现代社会也越来越注意能量的转换方案与能源的利用效率,这些问题涉及的理论问题,均与热力学规律及研究方法相关。

热力学理论最基本的内容是热力学第一定律,热力学第二定律,与热相关的能量转移、转化。热力学第一定律其实是包括热现象在内的能量转换与守恒定律;热力学第二定律是指明,与热相关的能量转移、转化过程进行的方向与条件。

本章主要讨论热力学两条基本定律和理想气体热变化过程及热机的理论。

6.1 热力学第一定律

6.1.1 热力学的基本概念

1. 热力学系统

在开展科学研究时必须先确定研究对象,把一部分物质与其他部分分开,这种分离可以是实际的,也可以是想象的。讨论热力学问题时,选取的一部分物质作为研究对象,称为热力学系统,简称系统。典型的热力学系统是容器内的气体分子集合或溶液中的分子集合等。热力学系统的基本特点是无论选择的物质少与多,均含有大量的分子、原子。例如,若选2g氢气为系统,则该系统含有6.22×10^{23}个氢分子。

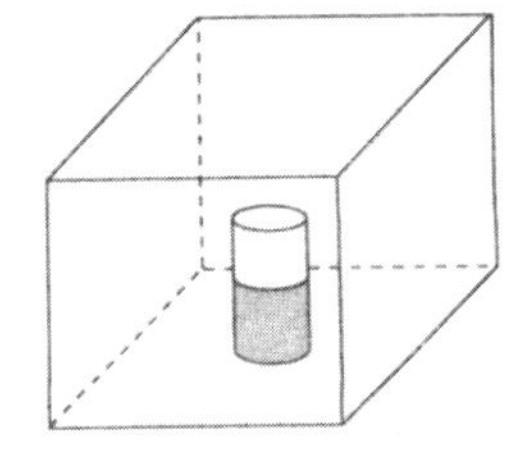

图6.1-1 系统与环境

如图6.1-1所示,在系统之外与系统密切相关、有相互作用或影响所能及的部分称为环境或外界。热力学的世界只有系统与外界两部分。热力学系统与外界的联系，主要通过做功与热传递两种形式进行能量交换。

2. 热力学系统状态描述

要研究系统的性质及其变化规律，首先要对系统的状态加以描述。一种描述方法是宏观描述，即从整体上对系统状态加以描述，用来表征系统整体属性的物理量称为宏观量，通常称为状态参量，如化学组成、体积、压强、温度、内能等对气体整体属性加以描述的物理量。宏观量一般能为人们观察到，也可以用仪器进行测量。另一种是微观描述，即通过对微观粒子运动状态的说明来描述系统，这种描述微观粒子运动状态的物理量称为微观量，如分子质量、速度、能量等。微观量不能被直接观察到，一般也不能直接测量。

3. 热力学系统平衡态

在不受外界影响（不做功、不传热）的条件下，系统所有可观测的宏观性质都不随时间变化的状态称为平衡态，有时也简称状态。它是热力学系统宏观状态中简单而又重要的特殊情况。处于平衡态时，系统的状态可用一组状态参量来描述。例如，对一定质量的气体系统，其状态可以用确定的压强、体积和温度来描述。

系统达到平衡态时其宏观性质不随时间变化，但并不意味着系统所有宏观状态参量一定要处处相同。例如，由于重力影响，大容器中处于平衡态的气体在不同高度的压强与密度并不相同。也并不是宏观性质不随时间变化的状态都是平衡态，例如，一根金属杆两端与有一定温差的两个恒温热源（温度保持恒定的热源）接触，到达稳定时，金属杆从高温到低温端的温度逐渐降低而不随时间变化。但这一平衡是靠热源的作用来维持的，不符合平衡态的条件。

热力学系统的平衡是指宏观性质的平衡与稳定，而组成系统的大量微观粒子在不停息做热运动并相互碰撞，只是大量微观粒子的运动变化的统计平均值未发生变化，即宏观性质不变。因此热力学系统的平衡是热动态平衡。

自然界中的事物总是互相关联的，一个完全不受外界影响的系统实际上是不存在的。平衡态只是一种理想状态，是一定条件下实际情况的简化。例如，保温瓶中的水，经历的时间长了，外界影响就会明显地表现出来；但在短时间内，这种影响可以忽略，因此可视为平衡态。

4. 热力学系统准静态过程

一个热力学系统在外界作用下，其状态将随时间不断变化。热力学系统的变化过程称为热力学过程。

处于平衡态的系统与外界发生能量交换（做功或传热）后，平衡态被破坏，成为非平衡态，处于非平衡态的系统停止与外界交换能量后，将逐渐过渡到一个新的平衡态。如取汽缸内被封闭的气体为系统，当活塞压缩汽缸气体时，靠近活塞的气层密度会增大，汽缸内密度出现不均匀，偏离了原来的平衡态。当压缩停止后，亦即外界不再向系统施加影响时，由于分子热运动和碰撞的结果，汽缸内气体密度差异逐渐减少，直至各处均匀一致，此后气体的宏观状态保持不变，系统处于新的平衡态。

系统在无外界影响的情况下，由非平衡态过渡到平衡态所需要的时间，称为弛豫时间。也就是说热力学实际过程中，当系统从一个平衡态开始变化时，就必然要破坏原来的平衡态，而需要经过一段弛豫时间才能达到新的平衡态。然而，实际的过程往往进行得较快，在系统还未能达到新的平衡态，早已继续进行下一步的变化了。系统从某一平衡态开始，经历一系列的非平衡态，达到新的平衡态的过程叫作非平衡过程。

实际过程都是非平衡过程，而非平衡过程的中间状态，由于没有确定的状态参量，而难以描述。为此，在热力学过程研究中，人们抽象出这样一个理想过程——准静态过程。即在过程进行的每一瞬间，系统均接近于平衡状态，以致在任意选取的短时间 dt 内，状态参量在整个系统的各部分都有确定的值，整个过程可以看成是由一系列平衡态所构成的。

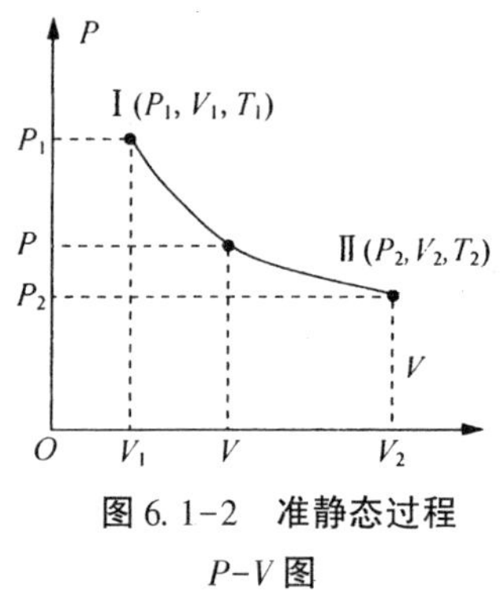

图 6.1-2　准静态过程 P-V 图

假想过程进行得相当缓慢，以至可将过程分解成许多步，每一步经历的时间都比系统的

弛豫时间长得多，那么系统内的不平衡性就能很快消除，即认为过程的每一步都会迅速达到平衡态，这样在过程中的每个中间状态都无限接近平衡状态，此过程称为准静态过程。在准静态过程中，系统每一时刻可看成处在平衡态，即它在每一时刻的状态都可用确定的状态参量(P、V、T)来描述。在 P-V 图中任意一点即为系统的一个平衡态，而连续曲线表示一准静态过程。

如图 6.1-2 所示中的曲线是一系统从初态Ⅰ(P_1、V_1、T_1)经历无数平衡态过程变化到末状态Ⅱ(P_2、V_2、T_2)。

准静态过程是一种理想过程。准静态过程引入才能将热力学过程数学化处理，以便于对热力学过程中功能转化问题的研究。

无限缓慢地压缩和无限缓慢地膨胀过程均可近似看作准静态过程。体积不太大的实际系统的弛豫时间都不太长。在一般情况下，只要变化不太激烈的实际过程可近似为准静态过程。

6.1.2　内能、做功与传热

热力学系统状态变化，总是通过外界对系统做功，或向系统传递热量，或两者兼施并用而完成的。然而，做功和传热两种传递能量的方式有重要差异。

1. 内能

热力学系统在一定状态下具有的能量,叫作热力学系统的“内能”。实验证明内能的改变量只决定于初、末两个状态,而与所经历的过程无关,即内能是系统状态的单值函数。

系统内能是指系统内部能量的总和,即组成系统的全部分子动能与分子间相互作用的势能,以及分子内部粒子(包括原子、原子内部的原子核与电子、原子核内的核子等)所具有能量的总和。在讨论热现象时,如果不涉及化学变化和原子内部的变化,分子结构不发生改变,那么分子内部各种粒子的能量也不变,它作为一个常量,可不予考虑。这样,热力学系统的内能是指系统全部分子的动能和分子间相互作用的势能的总和。内能是系统热力学状态的函数。系统温度表示热运动的剧烈程度,而分子间的势能与分子间的距离有关,即势能与系统的体积有关,所以系统内能是温度和体积的函数 $E(T,V)$。

2. 做功改变内能

能量的变化可通过做功来实现,外界对系统做功,能引起内能变化,摩擦生热就是机械功引起内能变化的;搅拌液体,使其温度升高也是机械功引起内能变化,这都是外界向系统做正功使系统内能增加的示例。汽缸中的气体膨胀对外界做功,气体温度下降(内能降低)。系统对外界做正功,系统内能降低;外界向系统做正功,可视为系统向外界做负功,则系统内能增加。

做功是系统与外界相互作用的一种方式,也是两类能量相互转化的一种方式。这种能量交换的方式是通过宏观的有规则(如机械运动、电流等)来完成。其作用是把物体的有规则的运动转换为系统内分子的无规则运动,所以说做功与内能交换实质上同时是能量形式(运动形式)的转化。

3. 传递热量改变内能

一壶冷水放在火炉上,其温度会逐渐升高,这是因为火炉向水传递了热量;人发高烧,可用冷毛巾敷在额头上,让其降温,这是因为冷毛巾从人体身上吸收了热量。可见,系统从外界吸热,其内能升高,系统向外界放热,内能降低。传递热量是内能转移的另一途径。

传递热量和做功不同,这种交换能量的方式是通过分子的无规则运动来完成的。当外界物体(热源)与系统相接触时,不需借助于机械运动的方式,也不显示任何宏观运动的迹象,直接在两者的分子无规则运动之间进行着能量交换,这就是热传递。其本质是系统外物体分子无规则运动与系统内分子无规则运动互相转移,不存在能量形式的转化。

要实现系统与外界传递热量的条件是系统与外界存在温度差。从热运动的微观理论看,系统与外界温度不同,它们分子无规则运动的平均平动动能不同,当它们相互接触通过分子相互作用,如碰撞,使平均动能大的分子把无规则运动能量传给了平均动能小的分子，这种无规则运动能量的传递在宏观上表现为热量的传递。

6.1.3 热力学第一定律

热力学第一定律实验证明，系统状态发生变化时，只要初、末状态给定，则不论所经历的过程有何不同，外界对系统所做的功和向系统所传递热量的总和，总是恒定不变的。一般情况下，做功与传递热量同时存在于一个热力学系统中。若有一系统，从外界吸收的热量为 Q，系统从内能为 E_1 的初始平衡状态改变到内能为 E_2 的终末平衡状态（即内能增量 $\triangle E=E_2-E_1$），同时系统对外做功为 W，那么，无论过程如何总有

$$Q=\triangle E+W. \tag{6.1-1}$$

式（6.1-1）中系统吸收热量表示为 Q，若 $Q>0$，表示系统从外界吸收了热量；若 $Q<0$，系统吸收的热量为负值，即表示系统向外界放出了热量。系统向外界做功表示为 W，若 $W>0$，表示系统向外界做正功，若 $W<0$，表示系统向外界做负功，亦即外界向系统做正功。图 6.1-3 给出了系统吸热 Q 和对外界做功 W 的符号规则示意图。$\triangle E=E_2-E_1$ 表示内能增量，若 $\triangle E=E_2-E_1<0$，则 $E_2<E_1$ 表示末态内能小于初态，即内能减少；若 $\triangle E=E_2-E_1>0$，则 $E_2>E_1$ 表示末态内能大于初态内能，即内能增加。

图 6.1-3　W 与 Q 的符号规则示意图

式（6.1-1）所表示的规律称为热力学第一定律，可表述为：在任一过程中，系统从外界吸收的热量等于系统内能的增加与系统对外做功的总和。即外界对系统传递的热量，一部分使系统内能增加，另一部分是用于系统对外做功，其能量总量不变。不难看出，热力学第一定律的实质是包括机械运动和热运动的能量守恒与转化定律。

热力学第一定律是能量守恒与转化定律在热现象领域内所具有的具体形式，说明热力学内能、热和功之间可以相互转化，但能量总量不变。它还表明，外界对系统做功或传递热量都能使系统内能发生变化，所以从引起内能变化的角度来说，做功和热传递是等效的。

热力学第一定律适用于自然界中的一切热力学过程，是自然界的一条普遍规律，不论是气体、液体或固体都适用。

历史上，有人企图制造一种机械，使系统状态经过变化后又回到初始状态（即

$\Delta E=0$),在状态变化过程中机械不断地对外做功,而无须外界提供能量。这种既不靠外界提供能量,本身也不减少能量,却可以不断对外做功的机器被称为第一类永动机,它显然违反了热力学第一定律,是不可能制造的。历史上也曾将热力学第一定律表述为:第一类永动机是不可能制成的。

6.2　理想气体

6.2.1　理想气体内能

在通常情况下,只要压强不太高,温度不太低,实际的气体分子间的相互作用可忽略。这种情况下可将气体视为理想气体。理想气体是热力学系统中的一个典型的理想模型;简单地说,其微观定义是:气体分子之间除了碰撞外,不存在相互作用。理想气体分子间无相互作用,理想气体内能为气体所有分子动能的总和。若已知分子的平均动能和分子总数,则可知理想气体的内能。分子热动理论指出:温度是分子平均动能的量度。因此,理想气体系统的内能仅决定于温度,即理想气体系统(摩尔数一定)的内能仅是温度的单值函数。

分子的平均总动能决定于分子运动形式,分子运动可以有平动、转动和振动等形式,分子的运动形式又决定于分子的结构。如单原子分子可视为质点,只有三维的平动;而双原子(或多原子)分子可视为两质点的刚性结合(相对距离不变)和非刚性结合两种情况。除了平动,还有转动,若是非刚性的,原子的相对位置还可能发生变化即有振动运动形式。

分子可能具有的运动形式,可以用自由度概念来描述。所谓自由度,是指决定一个运动物体位置所需的独立坐标数,常用 i 表示。不同结构原子的自由度如表6.2-1所示。

表6.2-1　各种结构分子的自由度表

分子结构	平动自由度 t	转动自由度 r	振动自由度 v	总自由度 i
单原子分子	3	0	0	3
刚性双原子	3	2	0	5
非刚双原子	3	2	2	6
刚性多原子	3	3	0	6

单原子分子,因可视为质点,在空间自由运动,描述其位置需要三个独立坐标,所以自由度为3。对于刚性双原子分子,两个质点的位置需要6个坐标,它们间的距离固定,有一个方程联系着6个坐标,因而独立坐标数只有5个。非刚性双原子可视为两个独立质点组成,因而独立坐标数是6。刚性多原子,可视为一个刚体,

只要写出其上任意不在一条直线上的三个点的位置,便可完全确定整个刚体在空间的位置。三个点需要 9 个坐标,但每两点间距离由一个方程来描述,所以刚性多原子也只有 6 个独立坐标数。

由于分子间不断地碰撞,在达到平衡状态后,任何一种运动都不会比另一种运动占优势,即在各个自由度上机会均等。分子动理论证明,在平衡态下,分子的每个自由度上都具有相同的平均动能,其大小等于 $kT/2$。这一规律称为能量均分定理。

由能量均分定理得,自由度为 i 的气体分子的总平均动能为

$$\bar{\omega}=i\ \frac{1}{2}kT, \tag{6.2-1}$$

其中 $k=1.38\times10^{-23}$J/K,称为玻尔兹曼(Boltzmann)常数,T 称为热力学温度,单位为开尔文,简称"开",记为 K,其与摄氏温度 t 的关系为

$$T=t+273.15\text{K}. \tag{6.2-2}$$

质量为 m、原子量为 μ、自由度为 i 的理想气体,其所含分子数为

$$N=\frac{m}{\mu}N_0=\upsilon N_0, \tag{6.2-3}$$

其中,阿伏伽德罗(Avogadro)常数 $N_0=6.022\times10^{23}$mol-1,气体摩尔数 $\upsilon=m/\mu$。该气体系统内能为

$$E=\frac{m}{\mu}\frac{i}{2}N_0kT=\upsilon\ \frac{i}{2}RT, \tag{6.2-4}$$

其中,$R=N_0kT=8.31$J/(mol · K),称为普适气体常数。可见,一定量理想气体的内能与其热力学温度了成正比。对于气体系统,气体足够稀薄,分子间的平均距离足够大,相互作用势能可以忽略,内能就与体积无关,它就是理想气体。

6.2.2 理想气体状态方程

理想气体的热力学定义为:完全遵守玻意尔定律、盖-吕萨克定律和查理定律这三条经验定律的气体,称为理想气体。

一定质量 m(原子量为 μ)的理想气体可以用压强 P、体积 V、温度 T 这三个状态量来描述其平衡态. 满足三个经验定律的理想气体,三个状态量的关系为

$$\frac{PV}{T}=C(\text{常量}). \tag{6.2-5}$$

气体在压强 $P_0=1$ atm $=1.013\times10^5$Pa、温度 $T_0=273$K 时的状态,称为标准状态。在标准状态下,1mol 理想气体的体积为摩尔体积 $V_0=22.4\times10^{-3}\text{m}^3$,则

$$R=\frac{P_0V_0}{T_0}=\frac{1.013\times10^5\times22.4\times10^{-3}}{273}=8.31[\text{J/(mol · K)}]. \tag{6.2-6}$$

R 作为普适气体常数,是对一切气体的任意平衡态都适用的一个常数。这样,式

(6.2-5)可改写为

$$\frac{PV}{T}=\frac{m}{\mu}R=\upsilon R,\text{即}\quad PV=\frac{m}{\mu}RT=\upsilon RT. \tag{6.2-7}$$

式(6.2-7)表示理想气体状态参量间相互关系的方程,称为理想气体状态方程,还可写为

$$P=\frac{\upsilon RT}{V}=\frac{\upsilon N_0}{V}\frac{R}{N_0}T=nkT, \tag{6.2-8}$$

其中,$n=\upsilon N_0/V$,为单位体积气体分子数。

6.2.3 理想气体做功

如图6.2-1所示,在一个密闭摩擦可以忽略的汽缸内,气体作准静态膨胀,作用于活塞上的压力 $F=PS$,由于是无摩擦的准静态膨胀,为了维持气体处于平衡态,外界的压强必须等于气体的压强,即必有一个外力 $F'=-F$ 作用于活塞上,气体通过活塞对产生这个力的外界物体做功。若气体变化过程中压强 P 不变,则活塞运动过程中,气体压力对活塞做功是一个恒力功问题。气体所做的功为 $W=PS\triangle l=P\triangle V$,即图6.2-2中所示矩形的面积。如果气体压强在系统状态变化的过程中发生变化,则气体对活塞的压力亦是变化的,因此这是一个变力功问题.用微元位移求功,当活塞移动一微小距离 $\triangle l$,其足够小到这一过程中 P 不变,气体对活塞做微元功为

$$\triangle W=F\triangle l=PS\triangle l=P\triangle V, \tag{6.2-9}$$

记为微分形式即

$$\mathrm{d}W=P\mathrm{d}V. \tag{6.2-10}$$

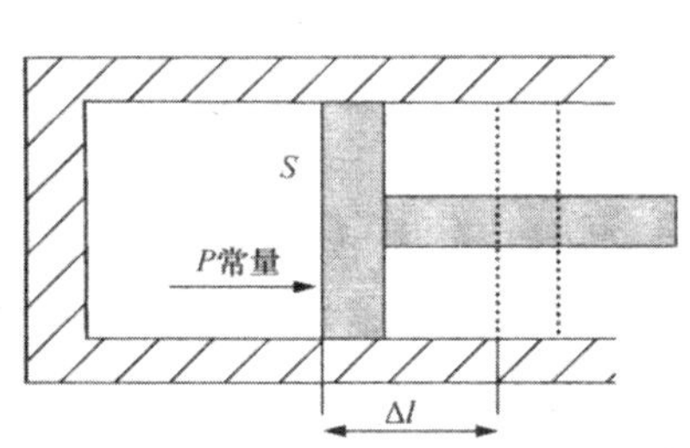

图6.2-1　汽缸等压膨胀过程

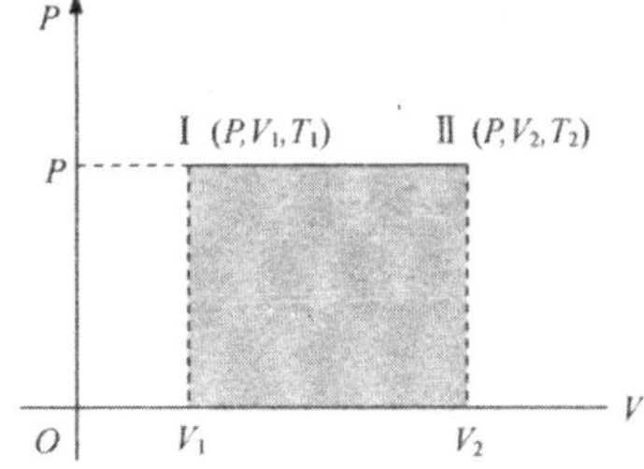

图6.2-2　等压膨胀过程 P-V 图

可见,气体状态变化对外做功的基本条件是体积发生变化:若 $\triangle V>0$,气体膨胀,系统对外做正功;若 $\triangle V<0$,气体压缩,系统对外做负功,外界对系统做正功。

式(6.2-10)给出了当系统在准静态过程中体积发生无穷小的变化时,系统对外界所做的功,在系统通过准静态过程实现气体系统体积 $V_1\to V_2$ 的变化过程中,系统对外界所做的功等于各小段的微小距离过程中所做功的和,或对 $\mathrm{d}W$ 做定积

分,得此过程中系统对外界的总功为

$$W = \sum P\triangle V,$$

或

$$W = \int_{V_1}^{V_2} P\mathrm{d}V; \tag{6.2-11}$$

亦可用示功图法,如图 6.2-3 所示,气体准静态过程的功为图中曲边梯形的面积。

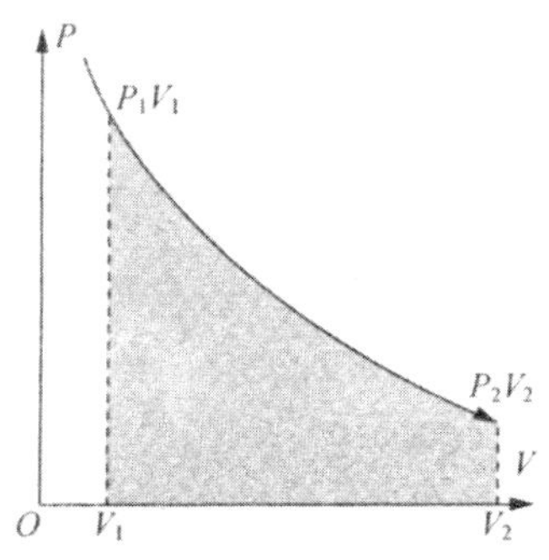

图 6.2-3　任意准静态过程的功

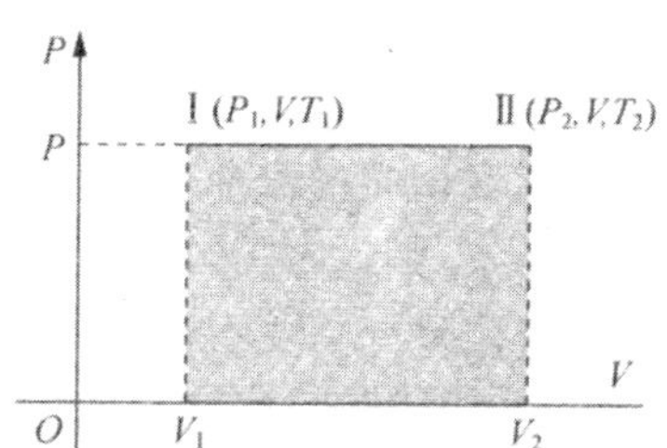

图 6.2-4　例 6.2-2 图

6.2.4 气体摩尔热容

为了计算气体系统温度(内能)变化过程中吸收或放出的热量,引入气体摩尔热容的概念。气体系统温度升高 1K 所需的热量称为物体的热容;使 1mol 气体温度升高 1K 所需的热量称为摩尔热容,用 C 表示,其单位为 J/(mol · K)。

摩尔热容与系统分子结构有关,即分子结构不同气体摩尔热容不同。摩尔热容还与气体系统变化的过程有关,这是因为系统随状态变化过程不同,系统升高同样的温度所吸收的热量是不同的,因此同一气体系统在不同的变化过程中,有不同的热容值,常用的有等体过程和等压过程的摩尔热容分别称为等体积摩尔热容 C_V 和等压摩尔热容 C_P。

等体摩尔热容 C_V 是指 1mol 气体在体积不变,而且没有化学反应与相变的过程中,温度升高(或降低)1K 所吸收(或放出)的热量。

等压摩尔热容 C_P 是指 1mol 气体在压强不变、没有化学反应与相变的过程中,温度升高(或降低)1K 所吸收(或放出)的热量。

质量为 M、摩尔质量为 μ 的气体,若经等体过程其温度由 T_1 升高到 T_2,则由摩尔热容定义得该过程中系统吸热 Q_V 为

$$Q_V = \frac{M}{\mu} C_V(T_2 - T_1) = \upsilon C_V(T_2 - T_1). \tag{6.2-12}$$

若上述变化是经等压过程实现的，则式(6.2-12)中 C_V 由 C_P 代替，变为

$$Q_P = \upsilon C_P(T_2 - T_1). \tag{6.2-13}$$

6.2.5　理想气体等值、绝热过程

1. 等体过程

气体的变化过程中，若体积不变，称为等体过程，其过程 $P-V$ 图(图 6.2-5)为一平行于 P 轴的线段。

等体过程的基本特征是：V=常量或 $\triangle V=0$。由于体积不变，因此系统对外不做功，即

$$W = 0. \tag{6.2-14}$$

由热力学第一定律得 $Q=\triangle E$，即表明在等体过程中气体吸收的热量 Q，全部用来增加气体的内能。

由理想气体内能公式得系统内能增量为

$$\triangle E = E_2 - E_1 = \upsilon\frac{i}{2}RT_2 - \upsilon\frac{i}{2}RT_1 = \upsilon\frac{i}{2}R(T_2 - T_1). \tag{6.2-15}$$

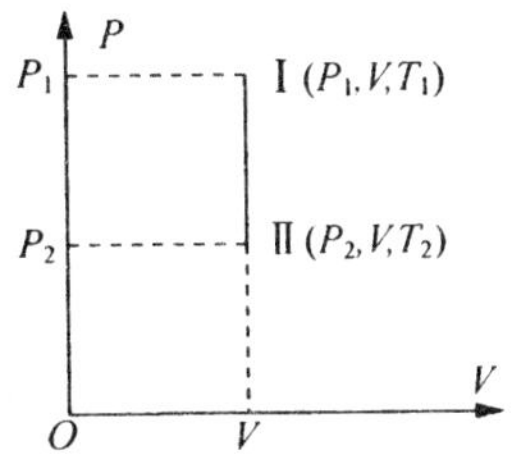

图 6.2-5　等体过程 $P-V$ 图

根据热力学第一定律 $Q=\triangle E+W$，由式(6.2-12)、式(6.2-14)与式(6.2-15)得

$$\frac{i}{2}R(T_2 - T_1) = \upsilon C_V(T_1 - T_2). \tag{6.2-16}$$

由式(6.2-16)得

$$C_V = \frac{i}{2}R. \tag{6.2-17}$$

在等体过程中，系统吸收的热量全部用于提高系统内能，所以经等体过程升温，所需的热量较少。

由此可见，气体的等体摩尔热容与分子的自由度成正比。

2. 等压过程

在气体状态变化的过程中，若其压强保持不变，称为等压过程。等压过程的基本特征是：P=常量，其变化过程的 $P-V$ 图(图 6.2-6)为一平行于 V 轴的线段。

等压过程中气体所做的功在数值上等于等压过程 $P-V$ 图等压线下的矩形面积，即为

$$W = P(V_2 - V_1) \tag{6.2-18}$$

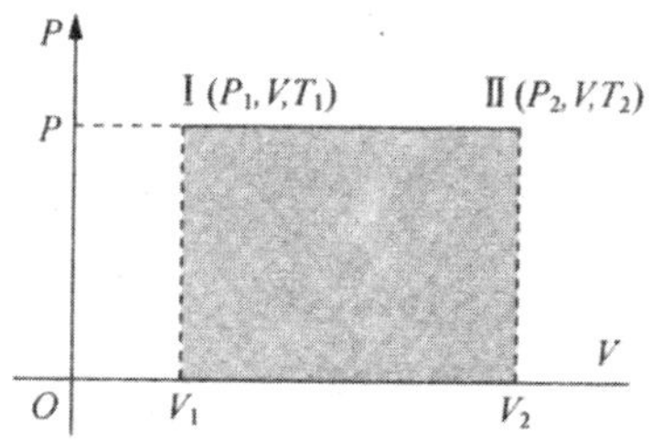

图 6.2-6　等压过程 $P-V$ 图

理想气体内能是温度的单值函数,其增量与过程无关,因此该过程的内能增量为式(6.2-15),过程中系统吸热为式(6.2-13)。

根据热力学第一定律 $Q=W+\triangle E$,由(6.2-18)、式(6.2-15)与式(6.2-13)得,系统在此等压过程中吸热为

$$\upsilon(R+C_V)(T_2-T_1)=\upsilon C_P(T_2-T_1), \tag{6.2-19}$$

由此得

$$C_P=R+C_V=\frac{i+2}{2}R. \tag{6.2-20}$$

可见,等压摩尔热容大于等体热容,即一定量的理想气体,升高同样温度,等压过程吸收的热量比等体过程多。这是因为在等体过程中,气体吸收的热量全部用于增加内能;而在等压过程中,气体吸收的热量不仅要用于增加同样多的内能,还要同时对外界做功。

3. 等温过程

在气体状态变化时,气体的温度保持不变的过程,称为等温过程。

等温过程的特征是:$T=$常量或$\triangle T=0$,由理想气体状态方程得 $PV=\upsilon RT=$常量,因此等温过程在 $P-V$ 图上是一条双曲线,如图 6.2-7 所示。

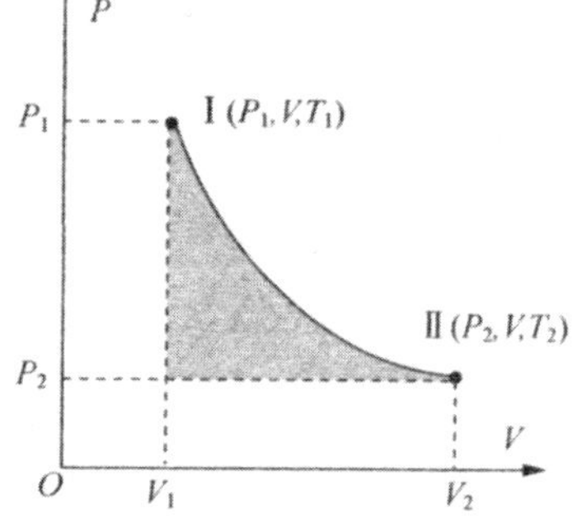

图 6.2-7　等温过程 $P-V$ 图

气体内能增量为零,即

$$\triangle E=0. \tag{6.2-21}$$

因此,由热力学第一定律得,等温过程的吸热与对外做功的关系为

$$Q=W. \tag{6.2-22}$$

可见,在等温膨胀过程中,气体所吸收的热量全部用于对外做功,而在等温压缩过程中,外界对气体所做的功全部转化为系统对外界放出的热量。

系统从状态Ⅰ到状态Ⅱ,气体对外做功等于等温线下的面积,即

$$W=\int_{V_1}^{V_2}P\mathrm{d}V=\upsilon RT\int_{V_1}^{V_2}\frac{\mathrm{d}V}{V}=\upsilon RT\ln\frac{V_2}{V_1}, \tag{6.2-23}$$

或

$$W = \upsilon RT\ln\frac{P_2}{P_1}. \tag{6.2-24}$$

4. 绝热过程

在系统状态变化时,系统与外界没有热量交换的过程,称为绝热过程。例如,气体系统在具有绝热套的汽缸中膨胀或压缩,就可以视为绝热过程。

绝热过程的基本特征是

$$Q = 0. \tag{6.2-25}$$

由热力学第一定律得绝热过程中做功与内能增量之间满足

$$W = -\triangle E. \tag{6.2-26}$$

可见,在绝热过程中,气体对外做功是以等量的内能减少为代价来完成的,外界对系统做功也会全部转化为内能。

图 6.2-8 所示为一系统从同一状态 A 出发,分别经过等压膨胀、等温膨胀和绝热膨胀,到达 B、B' 和 B'' 状态。因为等温膨胀过程通过吸收外界热量来对外做功,并不消耗内能,温度不降低,而气体绝热膨胀时,体积增大,系统对外做功,必然导致系统温度降低。所以绝热过程的终态温度 T_B'' 必低于等温膨胀的终态温度 T_B',即在 $P-V$ 图上 B'' 必是在之下,过同一点的绝热线比等温线陡。

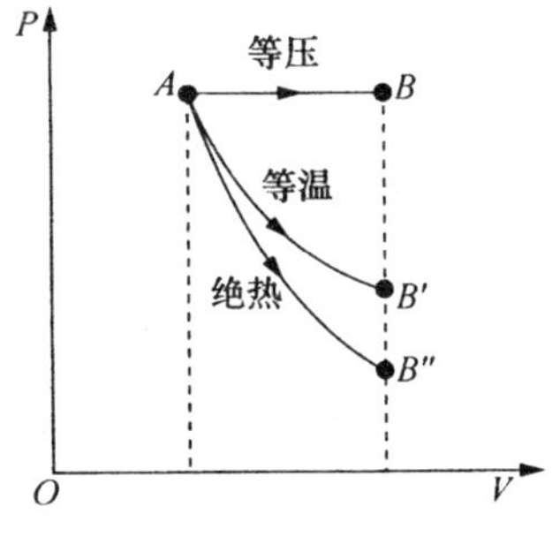

图 6.2-8　等压、等温、绝热过程

由上分析可见,在绝热过程中,气体 P、V、T 三个状态量同时在改变,理论上可证明任意两个状态量之间满足如下绝热方程:

$$P^{\gamma}V = \upsilon RT, \tag{6.2-27}$$

式中,$\gamma = C_P/C_V$ 称为绝热系数。

6.3　循环过程

6.3.1　循环

所谓循环,就是起始状态即最终状态,系统往复变化。循环过程的特征如下:

(1)因过程的初、末两态为同一状态,所以内能的变化为零;

(2)循环过程的 $P-V$ 图是一闭合曲线;

(3)循环过程的净功数值,为循环的闭合曲线所围的面积。

如图 6.3-1 所示,循环是有方向的,可以是顺时针,也可是逆时针。按照过程进行的方向不同,可以把循环过程分成两类:在 $P-V$ 图按顺时针方向进行的循环称为正循环或热机循环;在 $P-V$ 图按逆时针方向进行的循环称为逆循环或制冷循环。

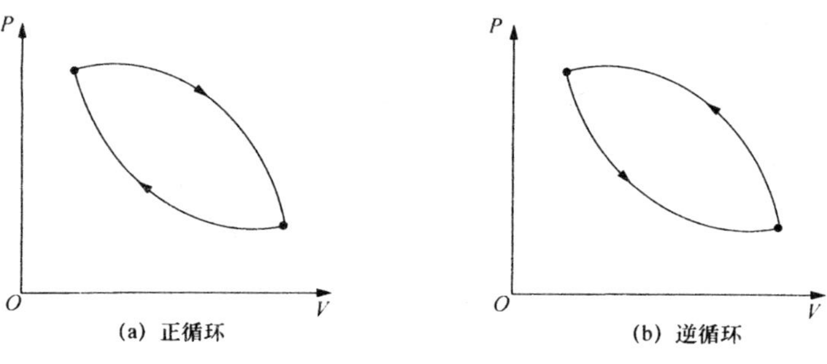

图 6.3-1　正、负循环过程示意图

6.3.2　热机及其效率

利用工作物质持续不断地把热转换为功的装置叫作热机。表面看,理想气体的等温膨胀过程是最有利的,工质吸取的热量可完全转化为功。但是,只靠单调的气体膨胀过程来做功的机器是不切实际的,因为汽缸的长度总是有限的,气体的膨胀过程就不可能无限制地进行下去,即使不切实际地把汽缸做得很长,最终当气体的压强减到与外界的压强相同时,也是不能继续做功的。十分明显,要连续不断地把热转化为功,只有利用循环过程,使工质从膨胀做功以后的状态,再回到初始状态,一次又一次地重复进行下去,并且必须使工质在返回初始状态的过程中,外界压缩工质所做的功少于工质在膨胀时对外所做的功,这样才能得到工质对外界做的净功,即正循环过程。

1. 卡诺循环及热机效率

卡诺循环是 1824 年法国青年工程师卡诺(Camot)对热机的最大可能效率问题进行理论研究时提出的。

卡诺循环是在两个温度恒定的热源(一个高温热源,一个低温热源)之间工作的循环过程。卡诺将整个循环理想化为由两个准静态的等温过程和两个准静态的绝热过程组成。图 6.3-2 所示为卡诺循环的 $P-V$ 图,其中曲线 ab 和 cd 分别表示温度 T_1 和 T_2 的两条等温线,曲线 bc 和 da 分别表示两条绝热线。

卡诺循环中各过程的热交换情况如下:气体在等温膨胀过程 ab 中,从高温热源吸取热量

$$Q_1 = W_{ab} = \upsilon RT_1 \ln \frac{V_2}{V_1}. \tag{6.3-1}$$

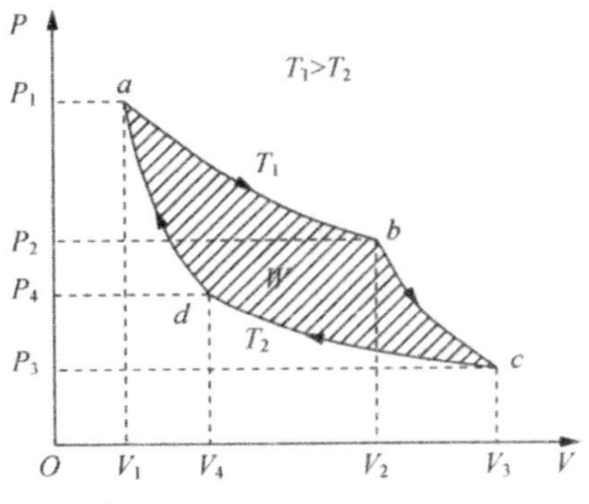

图 6.3-2　卡诺循环 P-V 图

气体在等温压缩过程 cd 中,向低温热源放出热量

$$Q_2=W_{cd}=\upsilon RT_2\ln\frac{V_4}{V_3}=-\upsilon RT_2\ln\frac{V_3}{V_4}. \tag{6.3-2}$$

又应用绝热过程方程得

$$T_1V_2^{\gamma-1}=T_2V_3^{\gamma-1},T_1V_1^{\gamma-1}=T_2V_4^{\gamma-1}. \tag{6.3-3}$$

由式(6.3-3)得

$$(\frac{V_2}{V_1})^{\gamma-1}=(\frac{V_3}{V_4})^{\gamma-1},$$

即得

$$\frac{V_2}{V_1}=\frac{V_3}{V_4}. \tag{6.3-4}$$

由式(6.3-1)和式(6.3-2)可得卡诺循环过程的净功为

$$W=Q_1-|Q_2|=\upsilon RT\ln\frac{V_2}{V_1}(T_1-T_2). \tag{6.3-5}$$

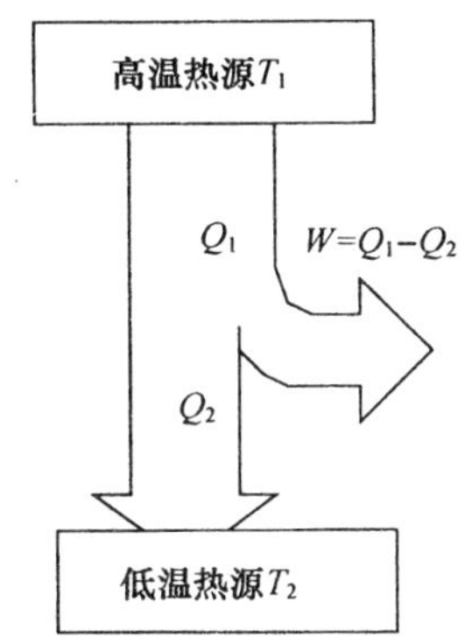

图 6.3-3　卡诺热机循环热功转换示意图

图 6.3-3 所示为卡诺热机循环热功转换示意图。在每一次循环中,工质总是从高温热源 T_1 吸收的热量 Q_1,一部分热量 Q_2 由气体传给低温热源 T_2,同时气体对外做净功 W,由热力学第一定律可知,$W=Q_1-Q_2$。可见,利用正循环可以把热不断地转变为功。这个热机循环把热转换为功的效率定义为

$$\eta=\frac{W}{Q_1}=\frac{Q_1-Q_2}{Q_1}=1-\frac{Q_2}{Q_1}. \tag{6.3-6}$$

将式(6.3-1)和式(6.3-2)代入式(6.3-6),则得卡诺循环热机的效率为

$$\eta_c=\frac{W}{Q_1}=\frac{T_1-T_2}{T_1}=1-\frac{T_2}{T_1}. \tag{6.3-7}$$

从以上的讨论可看出：要完成一次卡诺循环必须有高温和低温两个热源（分别叫高温热源和低温热源）；卡诺循环的效率只与两个热源的温度有关，两热源温差越大，从高温热源所吸取热量的利用价值越大。

2. 内燃机及其理想模型

内燃机是应该广泛的热机，它利用液体或气体燃料，直接在汽缸中燃烧，产生巨大的压强推动活塞运动而做功。热机中实现热功转换的物质系统，称为工作物质，简称工质。内燃机工质为油气混合物。

汽油或柴油发动机是最常见的内燃机。单缸四冲程汽油机构造如图 6.3-4 所示。内燃机活塞从汽缸的一端运动到另一端的过程，称为一个冲程，其工作循环由吸气冲程、压缩冲程、做功冲程、排气冲程 4 个冲程组成。

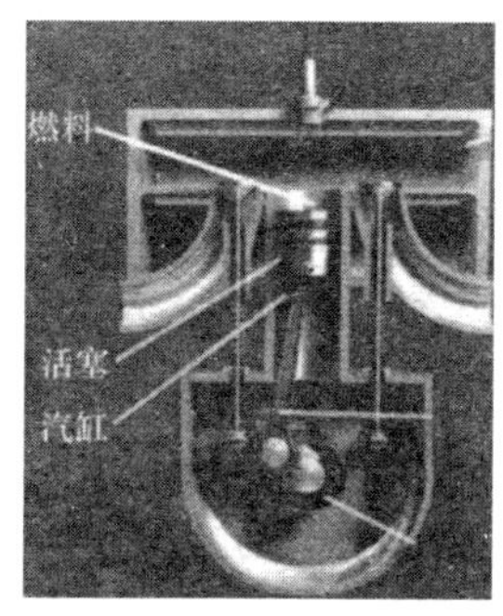

图 6.3-4　汽油机构造图

内燃机的工作过程可理想化为奥托（Otto）循环模型，其 $P-V$ 图如图 6.3-5 所示：

（1）吸气冲程。排气门关闭、进气门打开，活塞向下运动，汽油蒸气及助燃空气被吸入汽缸，此时压强约等于 1atm. 这一过程可简化为一等压过程，即如图 6.3-5 中的等压进气冲程。

（2）压缩冲程。排气门、进气门关闭，活塞向上运动，将已吸入的空气压缩，使之体积减小，压强增大，温度升高。由于压缩较快，汽缸散热较小，可将其简化为一绝热过程，如图 6.3-5 中的 AB 绝热压缩冲程。

（3）做功冲程。点燃压缩后的高温高压气体，燃气燃烧爆炸，气体压强随排气门、进气门关闭而骤增，由于爆炸时间短促，活塞在这一瞬间移动的距离极小，要近似为一个等体过程，如图 6.3-5 中 BC 段，在此过程中气体吸取燃料所产生的热量 Q_1。巨大的压强把活塞向下推动而做功，同时压强随着气体的膨胀而降低，这一过程简化为一绝热膨胀过程，即如图 6.3-5 中的 CD 段，绝热膨胀做功冲程，亦称为动力冲程。

（4）排气冲程。开放排气口，由飞轮的惯性带动活塞，使活塞由下向上运动，排出废气，使气体的温度与压强突然下降，并向环境放出热量 Q_2，这一过程可简化为一等体降压降温过程，即如图 6.3-5 中的 DA 过程。

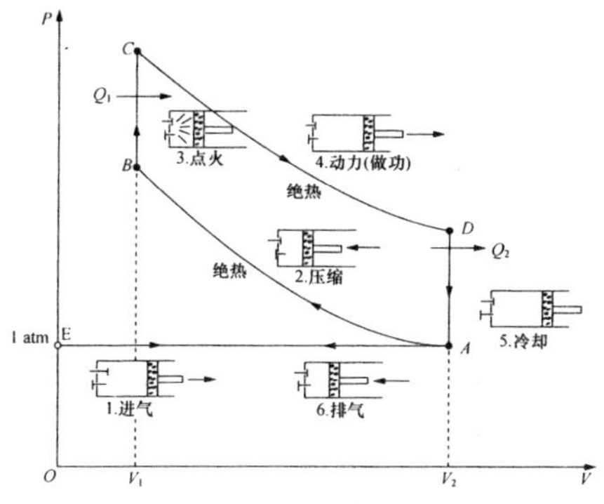

图 6.3-5　奥托循环 P-V 图

严格地说,内燃机进行的过程不能看作是循环过程,因为过程进行中,最初的工质为燃料和助燃空气,后经燃烧,工质变为二氧化碳、水汽等废气,从汽缸向外排出不再回复到初始状态,但因内燃机做功主要是在图上的循环过程中,为了分析与计算方便,换用空气作为工质,而点燃汽油时,空气突然受热膨胀做加速运动,所以循环过程中大多数中间状态并非平衡态,无法在图上画出循环曲线,为了便于分析,将过程大大简化,把过程看作是准静态过程,从而得到如图 6.3-5 所示的这一理想循环,称为奥托循环。

奥托循环中,气体在等体膨胀过程中吸热 Q_1,而在等体排气冲程中放热 Q_2,若把空气视为理想气体,则工质在循环过程中吸收的热量为

$$Q_1=\upsilon C_V(T_C-T_B), \tag{6.3-8}$$

放出的热量为

$$Q_2=\upsilon C_V(T_D-T_A), \tag{6.3-9}$$

又因 CD 和是绝热过程,由绝热方程得

$$T_A V_2^{\gamma-1}=T_B V_1^{\gamma-1},\quad T_D V_2^{\gamma-1}=T_C V_1^{\gamma-1}. \tag{6.3-10}$$

$$\eta=1-\frac{Q_2}{Q_1}=1-\frac{T_D-T_A}{T_C-T_B}=1-\left(\frac{V_1}{V_2}\right)^{\gamma-1}, \tag{6.3-11}$$

式中,V_1/V_2 称为发动机的压缩比。若 $V_1/V_2=1/7$,对空气 $i=5$,$\gamma=C_P/C_V=1.4$,则

$$\eta=1-\left(\frac{1}{7}\right)^{1.4-1}=55\%. \tag{6.3-12}$$

根据式(6.3-11)可见,从热量利用的角度看,压缩比的提高是有利于效率的提高。然而,压缩比过高,在绝热压缩过程中,空气温度上升很大,从而使汽油提前点火(爆震),这种现象当然可以通过燃料中混入含铅的添加剂来加以避免,但这会引起污染。因而,实用汽油机的压缩比常限制为不大于 7。

式(6.3-12)是奥托循环的理论上限,实际的汽油发动机的效率大约只有其 1/2 或更少些,原因是多方面的,并非所有燃料都完全燃烧;汽缸必须冷却而带走一

部分热量;此外还存在摩擦和湍流。

在热机运动中,燃料所提供的能量有相当一部分以热量形式向低温热源释放,这部分能量被浪费了,同时加热周围环境(邻近的水源或空气),造成热污染。

6.3.3 制冷循环

1. 制冷循环

当循环过程逆时针方向变化时,其运行方向与热机中工质循环过程相反,即逆循环过程。逆循环的热功转换示意图如图 6.3-6 所示,在这一逆循环过程中,工质接受外界对其所做的功 W,从低温热源吸取热量 Q_2,向高温热源传递热量 $Q_1=W+Q_2$。由于循环从低温热源吸热,可导致低温热源(一个要使之降温的物体)的温度降得更低,这就是制冷机可以制冷的原理。由此可见要完成制冷机的循环,必须以外界对工质气体做功为代价。制冷机的功效可用制冷系数表示,即从低温热源吸收的热量 Q_2 和所消耗的外界的功 W 的比值

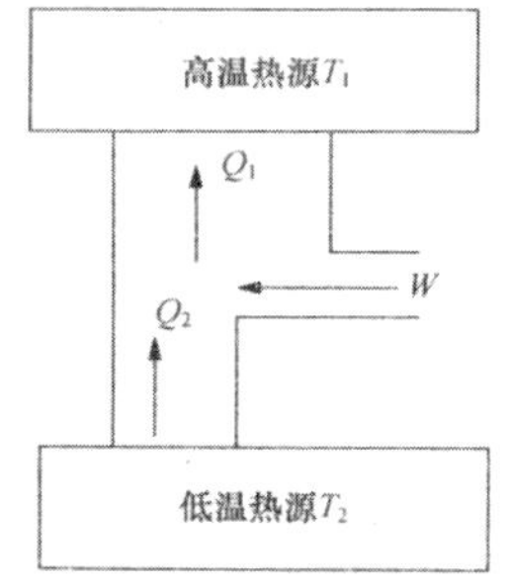

图 6.3-6 逆循环的热功转化示意图

$$\varepsilon=\frac{Q_2}{W}=\frac{Q_2}{Q_1-Q_2}. \tag{6.3-13}$$

$$\varepsilon=\frac{Q_2}{W}=\frac{T_2}{T_1-T_2}. \tag{6.3-14}$$

制冷系数表示了制冷机的制冷能力。由此定义可得外界对制冷机做功为

$$W=\frac{Q_2}{\varepsilon}. \tag{6.3-15}$$

可见,从低温热源吸取同样的热量,制冷系数越大所需的功就越小,也就是说制冷系数越大,制冷效率越高。

2. 制冷机

制冷机是获得并且能够维持低温的装置。热量不会自发地从低温热源移向高温热源。为了实现这种逆向传热,需要外界做功。制冷机就是以消耗外界能量为代价,使热量从低温物体传到高温物体实现制冷的。制冷机的工作物质称为制冷剂。它在室温和常压下是气体,而在室温和高压下就变成液体。制冷剂在蒸发器内吸收被冷却介质(水或空气等)的热量而汽化,在冷凝器中将热量传递给周围空气或水而冷凝,其在制冷系统中不断循环、不断将热量排出,从而实现制冷。

家用制冷机(如冰箱、空调器等)的结构原理如图 6.3-7 所示。当液态制冷剂进入处于低压的螺旋管蒸发器时先被汽化。在汽化过程中,它从低温室吸取汽化所需的汽化热,从而降低了低温室的温度。然后,此气体经蒸发器排出进入压缩机,借助外界的功被压缩成高压气体,同时其温度升高到室温以上。而后进入冷凝

器内放出热量而被冷却至室温。接着回到储液罐,完成了一个循环。循环的结果使热量从低温处(蒸发器及低温室)向高温处(冷凝器)传递。

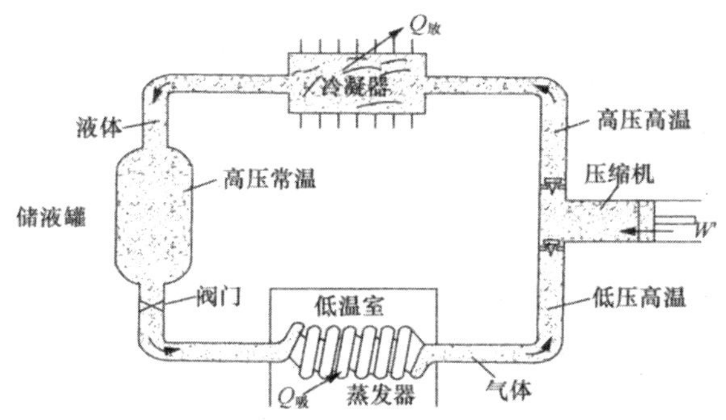

图 6.3-7 家用制冷机结构原理示意图

1805 年,伊文斯(Evans)提出了在封闭循环中使用挥发性流体的思路,用以将水冷冻成冰。他描述了这种系统,在真空下将乙醚蒸发,并将蒸汽泵到水冷式换热器,冷凝后再次使用。1834 年,帕金斯(Perkins)第一次开发了蒸汽压缩制冷循环,并且获得了专利,在他所设计的蒸汽压缩制冷设备中使用二乙醚(乙基醚)作为制冷剂。1930 年,梅杰雷和他的助手在亚特兰大的美国化学会年会上终于选出氯氟烃 12(R12,CF2Cl2),并于 1931 年商业化。1932 年,氯氟烃 11(R11,CFCl3)也被商业化,随后一系列 CFCs 和 HCFCs 陆续得到了开发,最终在美国杜邦公司得以大量生产,成为 20 世纪主要的雪种。

1985 年 2 月,英国南极考察队队长法曼(Farman)首次报道,从 1977 年起就发现南极洲上空的臭氧总量在每年 9 月下旬开始迅速减少一半左右,形成"臭氧洞",持续到 11 月逐渐恢复,引起世界性的震惊。消耗臭氧的化合物,除了用于雪种,还被用于气溶胶推进剂、发泡剂、电子器件生产过程中的清洗剂。长寿命的含溴化合物,如哈龙(Halon)灭火剂,也对臭氧的消耗起很大作用。为保护环境,现已逐步禁用对臭氧层有破坏作用的氟利昂,而用不含氯的氟代烷非共沸混合制冷剂。

3. 热泵

获得并维持高温的装置或设备,称为热泵,其原理与制冷机相同:以消耗一部分高品位能源(机械能、电能或高温热能)为补偿,利用逆循环使热能从低温热源向高温热源传递。与制冷机不同的是此时低温热源是周围的介质,高温热源是维持高温的环境;简单地说,就是将制冷机的冷凝器部分放置到室内(高温热源),而蒸发器放到室外(低温热源),便可利用逆循环吸收室外热量给房间供暖,便是热泵。

生活中用到的冷热空调,既是制冷机,又是热泵。在夏季降温时,按制冷工作运行,由压缩机排出的高压蒸汽,经换向阀(又称四通阀)进入冷凝器;在冬季取暖时,先将换向阀转向热泵工作位置,于是由压缩机排出的高压制冷剂蒸汽,经换向阀后流入室内蒸发器(作冷凝器用),制冷剂蒸汽冷凝时放出的热量,将室内空气加热,达到室内取暖目的,冷凝后的液态制冷剂,从反向流过节流装置进入冷凝器(作蒸发器用),吸收外界热量而蒸发,蒸发后的蒸汽经过换向阀后被压缩机吸入,完成制热循环。这样,将外界空气(或循环水)中的热量"泵"入温度较高的室内,故称为"热泵"。

热泵的供热能力用供热系数描述,记为 e:

$$e=\frac{|Q_{吸}|}{W}=\frac{|Q_{放}|+W}{W}=\varepsilon+1, \tag{6.3-16}$$

式中,e 为同一台装置作制冷系数。可见,同一台装置作热泵时供热系数比作为制冷机时的制冷系数大 1。

6.4 热力学第二定律

6.4.1 热力学第二定律表述

1. 热力学第二定律的开尔文表述

由热力学第一定律可知,效率高于 100%的永动机,是不可能制造成功的;而 $\eta=100\%$的热机并不违背热力学第一定律,有可能吗?

由式(6.3-6)可知,减小 Q_2,既可提高热机的效率,又可减少或避免热污染,那么能否使 $Q_2=0$,从而热机的效率 $\eta=100\%$呢?也就是说,能否制成一种热机,它从单一高温热源吸收的热量,全部转化为对外做功,而不必放出热量到低温热源中去呢?然而,所有尝试都失败了。这就意味着,存在一个新的客观规律。

热力学第二定律就是以上事实的总结。开尔文将热力学第二定律表述为:不可能制造这样的循环热机,它从单一热源吸收热量并把它全部用来做功,而不引起其他变化。

表述中的"其他变化",是指除单一热源放热和对外界做功以外的任何变化;也就是说,并非热不能完全转变为功,而是在不引起其他变化的条件下热不能完全变为功,即功转化为热是不可逆的过程。例如,理想气体从单一热源吸热做等温膨胀时,气体只从一个热源吸热,把它全部变为功而不放热量,但是这一过程中却引起了气体体积膨胀,不能自动地缩回去。

人们把这种从单一热源吸收热量,并使之完全变为有用功而不产生其他变化的热机称为第二类永动机。如果能制成第二类永动机将是人类的福音。该热机若从海水中吸热而做功,海水温度只要稍为降低一点,对人类而言都将是巨大的能量。但是遗憾的是自然界的规律使人们永远无法制成这种热机。热力学第二定律发现后,人们知道,第二类永动机只是一种幻想而已。所以热力学第二定律亦可表述为:效率 $\eta=100\%$的循环热机(第二类永动机)不可制造。

2. 热力学第二定律的克劳修斯表述

克劳休斯(Clausius)在观察自然现象时发现,热量在传递时也有一种特殊规律,他把这一规律表述为:热量不可能从低温物体传向高温物体而不引起其他变化。这里的"其他变化"是指除高温物体吸热和低温物体放热的任何变化。如果允许引起其他变化,热量从低温物体传入高温物体也是可能的。或表述为:热量只能自发地从高温物体传到低温物体,而不可能自发地从低温物体传到高温物体。所谓自发,是指在没有外界影响下进行的过程。例如,通过制冷机,热量可以从低温物体传到高温物体,但这不是热量自动传递的,需要外界对系统做功,即自发的热量传递不是可逆的,而是有方向的。

从理论上可以证明,克劳休斯表述和开尔文表述是可以互相证明的,即其本质是相通的,且是等价的,如果克劳休斯表述不成立,则开尔文表述也将不能成立。克劳休斯表述与开尔文表述都是热力学第二定律的两个不同的表述方式。

6.4.2　热力学第二定律的本质

热力学第一定律说明任何过程中能量必须守恒,对过程进行的方向并没有给出任何限制,热力学第二定律却说明并非所有能量守恒的过程均能实现。

热力学第二定律指出:自然界中自发过程是有方向性的,某些方向的过程可以实现,而另一些方向的过程则不可能实现。

1. 自发过程的方向性

热力学第二定律的开尔文表述阐述了热功转换方向的自然规律。机械能可全部转化为内能。如摩擦生热,机械能全部转化为内能,而不引起其他变化,相反的过程却不可能出现,因为第二定律的开尔文表述告诉我们,在不产生其他影响的条件下,内能不能全部转化为功。又如转动着的机轮撤除了动力后,由于轴与轮的摩擦而逐渐停下来,在这一过程中机轮的机械能全部转化为轴和轮的内能;相反的过程,即轴与轮自动冷却(其内能转降低)转化为机轮的机械能,而使机轮自动地转起来,则是不可想象。这说明自然界的热功转化具有方向性。

热力学第二定律的克劳修斯表述说明了,热传递的自发方向是从高温物体向低温物体,而不可能自发地从低温物体传递到高温物体。正如把冰放在温水里,则水温逐渐降低,冰块逐渐融化,不会出现冰块自发地越长越大,而水温越来越高的情况。可见热自发传递也是有方向的,即热运动的转移也是有方向的。

功可全部转化为热,热不可能自发全部转化为功;热量自发地从高温物体传递到低温物体;气体能自发膨胀,而不可自发压缩;扩散是自发的等,无数自然界的实际过程说明,一切与热现象有关的实际宏观过程只能自发地向着一个方向进行,都是不可逆的。

2. 热力学第二定律的本质解释

热力学第二定律指出,一切与热现象有关的实际宏观过程都是不可逆的。由于热现象是大量分子无规则运动的宏观表现,而大量分子无规则运动遵循着统计规律。因此可以从统计意义理解不可逆过程,从而认识热力学第二定律的本质。

让两个盛有不同气体的容器开口接合,它们将自发地混合起来。开始时,两种气体各处一方显得井然有序(小概率事件),最终两者搅和在一起,其无序程度(大概率事件)增加。可见,自发过程总是向无序程度高(概率大)的方向进行。为便于理解,用一个简单的事例来说明,无序性与概率大小间的关系。假设有 N 粒小豆,黄绿各半,分开放在一个盘子的两半边(有序程度高)。如果把盘子摇几下,黄绿两种球必然要混合(无序程度高)。再多摇几下,黄绿仍然是混合的,会不会分开来呢?不能说不可能,但是机会极小(概率小)。摇几千次或上万次,不一定会碰上一次。数目越大,分开的机会就越小。

气体可自由膨胀,但不能自动收缩。从宏观上说,气体自由膨胀是一个不可逆的过程。从微观上来看,不可逆过程是这样的过程;与相反的过程,其发生的概率极小,这一过程从原则上说并非不可能发生,但因概率太小,实际上观察不到的。从上述分析表明,在一个与外界隔绝的封闭系统内,所发生的过程总是由概率小的宏观状态(熵小)向概率大的宏观状态(熵大)进行。

对于热传递来说,由于高温物体分子的平均动能大,因此,在它们的相互作用中,能量从高温物体传到低温物体的概率也就大,对于热功转换来说,功转变为热的过程是表示在外力作用下宏观物体的有规则定向运动(有序程度高)转变为分子的无规则运动(无序),这种转变的概率大,而热转变为功则是表示分子的无规则运动(无序)转变为宏观物体的有规则运动(有序程度高),这种转变的概率极小。

3. 熵概念

为描述热力学系统状态分子运动的无序程度,引入状态参量——熵。系统某一状态熵越大,分子运动无序程度越大(出现的概率越高)。有了熵的概念,热力学第二定律可简洁表述为:一个孤立系统的自发过程总是向熵增加的方向进行。

由此可见,热力学第二定律是关于自然过程进行方向规律的描述,它决定了热力学过程是否发生以及沿什么方向进行。它指出一切与热现象有关的实际宏观过程都是不可逆的,自然界的一切过程是有方向性的。由此定律可知,每经历一个实际过程,总有一部分能量无可挽回地失去其可用性。

与自然自发过程相反,人类社会却是由无序向越来越有序方向发展,即熵减少(可用能量增大)方向发展,因为人或社会都是一个开放系统,其不断吸收能量,从而促进社会物质与文明财富的增长和人类社会文明的发展。

4. 熵增与能量退化

能量的使用价值在于它能转化，在于能量转化过程中做功、供热可为人类所用。能量的可用性与其可转化性是一致的，不能转化的能量没有使用价值。热力学第二定律指出，机械能可以全部转化为内能，而内能却不能全部转化为机械能，那不能转化的能量不再具有可用价值，它变成了无用的能量。内能的转化性不如机械能，因而其可用程度低于机械能。机械能转化为内能后，能量的可用度就降低了，可用程度的降低标志着能量的品质变坏或能量退化。因此从热力学第一定律来看，自然界能量不会减少；从热力学第二定律来看，随着实际过程的进行，能量总在退化，其可用程度（做功能力、供热能力）总在不断降低。

熵与能都是状态函数，两者关系密切，而意义完全不同。"能"这一概念是从量度运动的转化能力。能越大，运动转化的能力越大 T 熵却相反，即量度运动不能转化的能力，熵越大，系统的能量将有越来越多的部分不再可供利用。所以熵表示系统内部能量的"退化"或贬值，或者说熵是能量不可用程度的量度。热力学第二定律告诉我们，能量不仅有形式上的不同，而且还有质的差别。机械能和电磁能是可以被全部利用的有序能量，而内能则是不能全部转化的无序能量。无序能量的可利用的部分要视系统对环境的温差而定，其百分比的上限是 $(T_1-T_2)/T_1$。由此可见，无序能量总有一部分被转移到环境中去，而无法全部用来做功。当一个高温物体与一个低温物体相接触，期间发生热量的传递，这时系统的总能量没有变化，但熵增加了。这部分热量传给低温物体后，成为低温物体的内能。要利用低温物体的内能做功，必须使用热机和另一个温度比它更低的冷源。但因低温物体和冷源的温差要比高温物体和同一冷源的温差小，所以内能转变为功的可能性变小，两相比较，由于热量的传递而降低了。熵增加意味着系统能量中成为不能用的能量的部分在增大，所以叫作能量的退化。

5. 婉与热寂

伴随着热力学第二定律的确立，"热寂"说几乎一直在困扰着19世纪的一些物理学家，他们把热力学第二定律推广到整个宇宙，认为宇宙的熵将趋于极大，因此一切宏观的变化都将停止，全宇宙将进入"一个死寂的永恒状态"；宇宙的能量总值虽然没有变化，但都成为不可用能量，使人无法利用。而最令人不可理解的是宇宙并没有达到热寂状态。有人认为，"热寂"说把热力学第二定律推广到整个宇宙是不对的，因为宇宙是无限的，不是封闭的。1922年，弗里德曼在爱因斯坦引力场方程的理论研究中，找到一个临界密度，如果现在宇宙的平均密度小于这个临界密度，则宇宙是开放的、无限的，会一直膨胀下去，否则，膨胀到一定时刻将转为收缩。1929年，哈勃的天文研究表明，星系越远，光谱线的红移越大。该现象可用星系的退化运动引起的多普勒效应来解释。据此，人们会很自然地得出宇宙在膨胀的推论。对于一个膨胀着的系统，每一瞬时熵可能达到的极大值是与时俱增的。当膨胀得足够快时，系统不能每时每刻跟上进程以达到新的平衡，实际上熵值的增长将落后于能量的增长，二者的差距越拉越远，正如现实中的宇宙充满了由无序向有序的发展与变化，呈现在人们面前的是一个丰富多彩、千差万别、生气勃勃的世界。

6. 熵概念的扩展

目前，熵的概念已超出物理学范畴，在信息论、控制论、生物学、哲学、经济学等学科都得到了普遍的应用。

例如，信息作用在于消除事物的不确定性，一个信息所包含量的大小可用其消除不确定性的多少来衡量。例如，某人在一副扑克牌中取出一张，要我们去猜他手中拿的是什么牌，这时有 54 种可能的结果，具有很大的不确定性。如果获得信息，这张牌的花色是黑桃，那张牌只有 13 种可能性，其不确定性便减少了；如果获得信息，这张牌是“10”，那便只有 4 种可能，其不确定性更小。这两种信息使事物的不确定性减少程度不同。

获得信息的目的在于减少不确定性，信息的质量越高，其消除的不确定性越大。获取信息的过程是一种从无序向有序转化的过程，因而人们把熵的概念延伸过来，用信息熵来描述事物的不确定程度。信息熵越小，事物的不确定性越小。事物完全确定，信息熵最小，定义为零。由于信息的获得意味着事物不确定性减小，于是可以用接收某一信息后事件的信息熵的减小值来描述这个信息量的多少。

又如，在生物学中，生物的进化方向是由简单到复杂，从低级到高级，即朝有序程度增加的方向发展。这与自发过程朝无序程度增加的方向发展，岂非矛盾？其实，并非矛盾，因为生物是一个与外界不断交换物质的开放系统。20 世纪 70 年代发展起来的耗散结构理论指出，一个远离平衡态的开放系统，在外界条件变化达到某一特定阈值时，系统通过不断与外界交换物质与能量，就可能从原来的无序状态转变为一种有序状态。这种非平衡态下的新的稳定的有序结构就称耗散结构。有生命的物质形态，如生物大分子、细胞、组织、器官、个体、群体以至整个生物界，都是远离平衡态的耗散结构，它们通过与周围环境进行物质和能量交换，通过新陈代谢，使系统的熵减小，从无序转向有序。

如果将生物与环境一起考察，整个熵还是按照热力学第二定律不断增大的。生物不断从外界吸收营养、排出废物，就是吸收有序的低熵大分子物质（如蛋白质、淀粉等），而排出无序的低熵小分子物质，从而使生物体的熵减小。人们把这种情况说成系统从外界获得负熵。这样，生物便能处于协调的有序状态，从而维持生命。

6.5　热传递

如果两个温度不同的物体相互接触，那么就会发生热量的传递。在工程技术中，与传热相关的技术应用比比皆是。锅炉、汽轮机、高低温加热器的运动，冷凝器、加工工件的冷却，建筑物的采暖通风，航天器重返大气层时壁面的热防护，甚至服装材料的选用，都会遇到传热问题。

热传递的途径与方式是多样的，但从热传递方式的本质看，只有三种基本的形式：热传导、热对流和热辐射。

6.5.1　热传导

手持金属棒的一端，把另一端放在火焰上，手持的一端并未直接与火焰接触，却能感觉越来越热。这种物体内部或直接接触的物体之间，通过分子、原子、电子等粒子之间的相互作用来实现的热传递过程称为热传导。气体、液体和固体均可进行热传导。

1. 温度梯度

温度不均匀是产生热传递的原因。温度的不均匀可用温度梯度来描述，它表示在温度变化量显著的方向上，温度随空间位置变化的快慢。假设温度沿 x 方向变化最快，若靠得很近的两点 x_1、x_2 处的温度分别为 T_1、T_2，则该处温度梯度为

$$\frac{\Delta T}{\Delta x}=\frac{T_2-T_1}{x_2-x_1}. \tag{6.5-1}$$

2. 傅立叶导热定律

实验指出，在稳态（系统各处的温度不随时间变化）情况下，在时间 t 内，通过垂直于热量传递方向（x 轴）的小面积 S 上传递的热量 Q，与温度梯度 $\Delta T/\Delta x$、截面面积 S 和时间 t 成正比。这一结论是热传导的基本规律，称为傅立叶导热定律，其数学表达式为

$$Q=-\lambda\frac{\Delta T}{\Delta x}St. \tag{6.5-2}$$

其中“-”表示热量向温度降低的方向传递。λ 为传热系数，称为热导率，它是表示材料导热能力的物理量，与物体的性质、形态有关，单位为 W/(m · K)。

表6.5-1给出了一些物质的热导率，由表中数据可见，一般而言，非金属材料的热导率小于金属材料的热导率，液体的热导率小于固体的热导率，气体的热导率更小。热导率<0.6W/(m · K)的材料通常称为绝热材料。空气的热导率为0.024W/(m · K)，但空气易对流，而且空气对流传热效率明显优于液体，因此空气并不是绝热材料。玻璃的热导率为0.8W/(m.K)，但做成玻璃纤维后，其热导率降为0.04W/(m · K)，成为绝热材料。原因是玻璃纤维有很多小空隙，把空气限制在一个个小空隙内，空气将很难发生对流，其绝热效果提高。泡沫聚苯乙烯就是这样的一种多空绝热材料。

表 6.5-1　一些物质的热导率

物质	温度/°C	热导率/W · m^{-1} · K^{-1}
空气	27	0.026 24
	127	0.033 65
	327	0.046 59
发动机机油(未用过的)	0	0.147
	100	0.137
水(饱和的)	0	0.552
	100	0.680
	300	0.54
石棉	0	0.151
	200	0.208
干砖	20	0.38~0.52
碳钢(C 约占 0.5%)	0	55
	100	52
	300	45
纯铝	0	202
	100	206
	300	228
银(99.9%)	0	410

由于热传导主要在于物体内微观粒子的热运动直接传递,而热运动的剧烈程度跟温度有关,因而物体的热导率是温度的函数,只在热导率随温度变化不显著时,才把它当作常量。

3. 热流

人们习惯把内能的传递说成热量的传递,为了讨论方便,可以形象地把它描述为"热量的流动",把单位时间通过某截面的热量,称为热流 φ,即

$$\varphi=\frac{Q}{t}. \tag{6.5-3}$$

若定义热阻 R 为

$$R=\frac{1}{\lambda}\frac{\Delta x}{S}, \tag{6.5-4}$$

则傅立叶热导定律可表示为

$$\varphi=\frac{\triangle T}{R}, \tag{6.5-5}$$

式中，$\triangle T$ 为热传导方向上温度的降低值。

式(6.5-5)与电学中的欧姆定律 $I=\triangle V/R$ 比较，热流 φ 与电流强度 I 相当，温差 $\triangle T$ 与电势差 $\triangle V$ 相对，热阻与电阻相对，其规律相同。

4. 热流密度

通过与热量传递方向垂直的单位面积上的热流称为热流密度 q，它描述了热传递的强度，其值为

$$q=\frac{\varphi}{S}=-\lambda\ \frac{\triangle T}{\triangle x}, \tag{6.5-6}$$

在工程技术中，为减小热交换设备的尺寸，一般要求热流密度大；但在要求防止热量散失或保持低温的场合，则要求热流密度小。比起热流，热流密度更便于测量，实用性也更强。

6.5.2　热对流

1. 对流

温度不同的各部分流体（液体或气体）之间发生宏观相对运动而引起的热量传递过程，称为热对流，简称对流。由于微观粒子的热运动总是存在的，所以一般热对流的同时必定伴随着热传递。

由于流体的密度差而引起的对流称为自然对流。由外界作用迫使流体运动而引起的对流称为强制对流。用热水散热器给室内供暖，室内与散热器接触的低温空气受热膨胀，密度减小而上升，附近的冷空气补充过来而被加热，结果使室内空气温度上升，这种情况就是自然对流。在机床设备中采用循环泵强制切削油与温度较高的切削件表面接触，以达到降温的目的，这种情况就是强制对流。

热对流常发生在流体内部，工程上常遇到的情况是流动着的流体与固体壁面接触而发生热量交换，这种热传递过程称为对流换热。对流换热又可分两类：一类是物态变化的对流换热，如夏天人体汗液蒸发时，温度较高的水汽被风吹走，令人感到凉爽；另一类是没有物态变化的对流换热。

2. 影响对流传热的因素

影响对流传热的因素主要有以下几方面：

(1)流体有无相变。流体在传热过程中无相变，换热由流体显热的变化而实现，则传热能力较小；若流体在传热过程中同时有相变（液与气、液与固间的变化），流体潜热的释放或吸收常起主要作用，则传热能力会较大。

(2)流体流动的原因。流体流动是由外部动力源引起，即强制对流，则传热能力较大；而流体流动由内部的密度差引起，即自然对流，则传热能力较小。

(3)流体的流动状态不同。若流体流动状态是层流,即流体微团沿主流方向作有规则的分层流动,则传热能力较小;若流体流动状态是湍流,即流体各部分间发生强烈混合,则传热能力较大。

(4)流体的物理性质。流体的密度、黏度、导热系数、比热容等均影响流速的分布及热的传递,从而影响换热能力。

(5)换热面的几何因素。换热面的面积、形状、几何布置等都会影响对流传热。

3. 牛顿冷却定律

对流换热是一个极复杂的热交换过程。实验表明:对各种不同的对流换热,热流少与物体表面温度 T_1 和流体温度 T_2 之差 T_1-T_2,以及物体表面 S 成正比。这一结论称为牛顿冷却定律,其表达式为

$$\varphi=\alpha(T_1-T_2)S, \tag{6.5-7}$$

式中,α 称为对流传热系数,工程上称换热系数或放热系数,单位为 $W/(m^2 \cdot K)$。

牛顿冷却定律将所有影响对流换热的因素全部集中到系数 α 中,这样解决对流换热的问题也就归结为对流传热系数的确定。α 不是常量,而与很多因素有关,如流体运动状态、受热物体的大小、几何形状、相对位置、流体的密度、黏度、比热、热导率、体胀系数等有关,因此 α 是很多物理量的函数。通常先用实验测定不同情况下的 α 值制成图表,使用者可根据这些图表查得适用的对流传热系数。表 6.5-2 对几种常见的对流换热情况给出了 α 值的大致范围;有时也通过某一类情况归纳出经验公式,如表 6.5-3 所示。

表 6.5-2　几种对流换热系数的大致范围

换热情况	$\alpha/(W \cdot m^{-2} \cdot K^{-1})$
空气自然对流	2~10
气体强制对流	5~300
水强制对流	100~1800
水沸腾	2500~25 000
水蒸气膜状凝结	3000~15 000

表 6.5-3　1.01×10^5 Pa 下空气自然对流的对流换热系数

设　备	$\alpha/(W \cdot m^{-2} \cdot K^{-1})$
水平板,面向上	$2.49\times(\Delta T)^{1/4}$($\Delta T$ 是温差)
水平板,面向下	$1.31\times(\Delta T)^{1/4}$
竖直板	$1.71\times(\Delta T)^{1/4}$
水平或竖直管	$4.18\times\left(\frac{\Delta T}{D\times10^2}\right)^{1/4}$($D$ 为管的直径)

6.5.3　热辐射

1. 热辐射

辐射是物体中微观粒子受到激发后以电磁波的方式释放能量的现象，辐射能是电磁波所携带的能量。任何物体，只要温度高于0K，就会不停地以电磁波的形式向外界辐射能，同时，不断吸收来自其他物体的辐射能。当物体向外界辐射的能量与其从外界吸收能量不相等时，该物体与外界就产生热量的传递，这种传递方式称为热辐射。

与热传导和对流不同，辐射传热不需要任何中间介质，在真空中也可以进行。太阳通过辐射将热量传到地面，太阳能的利用正是这种辐射能的利用。工业上有很多辐射传热设备，红外线干燥器、高温工业窑炉都是辐射传热应用的例子。此外热辐射的规律在科学研究和工程技术上也有着广泛的应用。

对于给定物体而言，在单位时间内辐射能量的多少，以及辐射能量按波长的分布情况都决定于物体的温度。在工业上的温度范围内，即辐射体的温度低于2000K时，有实际意义的热辐射波长在0.38~100μm之间，而且大部分能量位于0.76~20μm的范围，即辐射主要成分是红外辐射(频率小于红光的辐射)，红外辐射有较强的热效应。因红外辐射的波长较长，所以对大气有较好的穿透能力，这一特点得到广泛的应用。红外检测器根据红外辐射与物质相互作用时表现出来的各种物理效应，将红外辐射强度转换为便于测量的电学量。红外检测在很多方面应用，如高压大电流导线、正在旋转的机器和远距离等这样一些待测物体难以接近的场合，可用红外检测测物体的温度。又如，红外加热、红外干燥与其他方式相比的优点在于：加热时间短；能在很短时间内达到规定的温度；能按规定的程序控制加热对象等。

太阳辐射的主要能量集中在0.2~2μm的波长范围，其中可见光区段占了很大比重。

2. 黑体

物体在任何温度下，不但能热辐射，同时也会吸收其他物体的热辐射。在任何温度下，都能够全部吸收投射在它上面的所有辐射能量的物体称为黑体。一个黑体的辐射能力与其吸收能力是一致的，即良好的辐射体，一定也是良好的吸收体。一密闭空腔上的小孔就是一个非常接近黑体的模型。经小孔入射的辐射能在空腔内壁多次反射，每次反射都被吸收一部分，多次反射后能量所剩无几，况且也很少有机会从小孔射出。实验表明：黑体辐射的情况只与黑体的温度有关，而与组成黑体的材料无关，因而它是研究热辐射性质的一种理想模型。

3. 斯特藩-玻尔兹曼定律

为描述辐射体的辐射能量，引入辐出度。单位时间内从辐射体表面单位面积上所发射的总辐射能量称为辐出度 E,其单位为 W/m^2。辐射体的辐出度与表面温度、物质类型和表面状况有关。工程上将辐出度又称辐射功率。

实验指出,黑体的辐出度 E_b 与热力学 T 温度的四次方成正比,这一规律称为斯特藩-玻尔兹曼定律,其表达式为

$$E_b=\sigma T^4, \tag{6.5-8}$$

式中,$\sigma=5.67\times10^{-8}W/(m^2\cdot K^4)$ 称为斯特藩常量,也称为黑体辐射常数。

在辐射问题中,辐射传热就是指物体之间相互辐射和吸收的总效果,即传递的净热量是表面所发射的辐射能与其吸收其他辐射源的辐射能之差。如果物体温度高于环境温度,则辐射的能量比吸收的多,单位时间从辐射体表面净散失的热流和物体温度 T 与环境温度 T_s 的四次方的差成正比,若物体表面积为 S,则净散失热流为

$$\varphi=\sigma(T^4-T_s^4)S. \tag{6.5-9}$$

若人赤身裸体,仅考虑辐射散热,其热量散失功率可做如下估算,作为一个近似模型,可认为人是在一个很大空腔内,空腔(即环境)的温度为 $T_s=20°C$,人的体表温度为 $T=33°C$,人的表面 $S=1.7m^2$。人体向外辐射的是红外线,皮肤对红外线的吸收率为 $a=0.98$,近似认为是 1,则人体辐射散热的功率为

$$\varphi=\sigma S(T^4-T_s^4)=5.67\times10^{-8}\times1.7\times[(273+33)^4-(273+20)^4]=135(W).$$

人每天从食物中摄取的热量,设为 2500×4.18kJ,由此算得,平均摄热功率为 121W,而人的基础代谢(即人在不做任何活动,只维持人的正常生命所需的热功率)为 81W。由此可见,在 20°C 的环境下不穿衣服,其辐射热损失就十分可观,这还没考虑对流传热及蒸发散热的热损失,可见低温环境下减少人体的辐射传热是十分重要的,但穿了衣服后,相当于在体外增加了多道防辐射屏,这样可以明显减少辐射传热。实验指出,在皮肤干燥且未穿衣服时,其辐射散热约为总散热的 1/2,但在运动时或天气炎热时,人体以蒸发散热为主。

4. 普朗克定律与维恩位移定律

黑体的光谱辐出度 E_λ 与热力学温度 T、波长 λ 之间的函数关系为

$$E_{b\lambda}=\frac{C_1\lambda^{-5}}{e^{C_2/(\lambda T)}-1}, \tag{6.5-10}$$

称为普朗克定律,其中 $C_1=3.7419\times10^{-16}W\cdot m^2$ 称为普朗克第一常数,$C_2=1.4388\times10^{-2}m\cdot K$ 称为普朗克第二常数。由此规律可得出,不同温度下黑体的光谱辐射度随波长及温度变化的规律如图 6.5-1 所示。

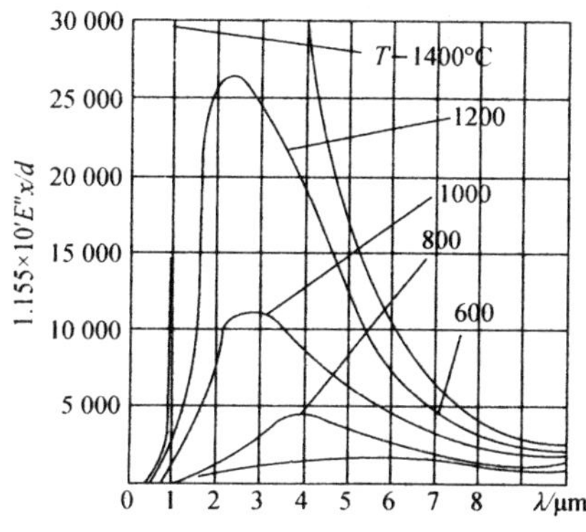

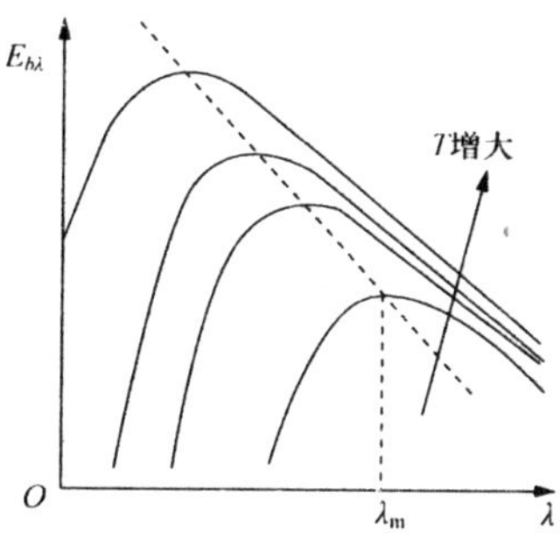

图 6. 5-1　黑体辐出度随波长及温度的变化规律

由图 6. 5-1 可以看出:(1)温度越高,同一波长下的光谱辐射度越大;(2)一定温度下,黑体的光谱辐射度随波长连续变化,并在某一波长下具有最大值(峰值),其对应的波长称为峰值波长 λ_m,该波长随温度的升高而变小。

最大辐出度对应的 λ_m 与温度 T 的关系经实验确定为

$$\lambda_m T=b, \tag{6. 5-11}$$

其中 $b=2.897\times10^{-3}$m · K。这一结果称为维恩位移定律。

普朗克定律与维恩定律反映出热辐射的功率随着温度的升高而迅速增加,而且热辐射峰值波长,随着温度升高向短波方向移动。这就很好地解释了低温火炉所发出的辐射能较多地分布在波长较长的红光中,而高温白炽灯发出的辐射能则较多地分布在波长较短的蓝光中。

5. 物体表面对热辐射的作用

当热辐射投射到物体表面上时,与光一样会发生吸收、反射和穿透,如图 6. 5-2 所示。根据能量守恒,入射 Q 与吸收 Q_a、反射 Q_r 和穿透 Q_d 的关系为

$$Q=Q_a+Q_r+Q_d. \tag{6. 5-12}$$

吸收热量 Q_a、反射热量 Q_r 和穿透热量 Q_d 与入射热量 Q 的比分别称为物体对投入辐射的吸收率 a、反射率 r 和穿透率 d。

若吸收率 $a=1$ 的物体称为绝对黑体;穿透率 $d=1$ 的物体称为热透体,气体接近热透体;反射率 $r=1$ 的物体称为镜面体,镜子接近镜面体。

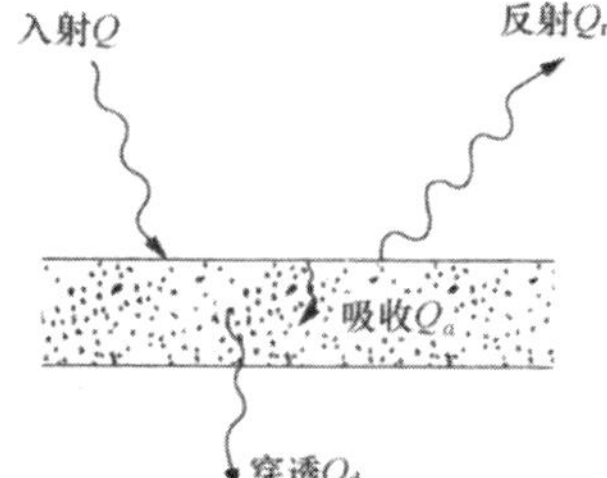

图 6. 5-2　物体表面对热辐射作用示意图

6. 实际物体的辐射能力与吸收能力

实际物体的辐射能力——辐出度 E 恒小于黑体的辐出度 E_b。不同物体在相同温度下的辐射能力也不同。为描述不同物体辐

射能力的差异,引入黑度概念,即实际物体的辐射能力辐出度与相同温度下黑体的辐出度的比值,称为该物体的黑度,用 ε 表示:

$$\varepsilon=\frac{E}{E_{\mathrm{b}}}, \tag{6.5-13}$$

则实际物体的辐出度为

$$E=\varepsilon E_{\mathrm{b}}=\varepsilon\sigma T^{4}. \tag{6.5-14}$$

影响物体黑度与物体的表面温度、物体的种类和表面状况等辐射物体本身有关,与外界无关。表6. 5-4 所示为一些常见材料表面的黑度值。

表 6. 5-4 常见材料表面的黑度值

材料	温度/°C	黑度 ε
红砖	20.	0. 93
耐火砖	—	0. 8~0. 9
钢板(氧化的)	200~600	0. 8
钢板(磨光的)	940~1100	0. 55~0. 61
铸铁(氧化的)	200~600	0. 64~0. 78
铝(氧化的)	200~600	0. 11 ~0. 19
铝(磨光的)	225~575	0. 039~0. 057

黑体将投其上的辐射能全部吸收。实际物体则不同,实际物体对不同波长的辐射能呈现出一定的选择性,即对不同波长的辐射能吸收程度不同。

对于波长在 0. 76~20μm 的辐射能,大多数材料的吸收率随波长的变化不大。把实际物体当作对各种波长辐射能均能同样吸收的理想物体,这种理想物体称为灰体。基尔霍夫定律认为,同一灰体的吸收能力与辐射能力是相同的,即吸收率等于黑度。对于太阳光,物体对可见光呈现强烈选择性,即对不同波长的光吸收率不同。

6.6 能源的开发和利用

所有物质之所以能够不断运动和变化,是因为有能量在起作用。能够产生能量的自然资源就是能源。历史上,每一种能源的发现和利用,都把人类支配自然的能力提高到一个新水平。能源科学技术的每一次重大突破,都会引起生产技术的革命。技术上比较成熟且已经广泛应用的能源称为常规能源,如煤炭、石油、天然气和水能等。正在研究开发或新近才利用的能源称为新能源,新能源有两类:一类是采用现代技术研制开发的新能源,如核能;另一类是采用现代先进技术,重新开发广泛使用的古老能源,如太阳能、风能、地热能、核能、海洋能和氢能等。

1. 太阳能

太阳能是一种取之不尽而不会带来任何污染的清洁能源。太阳主要由氢、氦组成,中心温度达 1.5×10^7K。太阳巨大的质量产生的引力把高温等离子体约束在一起发生热核反应,因此太阳能实际上是核聚变能。太阳辐射到地球大气层的功率仅为太阳总辐射功率的 $1/(22\times10^8)$,约为 1.73×10^{17}W。除去大气层反射和吸收,到达地球表面的能量每年约 2.6×10^{25}W,是地球上蕴藏的矿物燃料所含能量的125倍。

地球上所有的能量差不多均来自太阳:一部分为地球表面吸收;一部分通过蒸发变为水的汽化潜热;一部分通过对流变成风能和海洋能;还有一部分通过光合作用,变成动植物的能量,经多年累积后还形成矿物燃料。

太阳能是指利用太阳能吸收器直接吸收的太阳能量。太阳能唾手可得而不会引起任何污染,不会破坏生态平衡,因而日益受到人们的重视。有人预测,21世纪太阳能将成为人类的主要能源。利用太阳能有两个困难:一是间歇性,昼夜及季节变化,是可预测的,而云雾引起的间歇性则是不可预见的,为了持续使用,需要采用储能手段;二是太阳能辐射照度小,致使储能设备的尺寸大、耗能的材料多。常用的储能方式有光热转换和光电转换两种方式。

光热转换通常采用平面型集热器和聚焦型集热器来实现光热转换。平板型集热器一般由涂黑的金属平板组成,朝向太阳的一面带有1~2块玻璃板,背面用绝热材料与环境隔热。利用此集热器为房屋居住空间加热,空气通过被太阳加热的表面升温进入房内形成循环。利用它来为水加热,水通过与被加热的表面处于良好接触的管道形成循环。聚焦型集热器利用凹形反射面将阳光距焦到载有循环流体如水或油的管子上。由于聚焦作用,这种集热器能获得更高的循环流体温度,可以用来为发电厂的工作物质供热。聚焦型集热器的反射面通常是可以旋转的,以便在任何时间、任何季节太阳光都能聚焦在管子上。

光电转换是利用太阳能电池将太阳辐射转换成电能实现光电转换。光-电的直接转换方式是利用光电效应将太阳辐射能直接转换成电能,转换的基本装置就是太阳能电池。太阳能电池是一种由于光生伏特效应而将太阳光能直接转化为电能的器件,是一个半导体光电二极管,当太阳光照到光电二极管上时,光电二极管就会把太阳的光能变成电能,产生电流;当许多个电池串联或并联起来就可以成为有比较大的输出功率的太阳能电池方阵了。半导体材料制成的光电池已进入实用阶段,常用的有单晶硅电池、多晶硅电池、非晶硅电池、硫化镉电池等。

2. 核能

核能又称原子能,主要包括核裂变能和核聚变能。原子核由质子、中子(统称核子)组成。一个原子核的质量小于组成它的核子质量之和,其差值称为质量亏损。根据爱因斯坦质能关系,核子聚集在一起组成原子核时其减少质量对应的能量被释放出来,其大小称为结合能。

有 Z 个质子、N 个中子组成的原子核,其结合能为

$$B=[Zm_p+Nm_n-m(Z,A)]c^2, \tag{6.6-1}$$

其中 m_p、m_n、$m(Z,A)$ 分别是质子、中子和原子核的质量,$A=Z+N$ 为核子数,原子核中每个核子的平均结合能,称为平均结合能

$$\varepsilon=B/A. \tag{6.6-2}$$

图 6.6-1 为平均结合能随核子数变化的曲线,可见平均结合能曲线在 ^{56}Fe 处极顶,其平均结合能为 8.5MeV。以此为界,轻核聚变成较重的核和重核裂变成中等核时,原子核会释放出多余的结合能,这就是核能的来源。

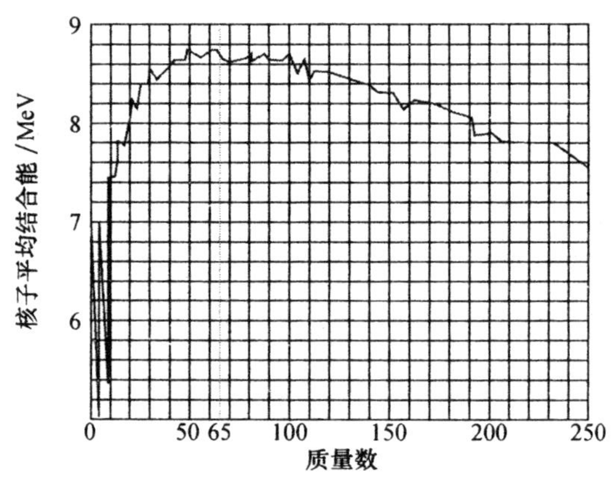

图 6.6-1 平均结合能随核子数变化的曲线

重核的平均结合能 $\varepsilon\approx7.5$MeV,中等核的平均结合能 $\varepsilon\approx8.5$MeV。典型的裂变反应,如中子轰击 $^{235}_{92}U$ 可写为:

$$n+^{235}_{92}U\rightarrow^{144}_{56}Ba+^{89}_{36}Kr+3n+173.6\text{MeV}, \tag{6.6-3}$$

由上裂变反应式可求得 1g 的 $^{235}_{92}U$ 全部裂变后释放的总能量为

$$\frac{1\text{g}}{235\text{g/mol}}\times6.022\times10^{23}/\text{mol}\times173.6\text{MeV}\times1.6\times10^{-13}\text{J/MeV}=7.08\times10^{10}\text{J}.$$

相当于 2.5 吨标准煤燃烧时放出的热量,可见裂变反应放出的能量相当巨大。

由裂变反应式知,$^{235}_{92}U$ 在中子轰击下,可分裂为 2 个质量较轻的原子核和 3 个中子,从裂变中产生的中子又可轰击其他原子,形成链式反应,如图 6.6-2 所示,若核裂变无控制,核能将一下爆发,即是原子弹的工作模式。核链式反应可通过使用减速剂“慢化”中子来实现可控核反应,实现核能的有效控制利用。常用的减速剂是水、重水和石墨等。

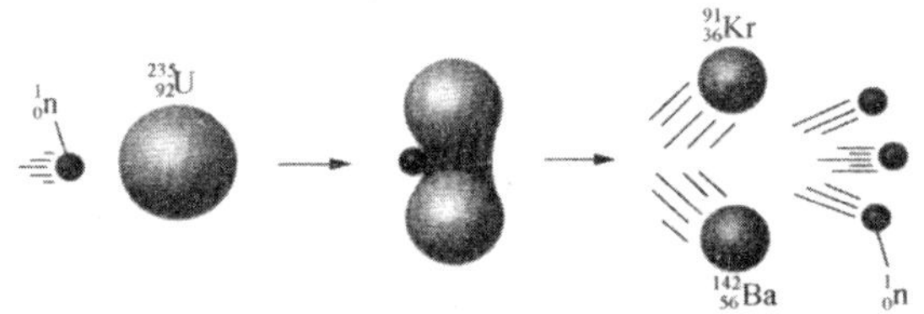

图 6.6-2　$^{235}_{92}$U 裂变过程示意图

3. 节能技术

在开发新能源的同时,采用技术上可行、经济上合理和环境、社会可接受的措施来有效利用能源,从而达到节能的目的,是能源新技术的一个重要目标。

节能工作中,首先要回答节能潜力有多大。传统上用热效率的高低来估计节能潜力。热效率越低,说明节能潜力越大。从能量守恒角度把能量的来龙去脉绘成能量流动图,从中寻找有多少能量在中间环节损失掉,有多少能量到达终端得以应用。这种方法的依据是热力学第一定律,因此称为第一定律分析法。

第一定律分析法有其片面性和局限性,因为它仅仅考虑了能量在数量上守恒,而没有考虑到过程中能量品质的降低,或者说能量的退化问题。这时,应该引入热力学第二定律进行分析,提供动力和供热是能源利用的两种最重要的形式。从热力学第二定律观点看,由于能量退化的结果,系统能量分为两部分:一部分能提供有用的能量 E_x;另一部分则不能提供有用的能量 E_d,这部分能量称为退降能量,用 E_x 与总能量 E_x+E_d 之比来衡量能量的品质,称为品位 R,其值为

$$R=\frac{E_x}{E_z+E_d}. \tag{6.6-4}$$

机械能和电能最易转换成其他形式的能量,其品位最高,即 $R=1$;由热力学第二定律可知,内能只能部分地转化为其他形式的能量,$R<1$;环境的内能则无法转化,$R=0$。在生产过程中,应充分利用能量的可用部分,尽量使能量保持较高的品位。为此,能量应逐级利用。工业生产中不同场合对能量要求不同,若需要使用高品位能量的场合,提供了低品位能量,达不到工艺要求;反之,会造成能量品质的浪费。

第 7 章　静电学

对电现象的研究,起源于摩擦起电。实验表明,自然界中只有两种性质不同的电荷——正电荷和负电荷;电荷间相互作用的规律为同号相斥、异号相吸。当异种电荷在一起的时候,它们的效应相互抵消。大量实验证明:在一个与外界没有电荷交换的系统内,正、负电荷的代数和在任何物理过程中始终保持不变,这就称为电荷守恒定律,是物理学的重要规律之一。

电荷间的相互作用是通过电荷在其周围产生的电场来实现的。电场是客观存在的一种特殊形态的物质,其基本特征是任何电荷置于其中将受到电场力的作用。

除电荷在其周围空间产生电场之外,变化的磁场也会在周围空间产生电场,两类电场的性质有所不同。相对于观察者静止的电荷在其周围所产生的电场称为静电场。

本章重点介绍静电场的基本性质、基本规律、静电场中的导体和电介质以及它们在工程技术中的应用。

7.1　电场与电场强度

7.1.1　电场强度

电场是人类感官不能直接观察到的物质存在。电场存在的表现之一是对放入其中的电荷产生力的作用。为了描述电场对电荷的力作用特性,引入电场强度 E,简称场强。

1. 电场强度定义

设有一个相对观察者静止的点电荷 q,则在它周围空间将产生静电场。要了解该电场的情况,需用一个检验电荷 q_0(它的线度必须小到可以被看作一个点电荷,且其电荷量充分小不致影响电场),依次放入静电场的不同位置,探测 q_0 受到力的作用,该力称为电场力 F。实验表明,各检验电荷因位置的不同,所受电场力 F 的大小、方向一般不相同,但各点 F 的大小始终与 q_0 成正比,可知 F/q_0 与 q_0 无关,只与电场的位置有关。由此定义:电场中某点场强,等于单位正电荷在该点受电场力(大小和方向),即

$$E=\frac{F}{q_0}.\tag{7.1-1}$$

这种用两物理量的比值定义物理量的方法是物理学中常用的方法。E 与检验电荷大小及其受力无关,检验电荷只是一个探测电场对电荷产生力作用的探测物。

因此,是否有检验电荷或检验电荷大小,都不影响电场,也不影响描述电场特性的物理量——电场强度。所以说,场强 E 是电场对电荷具有力特性的描述。

静电场的场强 E 是空间位置的函数。电场强度是矢量,其方向为正检验电荷受力方向,其国际单位是牛顿/库仑(简称“牛/库”,N/C)或伏特/米(简称“伏/米”,V/m)。

若已知静电场中某点的电场强度 E,由场强的定义知,处于该点时点电荷 q_0 所受的电场力 F 为

$$F=q_0E. \tag{7.1-2}$$

2. 点电荷场强

产生电场的源若为点电荷,其产生的电场即为点电荷电场。如图 7.1-1 所示,源点电荷为 q,求其产生的空间电场分布。

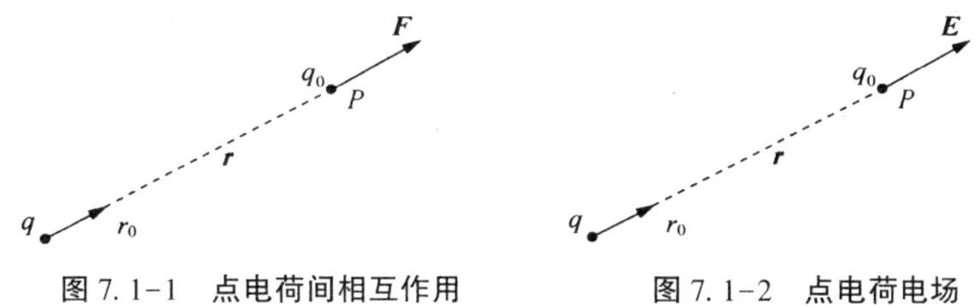

图 7.1-1　点电荷间相互作用　　图 7.1-2　点电荷电场

以 q 所在位置为坐标原点,空间任一点 P 的位矢为 r,将检验电荷 q_0 放在 P 点上,P 点称为场点,则根据库仑定律知 q_0 受到的电场力为

$$F=\frac{1}{4\pi\varepsilon_0}\frac{qq_0}{r^2}r_0, \tag{7.1-3}$$

其中 r_0 是位矢的单位矢量,其大小为 1,方向是场点相对于源点位矢 r 的方向;

$$k=\frac{1}{4\pi\varepsilon_0}=8.99\times10^9\text{N}\cdot\text{m}^2/\text{C}^2,$$

称为静电力常量;$\varepsilon_0=8.85\text{X}10^{-12}\text{F/m}$ 称为真空电容率(或称真空中的介电常数)。由式(7.1-3)得源电荷 q 在 P 点(场点)产生的电场的场强为

$$E=\frac{F}{q_0}=\frac{1}{4\pi\varepsilon_0}\frac{q}{r^2}r_0. \tag{7.1-4}$$

式(7.1-4)即为点电荷的电场强度分布公式,其代表 q 在位矢为 r 的任意点产生的场强大小和方向,如图 7.1-2 所示。由此式知,点电荷在空间某点的电场强度与源电荷量成正比,与源点到场点间的距离 r 的平方成反比,具有球对称性;其方向与该点矢径 r 方向平行,当源电荷为正 $q>0$ 时,E 与 r 同向,即由源点电荷指向无穷远;当源电荷为负 $q<0$ 时,E 与 r 反向,由无穷远指向源点电荷,因此点电荷电场分布如图 7.1-3 所示。

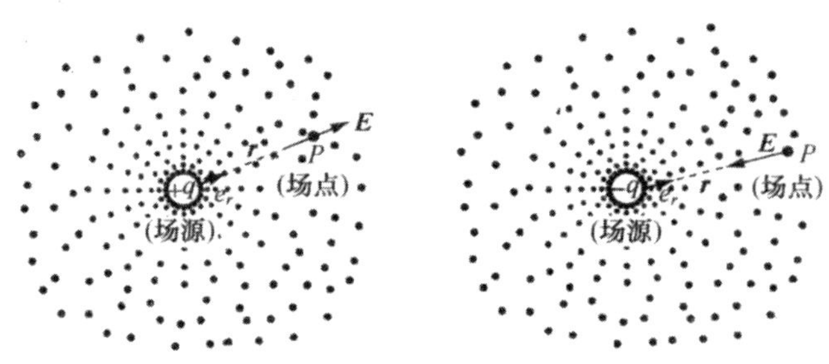

图 7.1-3　点电荷的场强分布示意图

7.1.2　场强叠加原理

1. 电场(强度)叠加原理

如图 7.1-4 所示，当空间同时存在一组点电荷 $q_1,q_2,\cdots,q_n$ 时，空间某点的总的电场强度为多少？同样，放一个检验电荷 q_0 于场点 P，则检验电荷将受到各点电荷电场力的作用，分别表示为 $F_1,F_2,\cdots,F_n$。由于力的叠加性，检验电荷受到的合力为

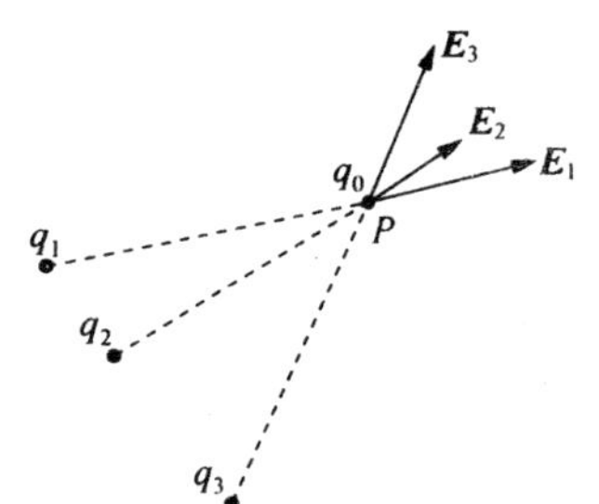

图 7.1-4　电场叠加原理

$$F=F_1+F_2+F_3+\cdots+F_n$$

根据电场强度定义式(7.1-1)得，P 的总场强为

$$E=F=F/q_0=(F_1+F_2+F_3+\cdots+F_n)/q_0,$$

即

$$E=\sum_{i=1}^{n}E_i=\frac{1}{4\pi\varepsilon_0}\sum_{i=1}^{n}\frac{q_i}{r_i^2}r_0 \qquad (7.1-5)$$

式中，$E_1,E_2,\cdots,E_n$ 分别代表 $q_1,q_2,\cdots,q_n$ 单独存在时电场在 P 点的场强。可见，点电荷系中任意一点的场强等于各个点电荷单独存在时在该点产生的场强的矢量和。这一规律称为场强叠加原理。场强的叠加原理是力叠加原理的必然结果。

2. 静电场强度计算

如图 7.1-5 所示，两个等量异号点电荷 q 相离 l(电偶极子)，求连线中垂线上一点的场强。

解　如图 7.1-5 所示，以偶极子的连线为 x 轴，以偶极子中垂线为 y 轴建立坐标系。在 y 轴上任一点 P(其坐标为 y 处)，根据式(7.1-4)得两点电荷场强大小为

$$E_1=E_2=\frac{1}{4\pi\varepsilon_0}\frac{q}{y^2+(\frac{l}{2})^2},$$

其方向如图 7.1-5 所示。根据叠加原理得总场强大小为

$$
\begin{aligned}
E &= E_1 + E_2 = 2E_1\cos\theta \\
&= 2\cdot\frac{1}{4\pi\varepsilon_0}\frac{q}{y^2+\left(\frac{l}{2}\right)^2}\cdot\frac{l/2}{\left(y^2+\left(\frac{l}{2}\right)^2\right)^{1/2}} \\
&= \frac{1}{4\pi\varepsilon_0}\frac{ql}{\left(y^2+\left(\frac{l}{2}\right)^2\right)^{3/2}},
\end{aligned}
$$

其方向为由正电荷指向负电荷的方向。

当 $y \geqslant l$ 时,这样一对点电荷所构成的体系叫作电偶极子。从 $-q$ 指向 $+q$ 的径矢 l 称作电偶极子的轴;乘积 ql 称为电偶极矩,用 $P=ql$ 表示。这样电偶极子中垂线上一点的场强为

$$E=-\frac{1}{4\pi\varepsilon_0}\cdot\frac{p}{r^3} \qquad (7.1\text{-}6)$$

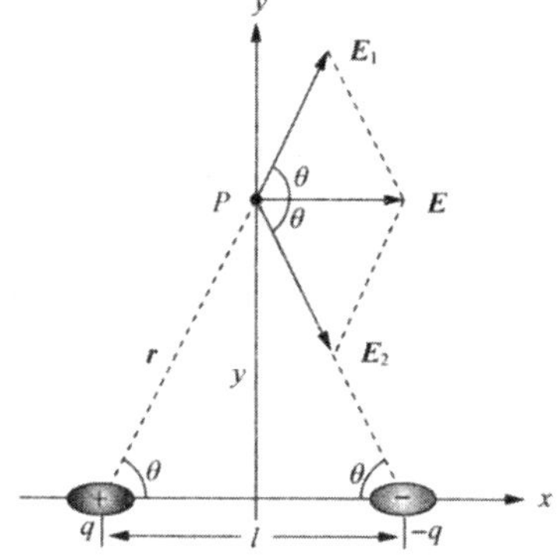

图 7.1-5　电偶极子中垂线上的电场

实验与理论均证明,电偶极子的电场分布如图 7.1-6 所示。电偶极子是一典型的电结构模型,也是原子分子电结构模型。

利用场强叠加原理,还可计算电荷连续分布的任意带电体的电场。这时,可将带电体视为由许多电荷元 dq 所组成,每一电荷元可视为点电荷,其中任一电荷元在某点产生的场强为

$$\mathrm{d}E=\frac{1}{4\pi\varepsilon_0}\cdot\frac{\mathrm{d}q}{r^2}r_0. \qquad (7.1\text{-}7)$$

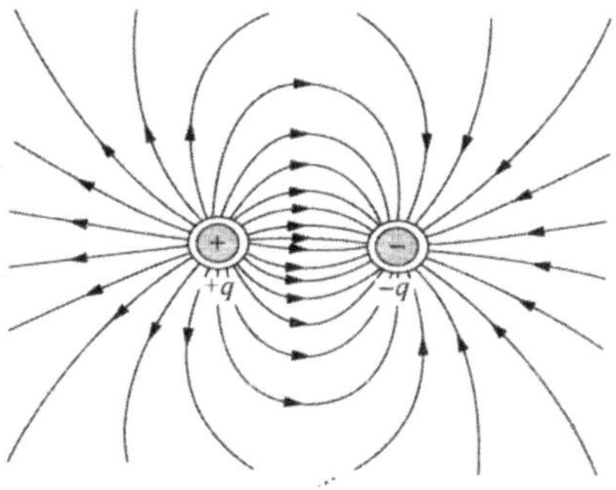

图 7.1-6　电偶极子电场分布

应用场强叠加原理,对整个带电体求积分,即可得出整个带电体的场强为

$$E=\int \mathrm{d}E=\int\frac{1}{4\pi\varepsilon_0}\cdot\frac{\mathrm{d}q}{r^2}r_0. \qquad (7.1\text{-}8)$$

在实际应用中,带电体所带电荷可能是线分布、面分布和体分布。具体计算时,可根据不同情况将带电体分割为线元、面元和体元。先计算每一电荷元的电场,然后叠加,由此可求出各种带电体的场强。表 7.1-1 列出了几种典型带电体的场强分布。

表 7.1-1　几种典型带电体的场强分布

带电体	场强分布的大小
无限长均匀带电直线外任一点	$E=\dfrac{\lambda}{2\pi\varepsilon_0 r}$($\lambda$ 为电荷线密度)
均匀带电圆环轴线上任一点	$E=\dfrac{1}{4\pi\varepsilon_0}\dfrac{qx}{(R^2+x^2)^{3/2}}$ (半径为 R,带电量为 q)
均匀带电圆盘轴线上任一点	$E=\dfrac{\sigma}{2\varepsilon_0}\left[1-\dfrac{x}{(R^2+x^2)^{3/2}}\right]$ (半径为 R,电荷面密度为 σ)

7.1.3　静电场的高斯定理

1. 电场线

为形象地描绘电场分布,如图 7.1-7 和图 7.1-8 所示,用一系列的曲线,使曲线上每一点的切线方向与电场方向一致,其疏密程度(即密度)表示场强的大小,这样一系列的曲线被称为电场线。

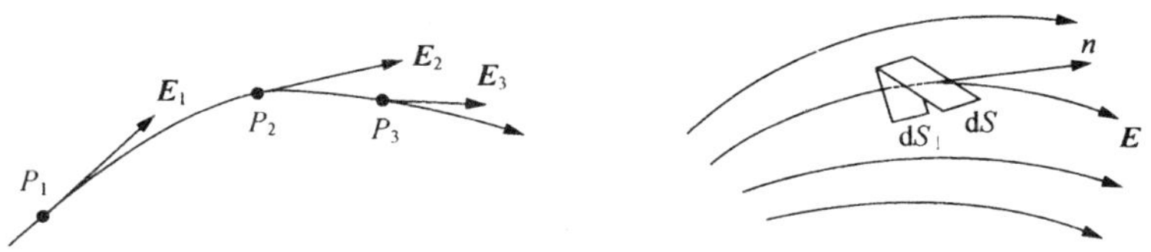

图 7.1-7　电场线方向　　图 7.1-8　电场线密度表示 E 的大小

电场线不但可表示出各点电场强度的方向,还可描绘出电场强度的大小。画电场线时规定:在电场中每一点,穿过垂直于场强方向单位面积的电场线条数(也称为电场线的面密度)与电场强度的大小相等,即电场线密的地方场强大,电场线疏的地方场强小。如图 7.1-8 所示,电场中某点的场强 E,在垂直于场强 E 的方向上取微元面积 $dS_\perp$,若穿过 $dS_\perp$ 的电场线条数为 dN,则

$$E=\frac{dN}{dS_\perp}. \tag{7.1-9}$$

图 7.1-10 所示为几种电场的电场线分布情况。需要强调的是,电场线并不是客观存在的,而是用来形象描绘电场的工具。

2. 电通量

电场是一个空间分布的矢量场。为了进一步描述静电场这种空间分布的特殊物质的基本规律,引入电通量的概念。

如图 7.1-8 所示,在静电场中任一点处,取一与该点电场强度 E 的方向相垂直的面积元 $\triangle S_\perp$(微小,小到其上的场强不变),把电场强度大小 E 和面积元 $\triangle S_\perp$ 的乘积,称为穿过该面积元 $\triangle S_\perp$ 的电通量 $\triangle\varphi_e$。即

$$\triangle\varphi_e=E\triangle S_\perp. \tag{7.1-10}$$

由式(7.1-9)和式(7.1-10)对比可知,电通量 $\triangle\varphi_e$ 的直观意义是通过电场中某一曲面 $\triangle S_\perp$ 的电场线条数 $\triangle N$。若 E 是均匀场中,则通过垂直于场强 E 的电通量(电力线条数)为

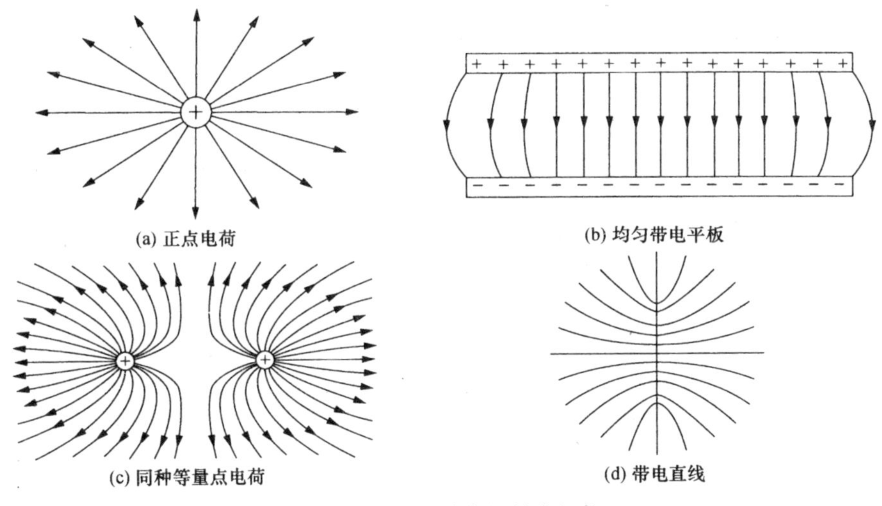

图 7.1-10 几种电场的电场线

$$\varphi_e=ES. \tag{7.1-11}$$

如图 7.1-10 所示,若 S 与 E 不垂直,设 E 与 S 的法线 n 的夹角为 θ,通过该面的电通量为

$$\varphi_e=ES\cos\theta. \tag{7.1-12}$$

对于非均匀场任意曲面,则将曲面 S 分割成无限多个小面元 $dS=dSn$(n 为 S

的法线单位矢量)，这样每一个小面元 dS 上的电场强度 E 可视为均匀的，则通过该面元上的电通量为

$$d\varphi_e = E d\cos\theta = E \cdot dS. \tag{7.1-13}$$

通过整个曲面 S 的电通量可用积分方法求得：

$$\varphi_e = \int_S E \cdot dS. \tag{7.1-14}$$

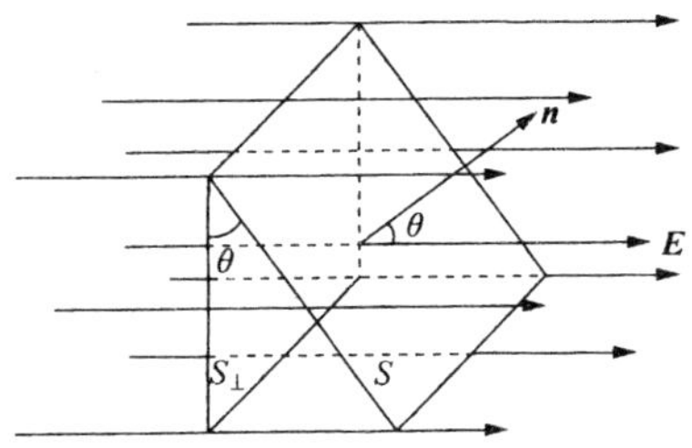

图 7.1-10　通过任一平面的电通量

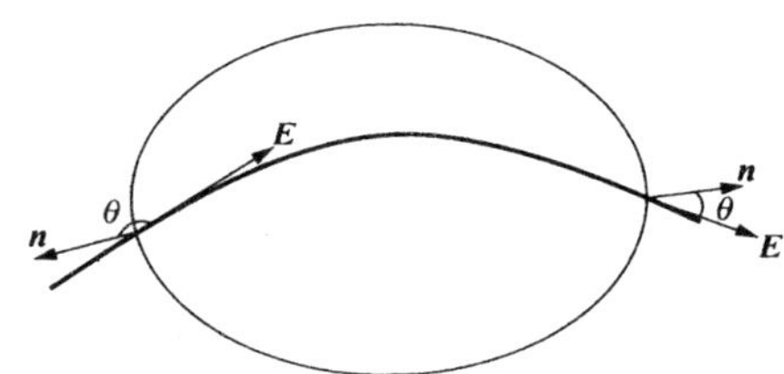

图 7.1-11　通过闭合曲面不同面元的通量

若曲面 S 是闭合的，闭合曲面把整个空间分成两部分——内部空间与外部空间，电场线有穿出与穿入之分。为了区分它们，规定指向外部空间的法线为面积元的正向。如图 7.1-11 示，电场线由内向外穿出曲面的地方，$\theta<90°$，$\cos\theta>0$，$d\varphi_e>0$；若电场线由外向内穿人曲面的地方，$\theta>90°$，$\cos\theta<0$，$d\varphi_e<0$。

关于电通量的概念，应注意以下两点：

(1)电场强度 E 与曲面 S 都是矢量，其点乘积是标量，故电通量是标量。若电场强度一定时，电通量的正负取决于电场强度 E 与曲面 S 的夹角 θ；

(2)电通量只能说是某面元或某曲面的电通量，而不能说某点的电通量。

3. 真空中的高斯定理

高斯(Gauss)定理是关于通过电场中任一闭合曲面 S 的电通量的定理，可以由库仑定律和电场叠加原理推得。

设在空间有一点电荷 q，如图 7.1-12(a)所示，以 q 为球心，以 r 为半径的球面 S 为高斯面，根据点电荷电场公式(7.1-4)知，此高斯面上各点的电场强度大小相等，均为

$$E = \frac{1}{4\pi\varepsilon_0}\frac{q}{r^2},$$

其方向都沿径向，处处与球面正交，所以通过该高斯面的电通量为

$$\varphi e = \oint_S E \cdot dS = \frac{q}{4\pi\varepsilon_0 r^2}(4\pi r^2) = \frac{q}{\varepsilon_0}.$$

可见，通过闭合球面的电通量，结果与半径无关，只与球面内的电量 q 有关，这意味着以 q 为球心的任意大小的高斯面来说，通过球面的电通量都是 q/ε_0。

若取包围 q 的任意形状的闭合曲面 S' 如图 7.1-12(b) 所示,可以在 S' 外作一个以点电荷 q 为中心的球面 S,S 和 S' 包围同一个点电荷,两面间无其他电荷存在。由于电场线不会在没有电荷的地方中断,所以通过 S' 的电场线一定通过 S,即通过 S 和 S' 面的电场线的务数相同,也就是通过两个高斯面的电通量相等。因此得出,通过包围点电荷 q 的任意形状的闭合曲面 S' 的电通量也为 q/ε_0。如图 7.1-12(c) 所示,若点电荷在闭合曲面 S 外,则点电荷电场穿入 S 面的电场线与穿出 S 面的电场线条数相同,则该点电荷在 S 面的电通量为零。

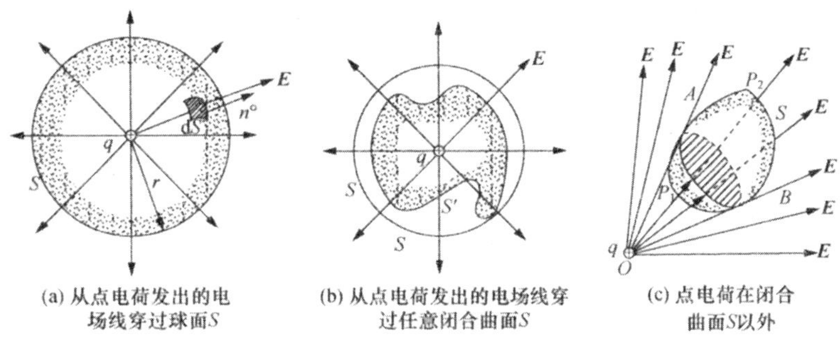

图 7.1-12　高斯定理的证明

若 S 内包围了 q_1、q_2、…、q_n 共 n 个点电荷,根据叠加原理,其总电场为各点电荷电场的叠加,即 $E=E_1+E_2+\cdots+E_n$,该电场穿过 S 的电通量为

$$\begin{aligned}\varphi_e &= \oint_S E\cdot \mathrm{d}S=\oint_S (E_1+E_2+\cdots+E_n)\cdot \mathrm{d}S\\ &=\oint_S E_1\cdot \mathrm{d}S+\oint_S E_2\cdot \mathrm{d}S+\cdots+\oint_S E_n\cdot \mathrm{d}S\\ &=\frac{q_1}{\varepsilon_0}+\frac{q_2}{\varepsilon_0}+\cdots+\frac{q_n}{\varepsilon_0}=\frac{1}{\varepsilon_0}\sum_{i=1}^{n} q_i;\end{aligned}$$

其可表述为:在真空中的静电场中,通过任一闭合曲面(高斯面)的电通量,等于该闭合曲面所包围的电荷代数和与 $1/\varepsilon_0$ 的乘积,即

$$\varphi_e=\oint_S E\cdot \mathrm{d}S=\frac{1}{\varepsilon_0}\sum_{i=1}^{n} q_i. \tag{7.1-15}$$

高斯定理说明:通过闭合曲面的电通量,只与闭合曲面内的净电荷量有关,与闭合曲面内的电荷分布以及闭合曲面外的电荷无关;电通量这一特性说明电场是有源场,电场线起于正电荷(或无穷远),止于负电荷(或无穷远)。

穿过闭合曲面的电通量仅决定于闭合面内的电荷,但闭合面上任一点的场强 E,是空间所有电荷(包括闭合曲面内、外的电荷)激发的总场强。

若任一闭合面内包围的净电荷 $\sum q_i>0$,则 $\varphi_e>0$,从而必有电场线穿出多于穿入的电场线条数；$\sum q_i<0$，则 $\varphi_e<0$，穿入高斯面的电场线必多于穿出高斯面的电场线条数。若高斯面内无净电荷，即闭合曲面内电荷代数和为零 $\sum q_i=0$，则 $\varphi_e=0$，通过闭合曲面的电通量总量为零(穿入与穿出高斯面的电场线条数相等)，但并不意味电场强度处处为零。

在电荷分布已知时，原则上可由库仑定律和叠加原理求得各点的场强，但计算往往比较复杂。当电荷分布具有某种对称性时，场强的计算可由高斯定理求解电场强度，计算将非常简单。

7.2 电　势

7.2.1 静电场力做功的特点与静电场环路定理

1. 静电场力做功

在点电荷 q 产生的电场中，如图 7.2-1 所示，若检验电荷 q_0 从 a 点沿任意路径运动到 b 点，始、末两点相对 q_0 的距离为 r_a 和 r_b，则电场力做的功为

$$W_{ab}=q_0\int_a^b \boldsymbol{E}\cdot \mathrm{d}\boldsymbol{l}=q_0\int_a^b E\mathrm{d}l\cos\theta=q_0\int_{r_a}^{r_b}\frac{1}{4\pi\varepsilon_0}\frac{q}{r^2}\mathrm{d}r=\frac{q_0 q}{4\pi\varepsilon_0}\left(\frac{1}{r_a}-\frac{1}{r_b}\right). \tag{7.2-1}$$

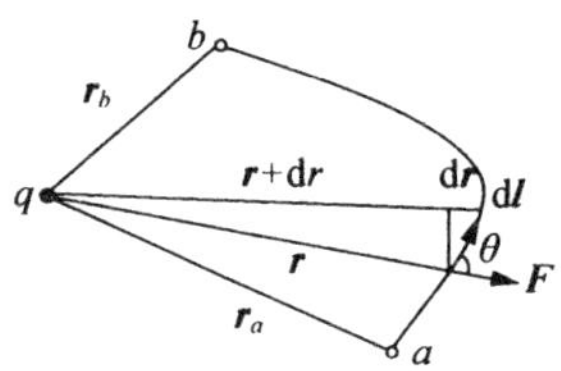

图 7.2-1　静电场的功

式(7.2-1)表明，点电荷电场力做功特点：当检验电荷在点电荷的电场中运动时，电场力对它所做的功只与检验电荷的电量及起点和终点的位置有关，而与路径无关；又因任意电场都可视为点电荷电场的叠加结果，因此可以说它是任意电场做功的特点。

2. 静电场力的环路定理

由于静电场力做功与路径无关，所以若 q_0 从静电场中某点沿任一闭合路径再回到该点，电场力做功等于零，即

$$W_{ab}=q_0\oint_L \boldsymbol{E}\cdot \mathrm{d}\boldsymbol{l}=0. \tag{7.2-2}$$

因为 $q_0\neq 0$，所以有

$$\oint_L \boldsymbol{E}\cdot \mathrm{d}\boldsymbol{l}=0. \tag{7.2-3}$$

上式表示场强沿闭合路径的线积分，称为场强的环流。

式(7.2-3)表明，静电场中电场强度的环流恒等于零，这一规律称为静电场的环路定理。它证明静电场力是保守力，静电场是保守场。

7.2.2 电势

1. 电势能

由于静电力是保守力,可对应引入电势能,即电荷在静电场中任一位置具有电势能,电场力所做的功是电势能的量度。检验电荷 q_0 从 a 点沿任意路径运动到 b 点,电场力做功 W_{ab},q_0 在 a、b 两点的电势能分别为 E_{Pa}、E_{Pb},则有

$$W_{ab}=q_0\int_a^b E\cdot \mathrm{d}l=E_{Pa}-E_{Pb}. \tag{7.2-4}$$

若设 b 点为电势能零点 $E_{Pb}=0$,则检验电荷 q_0 在 a 点的电势能 E_{Pa} 等于 q_0 从 a 点沿任意路径运动到 b 点,电场力所做的功 W_{ab},即

$$E_{Pa}=W_{ab}=q_0\int_a^b E\cdot \mathrm{d}l. \tag{7.2-5}$$

可见,电势能与重力势能一样,其值的大小与电势零点的选择有关。电势能的大小与试验电荷成正比。

2. 电势定义

式(7.2-5)说明电势能不但与电场和所在位置有关,还与检验电荷的电量 q_0 有关,因此不能用电势能作为描述静电场性质的物理量,为此引入电势概念。

由式(7.2-5)可知

$$\frac{E_{p_0a}}{q_0}=\int_a^b E\cdot \mathrm{d}l.$$

与检验电荷无关,反应电场本身在 a 点的性质,因此将其定义为电势,用符号 V 表示,单位为伏特,简称“伏”,记为 V。

静电场某点的电势,在数值上等于单位正电荷在该点具有的电势能;或把单位正电荷从该点移到电势零点 $V_{P_0}=0$(参考点为 P_0)的过程中电场力所做的功:

$$V_a=\frac{E_{p_0a}}{q_0}=\int_a^{P_0} E\cdot \mathrm{d}l. \tag{7.2-6}$$

电场对电荷作用力是保守力,其做功对应相应的势能增量。电势是描述电场具有势能强弱的物理量,与检验电荷无关。

电势是相对量,必须选定某参考点为零势点后,才可能确定其他位置的电势,对有限带电体的电场中的电势,常取无穷远处为电势零点;而在实际应用中也常取地球或电器设备的机壳为电势零点等。

由式(7.2-6)可知,电势是标量。因为在电场中,沿着电场线的方向前进,电场力对正电荷做正功,电势将逐渐降低,即电场线的方向是电势降低的方向。同一电场线上,任意两点的电势不相等。

电场中两点电势之差称为电势差,也称电压,用符号 U 表示,则 a、b 两点的电

势差为

$$U_{ab}=V_a-V_b=\frac{E_{pa}-E_{pb}}{q_0}=\int_a^b E\cdot \mathrm{d}l. \tag{7.2-7}$$

电势差与电势零点的选取无关。在国际单位制中，电势差的单位也为 V，即 1V=1J/C。

一般情况下，用 U_{ab} 表示两点间的电势差 $U_{ab}=V_a—V_b$，因此可由 U_{ab} 的正负来确定场中两点的电势高低。

3. 点电荷电势

在点电荷 q 的电场中，以无穷远为电势零点，则在距 q 为 r 的 P 点的电势为

$$V_P=\int_P^\infty E\cdot \mathrm{d}l=\frac{q}{4\pi\varepsilon_0}. \tag{7.2-8}$$

由式(7.2-8)还可看出：正点电荷的电场中，电势恒为正，且大小与场点到源点的距离成反比，即越远离源点，电势越低，最小为无穷远点，即零电势；负点电荷的电场中，电势恒为负，即越远离源点，电势越高，最高为无穷远，即零电势。

4. 电势叠加原理与点电荷系电势

如图 7.2-2 所示，若电场是由一个点电荷系 $q_1,q_2,\cdots,q_n$ 共同产生的，根据场强叠加原理，则电场强度为 $E=E_1+E_2+\cdots+E_n$，由电势的定义，则该电场在任意点的电势为

$$\begin{aligned}V_P&=\int_P^\infty E\cdot \mathrm{d}l=\int_P^\infty (E_1+E_2+\cdots+E_n)\cdot \mathrm{d}l.\\&=\int_P^\infty E_1\cdot \mathrm{d}l=\int_P^\infty E_2\mathrm{d}l+\cdots+\int_P^\infty E_n\mathrm{d}l.\\&=V_{P1}+V_{P2}+\cdots+V_{Pn}\\&=\sum_{i=1}^n \frac{q_i}{4\pi\varepsilon_0 r_i},\end{aligned} \tag{7.2-9}$$

式中，V_{P1}、V_{P2}、…、V_{Pn} 分别代表 q_1、q_2、…、q_n 单独存在时电场在 P 点的电势。

由此可见，点电荷系电场中任意一点的电势等于各个点电荷单独存在时在该点产生的电势的代数和，这一规律称为电势叠加原理。

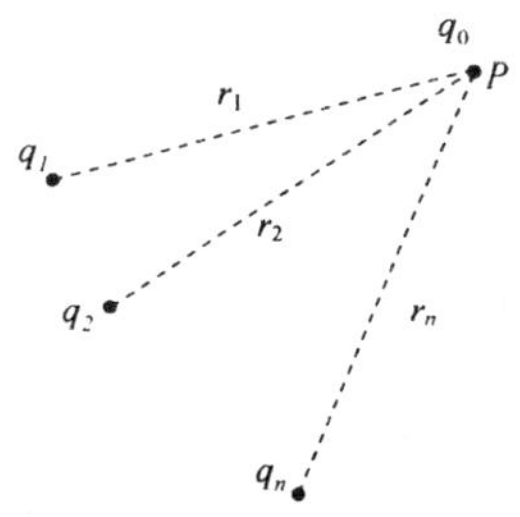

图 7.2-2　电势叠加原理

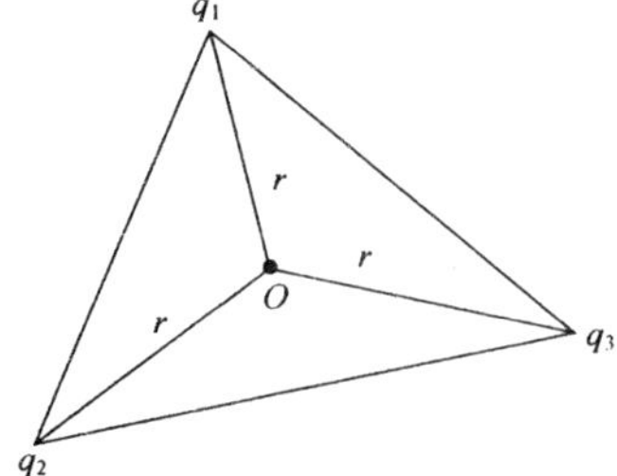

图 7.2-3

5. 等势面

电场强度和电势是描述静电场性质的两个基本物理量。电场强度的分布可以用电场线形象地表示;同样,电势的分布也可以用等势面形象地描绘。在电场中,由电势相等的点组成的面称为等势面。如图 7. 2-4 所示中的虚线画出了几种电场的等势面,图中的实线表示电场线。

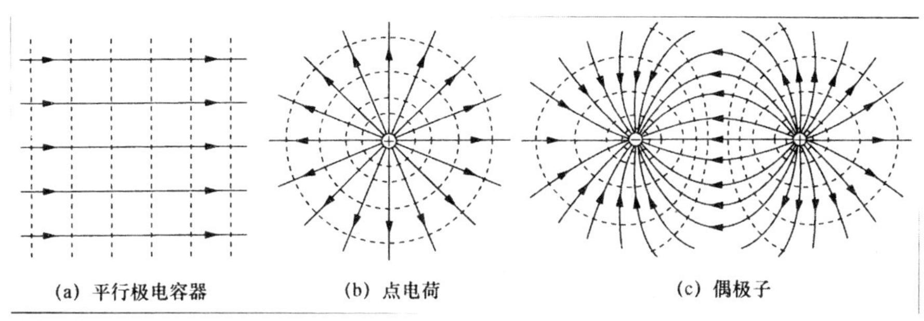

图 7. 2-4　几种电场的电场线与等势面

关于等势面,有以下性质。

(1)在等势面上任意两点间移动电荷时,电场力所做的功为零。

(2)等势面与电场线处处正交。

(3)电场线总是从电势较高的等势面指向电势较低的等势面,即电场方向指向电势降低的方向。

(4)若规定相邻两等势面的电势差相等,则等势面越密的地点,电场强度越大。

7.3　静电场中的导体与介质

1. 静电感应现象

导体之所以能够容易地导电,是由于导体中存在着大量可以自由移动的电荷。在不受外界电场影响时,导体呈电中性状态,正、负电荷等量呈自由状态;如果把导体放入电场中,导体中电荷将重新分布。导体因受外电场的影响而发生电荷重新分布的现象,称为静电感应,如图 7. 3-1 所示。导体上因静电感应而出现的电荷,称为感应电荷,感应电荷也会产生电场,感应电场与外电场方向相反,对导体中电荷的作用相反,随着感应电荷的增加,最终达到平衡,导体中的电荷也不再发生定向移动。这种导体内部以及表面都没有电荷定向移动的状态称为导体处于静电平衡状态。

显然,导体处于静电平衡状态的必要条件如下:

(1)导体内部任一点的场强都等于零,即 $E_i=E+E'=0$,因为如果导体内部有一点场强不为零，该点的自由电荷就要在电场力作用下做定向运动。

（2）导体表面任一点的场强方向垂直于该点的表面，即 $E_{表}=En$（n 为该点微元表面的法线方向单位矢量），因为若导体表面附近的场强不垂直于导体表面，则场强将有沿表面的切向分量，使自由电荷沿表面运动。

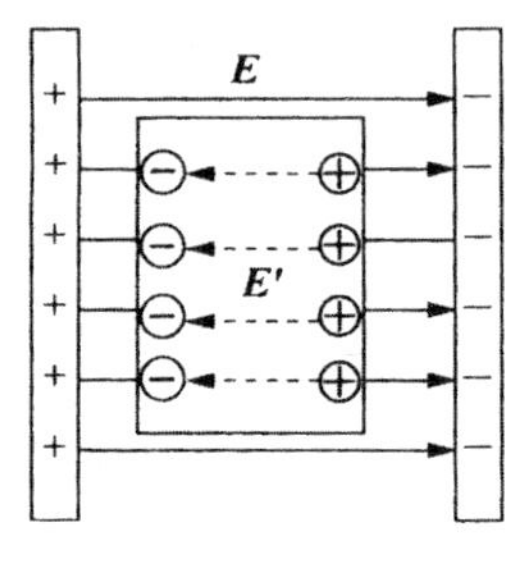

图 7.3-1　静电感应现象

理论与实践均能证明，导体处于静电平衡时，导体表现出以下特性：

（1）导体内部电场强度为零。

（2）导体是等势体，导体表面是等势面。

（3）感应电荷只分布在导体外表面，对于形状不规则的孤立导体，其感应电荷面密度与表面曲率半径成反比，即导体表面曲度越大（尖端，曲率半径越小），电荷面密度越大。亦可表示为

$$\frac{\sigma_1}{\sigma_2}=\frac{r_2}{r_1}. \tag{7.3-1}$$

2. 尖端放电现象

可以证明，带电导体表面附近的场强与该表面的电荷面密度成正比，即

$$E_{表}=\frac{\sigma}{\varepsilon_0}n. \tag{7.3-2}$$

由(7.3-1)和式(7.3-2)可知，在电场中静电平衡的导体，其表面的场强与曲率半径成反比。如图 7.3-2 所示，对于有尖端的带电导体，其尖端较非尖端处电荷面密度高，其尖端处的场强特别强，达到一定的强度，使得周围空气电离，其中与导体上电荷异号的电荷被吸引到尖端上，与导体上的电荷相中和，而使尖端上的电荷逐渐漏失，如图 7.3-3 所示。急速运动的离子与中性原子碰撞时，不仅可以使空气电离，还可使原子受激而发光，这种因静电感应尖端强电场使空气被“击穿”而产生的放电现象称为尖端放电。

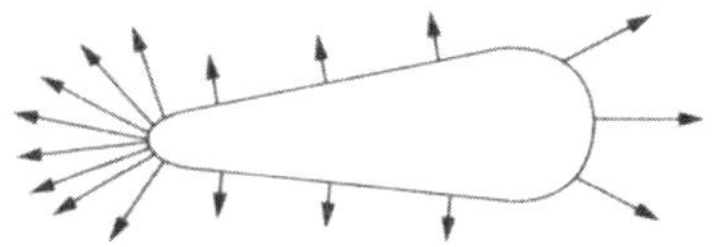

图 7.3-2　导体不同曲率半径表面电场

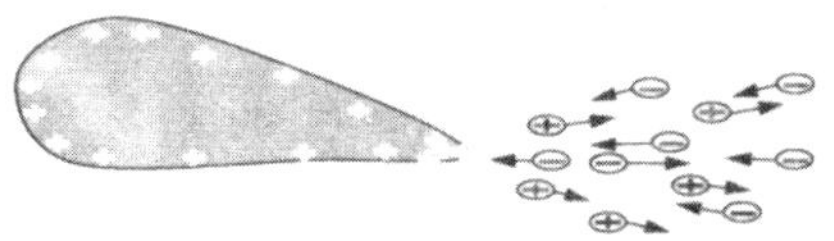
图 7.3-3　电荷漏失

避雷针就是根据尖端放电现象的原理制造的。避雷针与一良好接地的粗导线连接，当雷雨云接近地面时，在避雷针尖端处电荷面密度甚大，故场强特别大，首先把其周围空气击穿，使来自地面并集结于避雷针尖端的感应电荷与雷雨云中所带电荷持续中和，使强大的放电电流从避雷针及相连的粗导线流过大地，避免积累足

以导致雷击的电荷。

尖端放电现象在高压输电导线附近也可发生,这一现象是很不利的,因为要消耗电能,能量散失出去还会使空气变热,造成热污染;特别在远距离的输电过程中,电能损耗更大,而且放电时发生的电磁波,还会产生电磁干扰。为避免这一现象,应采用较粗的导线,并使导线表面平滑。为了避免高压电气设备中的电极因尖端放电发生漏电现象,往往把电极做成光滑的球形。

3. 静电屏蔽

由静电平衡电荷分布规律可知,处于静电平衡的导体或导体空腔只有外表面带电,如图7.3-4所示。这一规律在工程技术上可用来作静电屏蔽。法拉第(Faraday)曾经做过这样一个实验:他制作了一个有盖的金属大箱子(相当于一个金属壳),把这个大箱子放在绝缘架上,并用强大的静电起电机使它带电。试验时法拉第走到箱子中去,住在里面,用点亮的灯烛,用验电器,以及做所有其他的电状态的试验,都没有发现它们受到丝毫影响……虽然在整个试验时间内,箱子外表面强烈带电,并且在箱子的外表面上各部分有很强的电火花和帚形放电不断地发生。实验证明,外部的静电场对空腔导体内部无影响。

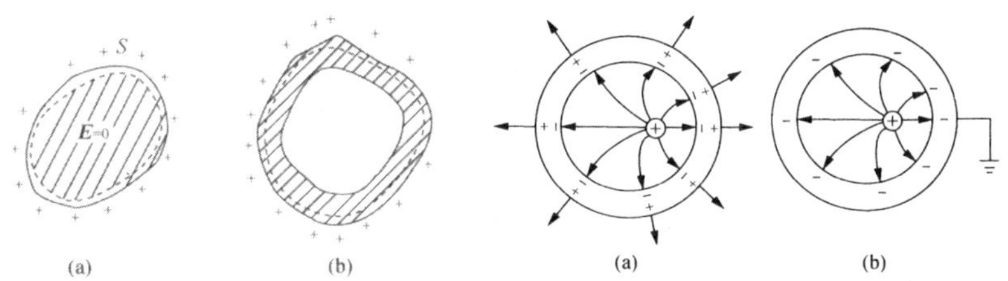

图7.3-4　静电平衡时导体上的电荷分布　　图7.3-5　静电屏蔽

如果将一带电体放进金属空腔内部,如图7.3-5(a)所示,由于静电感应,在空腔的内外两表面上,分别出现等量异号感应电荷。其外表面上的电荷所产生的电场,会对外界产生影响。若将外表面接地,如图7.3-5(b)所示,则外表面上的感应电荷因接地而被中和,与之相应的电场也随之消失,这时空腔内的带电体对空腔外的影响也就不存在了。

任何空腔内的物体,不会受到外电场的影响;接地导体空腔内的带电体的电场,也不会影响到空腔外的物体。这种排除或抑制静电场干扰的技术措施,称为静电屏蔽。

在工程技术中,静电屏蔽使用十分广泛。例如,许多无线电元件(中频变压器、晶体管等)外面都是一层金属壳,尤其是集成电路中的微型元件,抗静电能力很弱,有一点静电干扰就会造成工作失常,因此,绝大多数集成块都是封装在金属壳里。有些精密的电子仪器,把它封装在壁面都是金属网的外壳里;对于一些传送弱信号的导线,如电视机的公共天线、收录机的天线等,为防止外界干扰,多采用外部包有一层金属网的屏蔽线。

7.3.2 电场中的电介质

1. 电介质的极化

电介质是电阻率很大、导电能力很差的物质，如玻璃、琥珀、丝绸、橡胶、云母、塑料、陶瓷—等。电介质的结构特征在于它的分子中电子被束缚得很紧，一般情况下，电子不能脱离原子核的束缚。因此即使在外电场作用下，也不能脱离所属原子做宏观运动。但在外电场中的电介质，无论是原子中的电子，还是分子中的离子，或是晶体点阵上的带电粒子都会在原图 7.3-6 电介质极化子大小的范围内移动，它们的分布会出现一定程度的有序排列，从宏观上看，在外电场方向上电介质两个端面上会分别出现正、负电荷，如图 7.3-6 所示。这种原来呈电中性的电介质，在外电场的作用下，其表面出现正、负电荷的现象，称为电介质极化。由于这些电荷是和介质分子连在一起的，不能自由移动，故称为极化电荷或束缚电荷。

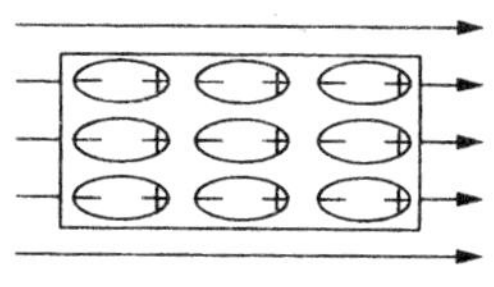

图 7.3-6　电介质极化

2. 电介质极化方式

电介质极化因内部电结构的不同，而极化方式不同，如图 7.3-7 所示。从分子正、负电荷中心的分布来看，电介质可分为两类：一类是分子内正、负电荷中心不重合的介质，称为有极分子；另一类是分子内正、负电荷中心重合的介质，称为无极分子。

当无极分子在外电场中，电场力作用下，分子中的正、负电荷中心将发生位移，形成电偶极子，它们的等效电偶极矩的方向都沿着电场的方向，以致在和外电场垂直的电介质两侧表面上，分别出现正、负极化电荷，这种无极分子介质极化称为位移极化。

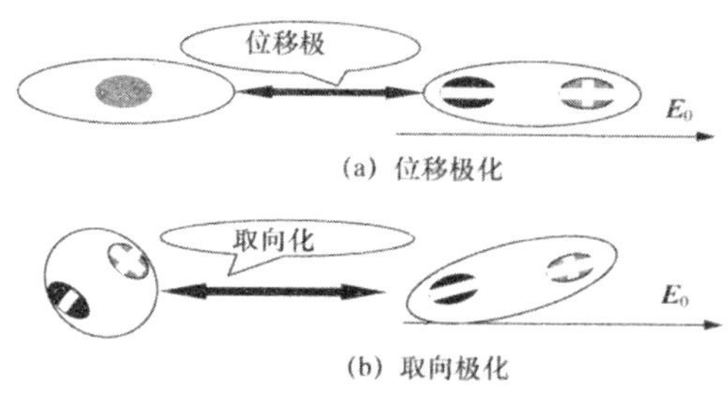

图 7.3-7　两种极化方式

当有极分子电介质在外电场作用时，每个分子电矩都受到外电场力偶矩作用，要转向外电场的方向，由于受到分子热运动，并不能使各分子电矩都遵循外电场整齐排列。外电场越强，分子电矩排列越趋向于整齐，对电介质整体而言，在垂直于外电场方向的两个表面上也出现束缚电荷。这种有极分子的极化称为取向极化。

3. 电介质对电场的影响

两种电介质，其极化的微观过程虽然不同，但却有同样的宏观效果：在外加电场的方向上电介质的两个端面上会分别出现正、负极化电荷；在介质中束缚电荷引起极化电场与外场方向相反的，但其不能把外电场全部抵消，只能削弱外电场，如图 7.3-8 所示，电介质中的电场

$$E_r = E + E' < E.$$

为描述不同电介质的极化差异，引入电介质的相对电容率。某介质的电容率（或相对介电常数）可通过下式测定：

$$\varepsilon_r = \frac{E}{E_r}. \tag{7.3-3}$$

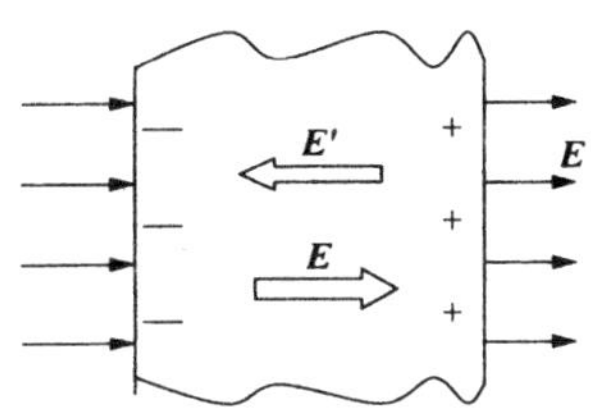

图 7.3-8　电介质中的电场

相对电容率为一比值，它决定于电介质的电结构。对空气而言，$\varepsilon_r \approx 1$；其他各种电介质的 $\varepsilon_r > 1$，它反映了电介质极化性能及对电场影响程度。

4. 电介质的损耗

在外加电压下，电介质中一部分电能转换为热能的现象称为介质损耗，其原因是电介质在高频电场作用下反复极化的过程产生热效应。

介质损耗存在危害，介质损耗发热过多，温度过高，电介质的绝缘性能将会被破坏，造成危害。所以在高频技术中，应使用损耗小的电介质。

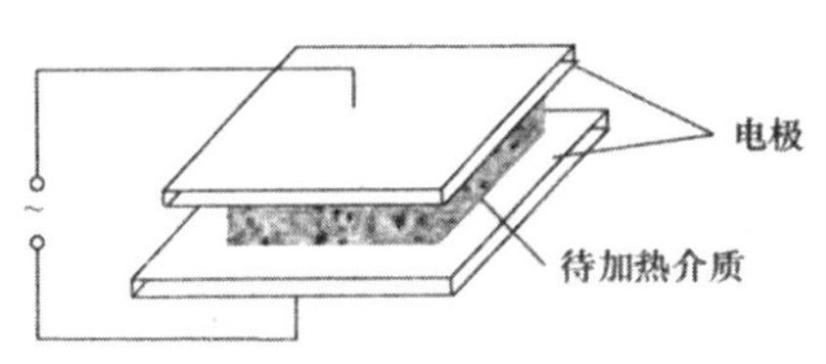

图 7.3-9　电介质加热

介质损耗也可利用。当将电介质材料置于变化的电场中时，通过材料本身的介质损耗使其发热的过程，称为电介质加热。如图 7.3-9 所示，待加热材料置于两块金属板之间，把由高频振荡器产生的高频电压接到两极上，由于热量是在电介质内部产生的，因而在均匀介质中热量的分布也是均匀的，是一种快速均匀的加热法。理论研究表明，电介质加热的热功率为

$$P = \frac{100\sqrt{2}\, SfU^2K}{d}. \tag{7.3-4}$$

式中，S 为材料受热面积 d 为材料厚度，f 为电源频率，U 为两金属板间的电压，K 为电介质的损耗因数，是一个与电介质的电容率有关的量，即在同一频率下，不同的电介质，有不同的损耗因数。

由式（7.3-4）可知，要获得较高的加热功率，应尽可能采用高压、高频电源，但

所加电压不能超过待加热材料的击穿电压，通常不超过 $1.5\times10^4\sim2.0\times10^4$V，所使用的频率一般为 $5\times10^6\sim40\times10^6$Hz。

5. 电介质的击穿

电介质分子中的核外电子受核的束缚较紧，只能在分子的范围内运动。因此，电介质中自由电子的数目很少，在通常情况下，电介质就是电的绝缘体。但当外加电场大到某一程度时，电介质分子中的电子已有足够的能量摆脱核的束缚而成为自由电子，这时电介质的导电性大增，绝缘性能被破坏，这种现象称为电介质击穿。使电介质击穿的临界电压，称为击穿电压，与此电压相对应的电场强度，称为击穿场强。

不同的电介质，击穿场强不同，表 7.3-1 列出了部分常用电介质的相对电容率和击穿场强。击穿场强是电介质的重要参数之一，在选用电介质时，必须注意到它的耐压能力，如在高压下工作的电容器，就必须选择击穿场强大的材料做介质。

表 7.3-1 几种电介质的电容率和击穿场强

介质	相对电容率 ε_r	击穿场强($\times10^6$V/m)
干燥的空气	1.0006	4.7
蒸馏水	81	30
硬纸	5	15
蜡纸	5	30
普通玻璃	7	15
石英玻璃	4.2	25
云母	6	80
变压器油	2.4	20
电木	5~7.6	10~20
聚乙烯	2.3	18
硬橡胶	2.7	10
二氧化钛	100	6
钛酸钡	$10^3\sim10^4$	3

7.3.3 压电效应与压电体

某些电介质在沿一定方向上受到外力的作用而变形时，其内部会产生极化现象，同时在它的两个相对表面上出现正负相反的电荷。当外力去掉后，它又会恢复到不带电的状态，这种现象称为正压电效应，简称压电效应。当作用力的方向改变时，电荷的极性也随之改变。有压电效应的介质称为压电体。压电效应是机械能转化为电能的效应。例如，石英晶体在 9.8×10^{4}Pa 的压强下，其相对两面可产生 0.5V 左右的电压。

压电晶片只在长度与厚度方向上有压电效应。图 7.3-10 示为按特定方式从石英晶体中割出的一片宽为 b、厚为 d、长 l 为的压电晶片。如果沿 z 宽（宽度）方向加力，则无压电效应。而力加到长度和厚度方向上将出现压电效应。在厚度方向施加压力而产生的压电效应，称为纵压电效应。若沿 x 轴（厚度）方向施以压力 F，则在垂直于 x 轴的两个面上出现等量异号电荷，其电量 Q_1 与压力 F 的大小成正比，可表示为

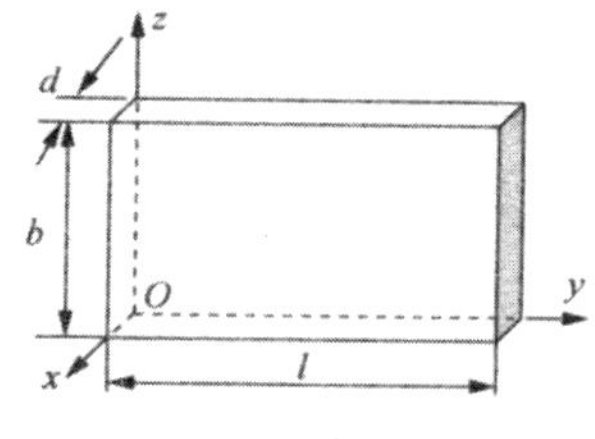

图 7.3-10　压电效应

$$Q_1=KF, \qquad (7.3-5)$$

在长度方向施加压力而产生的压电效应，称为横压电效应。即若沿 y 轴（长度）方向施以压力 F，则在垂直于 y 轴的两个面上出现等量异号电荷，其电量 Q_2 也与压力 F 的大小成正比，可表示为

$$Q_2=K\frac{l}{d}F. \qquad (7.3-6)$$

由式(7.3-6)可见，电荷 Q_2 除与压力成正比外，还与 l/d 成正比。因此，对长而薄的晶片，只需加一很小的力，就能得到可观的电荷。

如果将压力改为拉伸，则面上出现的极化电荷改变符号。压缩时出现正电荷的面上，拉伸时将出现负电荷；反之亦然。

压电体还有逆压电效应。将压电体放入外电场中，晶体不仅产生极化，垂直于电场的另两个端面还会发生机械变形，这种现象称为逆压电效应，也称为电致伸缩。若外电场为交变电场，则压电体交替出现伸长和压缩，发生机械振动。电致伸缩效应是电能转化为机械能的效应。

压电体已广泛应用于近代科学、生产技术。晶体振荡器就是用压电效应制成的电振荡器。由于晶体振荡器的频率稳定度很高，所以被广泛应用于通信、精密电子设备、计算机微处理器。利用这种振荡器制造的石英钟，每天计时误差小到 10^{-5}s 量级。电声换能器是利用压电效应将声能转换为电振动，利用电致伸缩效应把电能转换为声能，如压电晶体可被用于制造电唱头、扬声器、耳机、蜂鸣器等电声器件。当压电晶体片所加交变电压的频率与压电晶体片固有频率相同时，晶片就产生强烈的振动而发射出超声波。

传感器是现代电子世界的感觉器官。压力传感器也是利用压电效应，将非电量压力的测量转换成电学量的测量。由于压电式传感器具有体积小、质量轻、工作频带宽等特点，因而广泛应用在声学、计时仪器中，在各种动态力、机械冲击与振动的测量，以及机床测力仪测试系统和火箭发射架的复杂测力系统中。

第8章　稳恒磁场

现在人们已经掌握有关电磁现象的基本规律,发现了磁场与物质相互作用的物理效应。但在历史上很长一段时间内,电学和磁学的研究一直彼此独立地发展着。1820年奥斯特发现电流的磁效应后,由于安培、毕奥和萨伐尔等人的实验和理论研究,人们认识到磁现象源于电荷的运动。

电荷在其周围激发电场,电场给场中的电荷以作用力;而运动电荷在其周围除了激发电场之外,还要激发磁场,磁场给场中运动电荷以作用力。磁场与电场一样,也是一种特殊的物质形态。当作宏观定向运动的电荷在空间分布不随时间变化,即形成稳定电流,在其周围产生不随时间变化的磁场,称为稳恒磁场,又称静磁场。

稳恒磁场与静电场的性质、规律不同,但是在研究方法上却有类似之处。

8.1　磁场与磁感应强度

8.1.1　磁现象与磁场

人类是从天然磁石吸引铁的现象开始认识磁现象的。例如,我国公元前三世纪的《吕氏春秋》中就记载了"磁石召铁",即天然磁石吸引铁的现象;还有我国古代四大发明之一的指南针,就是利用地球磁场对磁体的吸引制成的。

磁场与电场一样,是一种特殊的物质,其存在不能被人的感官直接感知,但磁场存在的特征与天然磁铁一样,对铁磁物质、运动电荷及电流有力的作用。

在漫长的岁月里,一直未对磁现象的本质有合理的解释。直至1820年,丹麦物理学家奥斯特在一次偶然的机会发现了电流的磁效应,第一次揭示了磁与电存在着联系,即在载流导线附近的小磁针会发生偏转的现象,与小磁针在磁铁附近的情况相同,如图8.1-1所示。由此人们猜测电流的附近存在与天然磁铁附近类似的特性,即存在磁场。

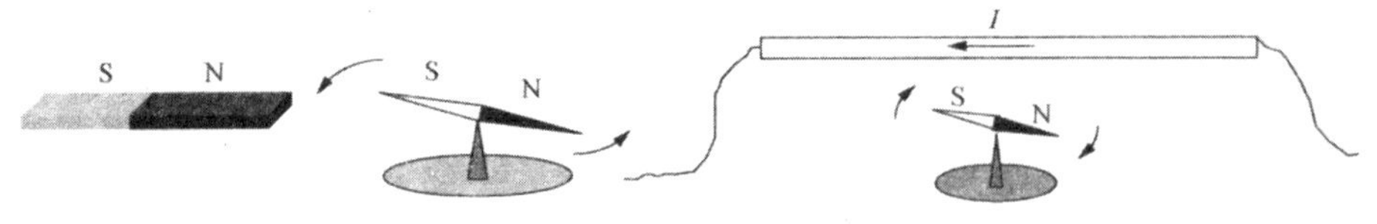

图8.1-1　磁铁与电流的磁效应

但是人们进一步会问:磁铁中没有电流,却有很强的磁性,磁石的磁场是怎样产生的呢？根据大量事实，法国物理学家安培于 1882 年提出了物质磁性的分子电流假说，认为在任何物体的分子中，都有一个类似载流圆线圈的回路电流，即分子电流，它相当于一个小磁体，如图 8.1-2 所示。当物体内的分子电流呈定向有序排列时，物体宏观上就显示出磁性。这一假说被 20 世纪发展起来的原子结构理论所证实。原子结构理论中组成分子的原子由带正电的原子核和在核外运动的带负电的电子构成，可等效于载流圆线圈电流。

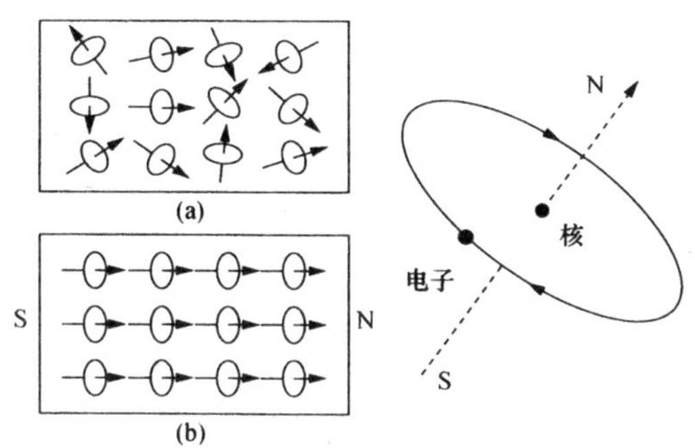

图 8.1-2　分子电流与物质磁性

19 世纪末期，英国物理学家麦克斯韦（Maxwell）从理论上证明变化的电场也能激发磁场，并由另一物理学家赫兹（Hertz）用实验证实了这一理论。从而认识到磁场起源于运动的电荷或变化的电场，即磁现象具有电本质。

8.1.2　磁感应强度

在研究电场时，空间一点是否存在电场，可根据检验电荷在电场中受力的性质来判断，从而引入了描述电场性质的物理量——电场强度 E。与此相似，磁场对运动电荷、载流导体有作用力，判断空间一点是否存在磁场，可用运动的检验电荷 q_0 在磁场中受力情况来定义描述磁场性质的物理量一磁感应强度 B。

实验证明：运动电荷在磁场中的受力与检验电荷的电量 q_0 有关，还与电荷运动的速度 v 的大小和方向有关，并呈现以下规律：

（1）当速度 v 的方向与该点小磁针 N 极的指向平行时，运动电荷所受力为零。

（2）当速度 v 的方向与该点小磁针 N 极的指向不平行时（相交角为 θ），运动电荷受力不为零，所受力的大小随 θ 变化而改变，且与 $\sin\theta$ 成正比，当 $\theta=\pi/2$ 时，所受磁场力最大，且 F_{max}，且 $F_{max} \propto q_0 v_0$。

（3）运动电荷所受磁力的方向与其运动方向和该点小磁针 N 极的指向所确定的平面垂直，且三个方向满足右手螺旋定则。

根据以上规律，对磁场空间某点的磁感应强度 B 的大小和方向定义如下：

某点磁感应强度 B 的方向为该点小磁针 N 极的指向；大小为

$$B=\frac{F_{max}}{q_0 v}. \tag{8.1-1}$$

在国际单位制中，磁感应强度 B 单位为特斯拉(T)；常用单位为高斯(G)，$1G=10^{-4}T$。特斯拉与相关单位的关系为

$$1T=\frac{1N}{1C\times 1m/s}.$$

地球表面 B 的大小约为 $3\times10^{-5}T$(赤道)和 $6\times10^{-5}T$(两极)；一般仪表的永磁体附近的磁场约为 $10^{-2}T$；大型电磁铁附近约为 2T；通过强电流的超导体附近的磁场稳定时可达 20T；超导材料制造的磁体可产生 10^2T 的磁场；在微观领域中已发现某些原子核附近的磁场可达 10^4T。

8.1.3　毕奥-萨伐尔定律

1820 年，法国科学家毕奥和萨伐尔在分析大量实验资料的基础上，总结出电流元与它激发的磁场之间的定量关系，称为毕奥-萨伐尔定律，其写成矢量式为

$$dB=\frac{\mu_0}{4\pi}\frac{Idl\times r_0}{r^2}, \tag{8.1-2}$$

即载流导线上的电流元$\frac{Idl\times r_0}{r^2}$在真空中某点 P 处所激发的磁感应强度 dB 的大小与电流元 Idl 的大小成正比，与电流元 Idl 和从其到 P 点的位矢 r 的夹角 θ 的正弦成正比，与位矢 r 的大小的平方成反比，即

$$dB=\frac{\mu_0}{4\pi}\frac{Idl\times\sin\theta}{r^2}, \tag{8.1-3}$$

其中常数 $\mu_0=4\pi\times10^{-7}N/A^2$，称为真空磁导率，是描述真空磁特性的常数。$dB$ 的方向垂直于 Idl 和 r 确定的平面，满足右手螺旋定则，即右手四指由 Idl 方向沿小于 π 角向 r 弯曲时，伸直的大拇指所指的方向即为该电流元在 P 点激发的磁场的磁感应强度的方向，如图 8.1-3 所示。

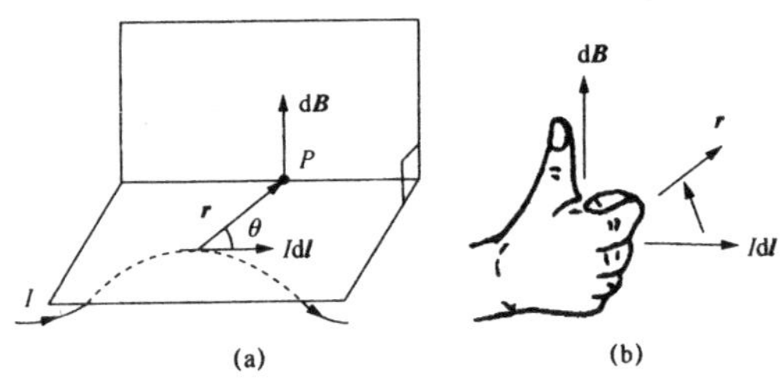

图 8.1-3　毕奥-萨伐尔定律方向示意图

8.1.4　磁场叠加原理

磁场的可叠加性与电场一样，磁感应强度也服从叠加原理。所谓磁感应强度叠加原理，即若有 n 个载流导体，它们单独存在时，在空间某点 P 分别产生的磁感应强度为 B_1、B_2、…、B_n，则这 n 个载流导体在 P 点共同产生的磁感应强度 B 等于每个载流导体单独存在时在 P 产生的磁感应强度的矢量和，即

$$B=\sum_{i=1}^{n}B_i=B_1+B_2+\cdots+B_n. \tag{8. 1-6}$$

应用叠加原理和毕奥-萨伐尔定律，原则上可以计算任意形状的载流导体产生的磁场。但除简单形状的截流导体外，在一般情况下，这种计算十分繁琐，有时甚至计算不出结果。因此，在实际应用中，多采用实验的方法，通过一定的仪器去测定电流的磁场。

根据叠加原理和毕奥-萨伐尔定律用定积分方法可求出规则的一些载流导体所产生的 磁感应强度，表 8. 1-1 列出几种常用的典型载流导体的磁感应强度的公式。

表 8.1-1　几种典型载流导体的磁感应强度公式

电流及场点位置	磁感强度公式	电流及场点位置	磁感强度公式
无限长载流直导线外任一点 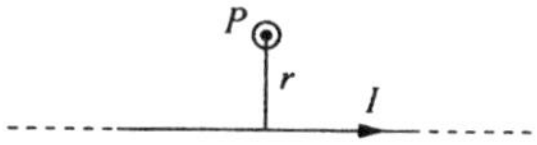	$B=\dfrac{\mu_0 I}{2\pi r}$	半无限长载流直导线一端垂线上任一点 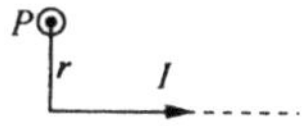	$B=\dfrac{\mu_0 I}{4\pi r}$
圆心角为一段载流圆弧面圆心处 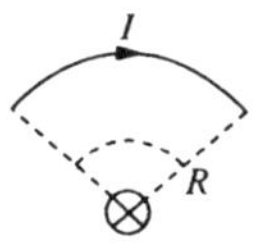	$B=\dfrac{\mu_0\theta I}{4\pi r}$	载流圆形导线圆心 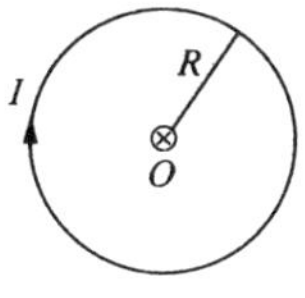	$B=\dfrac{\mu_0}{2}\dfrac{I}{R}$
载流圆导线轴上任一点 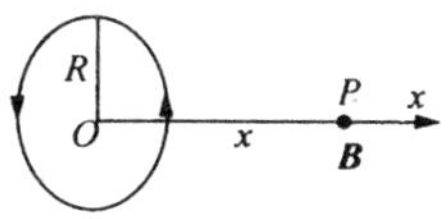	$B=\dfrac{\mu_0}{2}\dfrac{IR^2}{(R^2+x^2)^{3/2}}$	载流空心长直密绕螺线管中心部（n 为单位长度上的匝数）$B=\mu_0 nI$ 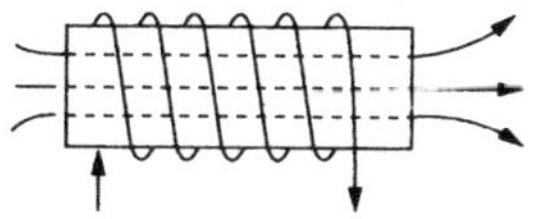	$B=\mu_0 nI$

8.2　磁场高斯定理、安培环路定理

8.2.1　磁场高斯定理

1. 磁感线

像用电场线形象地描绘电场一样,也可以用磁感线形象地描绘磁场的分布。在磁场中画一系列的有向曲线,使这些曲线上的任一点切线方向都与该点的磁感应强度 B 的方向一致,同时这些曲线的面密度与磁感应强度 B 的大小成正比,这些曲线即称为磁感线。

如图 8.2-1 所示,给出了几种常用电流的磁感线分布及右手螺旋定则判定磁感应强度方向的方法。

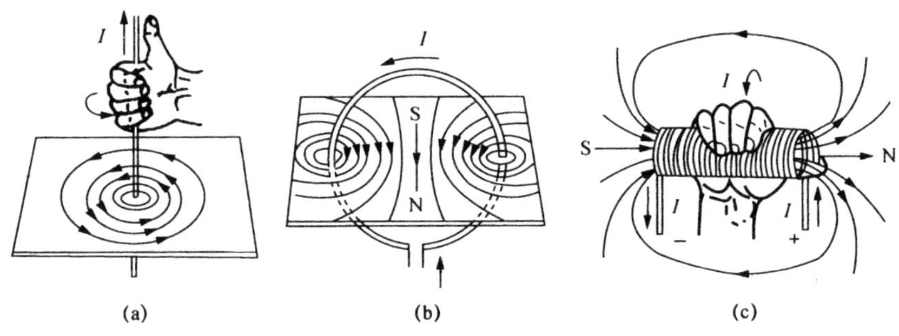

图 8.2-1　三种典型电流的磁感线

2. 磁通量

通过磁场中某给定曲面磁感线总数,称为通过该面的磁通量。如图 8.2-2 所示,与电通量相同,通过面元 dS 的磁通量为

$$\mathrm{d}\Phi_{\mathrm{m}} = B \cdot \mathrm{d}S, \tag{8.2-1}$$

则通过有限面积 S 的磁通量为

$$\Phi_{\mathrm{m}} = \int_{s} B\cos\theta\,\mathrm{d}S. \tag{8.2-2}$$

在国际单位制中,磁通量的单位为韦伯,符号为 Wb,1 Wb = 1T · m^2。

3. 磁场的高斯定理

与电场中曲面的方向规定类似,在磁场中任取一闭合曲面,如图 8.2-3 所示,规定曲面外法线方向为曲面法线的正方向,则从闭合面穿出的磁通为正,穿人闭合曲面为负。如图 8.2-4 所示,理论与实验都证明:磁感线是闭合曲线,因此穿入闭合曲面的磁感线,必会从另一处穿出,即穿入与穿出任一闭合面的磁感线的条数总

是相等的，所以在磁场中，通过磁场中任一闭合面的磁通量等于零。这一规律称为磁场的高斯定理，其数学表达式为

$$\oint_S \mathrm{B}\cdot d\mathrm{S}=\oint_S B\cos\theta\, d\mathrm{S}=0. \qquad (8.2\text{-}3)$$

磁场高斯定理与静电场高斯定理不同，说明磁场是与静电场性质不同的场。静电场高斯定理表明静电场是有源场；磁场的高斯定理表明磁场是无源场，磁力线闭合，无单一的磁极存在。

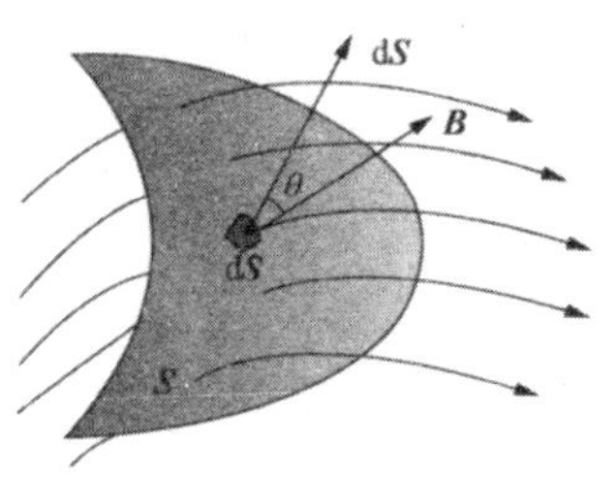

图 8.2-2 磁场与面元

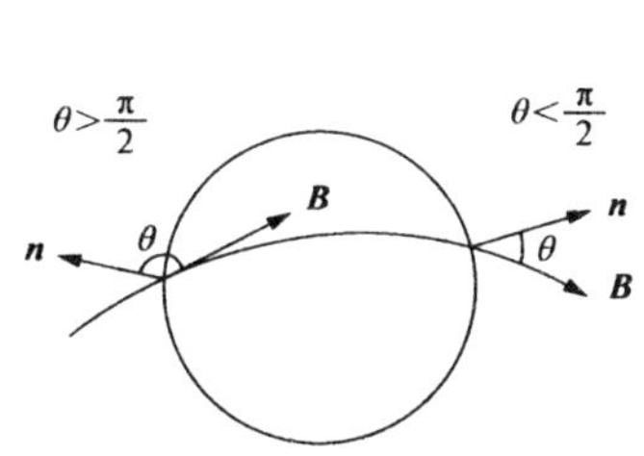

图 8.2-3　磁通量符号定义

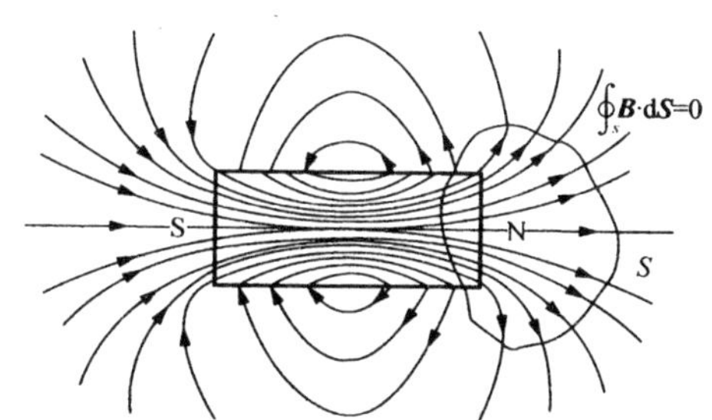

图 8.2-4　通过任意闭合曲面的磁通量示意图

8.2.2　磁场安培环路定理

理论上可证明，磁场环流的规律是：在真空中，磁感应强度 B 沿任意闭合回路 L 的线积分，等于该闭合回路所包围的面上穿过电流代数和的 μ_0 倍，这一结论称为磁场的安培环路定理，其数学表达式为

$$\oint_L B\cdot \mathrm{d}l=\mu_0\sum I. \qquad (8.2\text{-}4)$$

磁感应强度的环流不为零，说明磁场不是保守力场，而是涡旋场，不能引入势能的概念，其磁感线是闭合的。静电场的电场强度环流为零，而描述磁场的磁感应强度的环流不为零，说明静电场与磁场的性质不同。

应用安培环路定理，可以计算某些具有对称分布的电流的磁感应强度。表 8.2-1 列出了几种常用的对称分布的电流的磁感应强度的公式。

表 8.2-1 几种常用的对称分布的电流的磁感应强度的公式

载流导体	磁场分布
半径为 R、电流均匀分布的无限长直圆柱体	$B_P=\begin{cases}\dfrac{\mu_0 I}{2\pi r} & (r>R),\\ \dfrac{\mu_0 I}{2\pi R^2}r & (r<R)\end{cases}$
半径 R 的通电薄圆筒	$B_P=\begin{cases}\dfrac{\mu_0 I}{2\pi r} & (r>R),\\ 0 & (r<R)\end{cases}$
平均周长为 L、总匝数为 N 的螺绕环内部中心的磁场	$B=\mu_0\dfrac{N}{L}I$

8.3 磁场力

8.3.1 洛伦兹力

静止的电荷在静电场中要受到电场力的作用,但在磁场中,静止的电荷并不受磁场力。只有相对磁场运动的电荷,才可能受到磁场力的作用。通常把运动电荷在磁场中所受到的磁场力,称为洛伦兹(Lorentz)力 F。

实验表明,当运动电荷速度 v 的方向与磁场平行时,不受磁场力作用;而当运动电荷速度 v 的方向与磁场垂直时,电荷在磁场中受到的力 F 为最大,其与电荷电量 q、速度 v、磁感应强度 B 的关系为

$$F_{\max}=qvB.$$

当电荷的运动速度 v 与磁感应强度 B 之间的夹角为 θ 时,如图 8.3-1(a)所示,可将速度分解为平行和垂直于磁感应强度两个分量,即

$$v_{//}=v\cos\theta,\quad v_{\perp}=v\sin\theta.$$

因为运动电荷与磁场方向平行时不受磁场力作用,所以只需考虑垂直于磁场 B 方

向的速度分量，即运动电荷所受洛伦兹力大小为

$$F_m = qvB\sin\theta \tag{8.3-1}$$

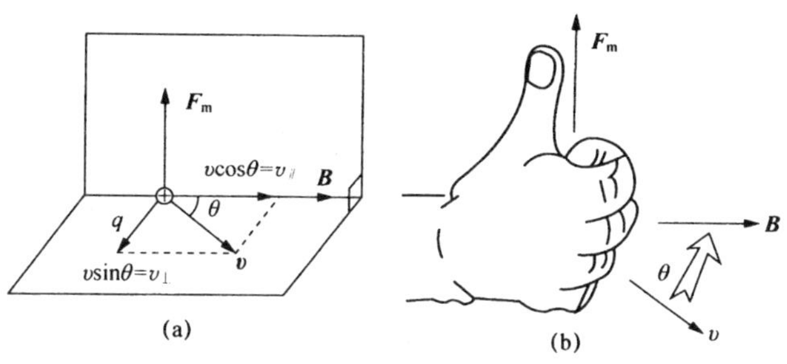

图 8.3-1　磁场对运动电荷的作用力

洛伦兹力 F_m 垂直于 v 和 B 决定的平面，F_m、v、B 三个矢量的方向满足右手螺旋法则。如图 8.3-1(b)所示，$q>0$ 时，右手四指成握状，四指由 v 经小于 180°的角转向 B 时，竖起大拇指，大拇指与四指垂直，此时拇指的方向即洛伦兹力的方向；当 $q<0$ 时，F_m 的方向与正电荷受力方向相反。洛伦兹力的矢量表达式为

$$F_m = qv\times B. \tag{8.3-2}$$

F 总是垂直于 v，所以洛伦兹力对运动电荷不做功，而只改变运动电荷速度 v 的方向。

滤速器(又称为速度选择器)。它是利用电场和磁场对带电粒子的共同作用，从各种速率的带电粒子中选择出具有一定速率粒子的装置，图 8.3-2 所示为其原理图。

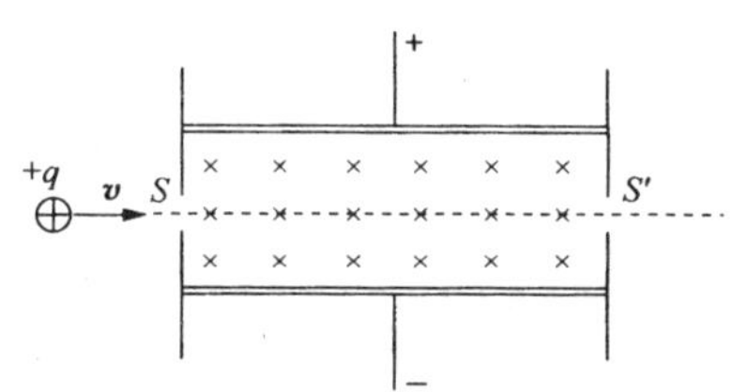

图 8.3-2　滤速器原理图

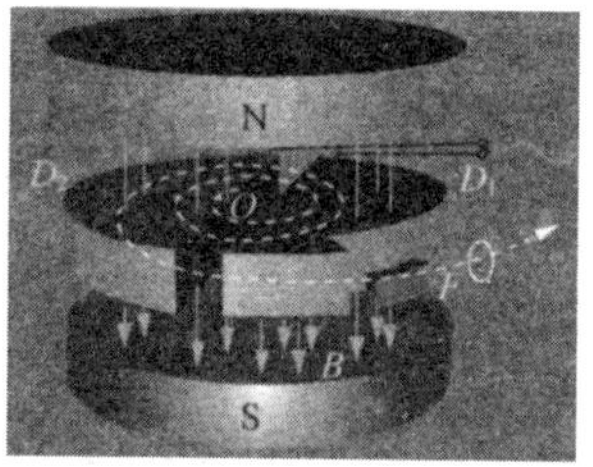

图 8.3-3　回旋加速器

在现代科学技术中，滤速器常被应用于离子注入技术，在制造晶体管和大规模集成电路时，往半导体体基片里注入的深度也有严格要求。因为注入深度与离子的速率有关，所以通过调整极板电压，就可控制离子的注入速率，从而达到合适的注入深度。此外，滤速器还被广泛应用于核物理实验、基本粒子实验和宇宙射线实验等。

利用磁场的洛伦兹力还可制成带电粒子的加速器，如图 8.3-3 所亦。

8.3.2 安培力

运动电荷在磁场中要受到洛伦兹力。电流是电荷的定向运动产生的,因此载流导线在磁场中定会受到一个磁场力,通常称为安培力。

安培在观察和分析了大量实验事实的基础上,总结出了关于载流导线上一段电流元 Idl 受力的基本规律,即电流元 Idl 所受磁场力 dF 的大小,等于电流元的大小、电流元所在处的磁感应强度 B 的大小以及 Idl 和 B 之间的夹角 θ 正弦的乘积;安培力 dF、电流元 Idl 和磁感应强度 B 三者的方向满足右手螺旋定则。这一结论被称为安培定律,其数学矢量式为

$$dF = Idl \times B, \tag{8.3-3}$$

大小为

$$dF = BIdl\sin\theta. \tag{8.3-4}$$

安培力的方向如图 8.3-4 所示,电流方向磁场方向 Idl、磁场方向 B 与安培力 dF 方向满足右手螺旋定则。

为了获得长载流导线 L 所受的安培力,可将该载流导线分割成许多电流元,则整个载流导线所受到的安培力就是各电流元所受到的安培力的矢量和:

$$F = \int_L Idl \times B, \tag{8.3-5}$$

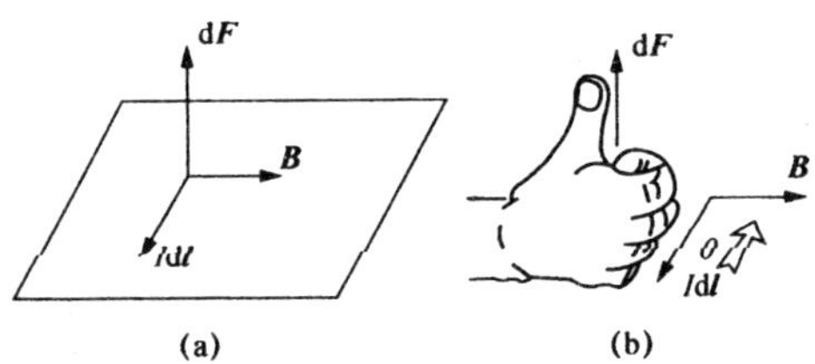

图 8.3-4　安培力方向

载流导体中的电流是大量电子做定向运动形成的。当载流导体处于磁场中时,其中的每个运动着的电子都要受到洛伦兹力的作用,作用于所有电子的洛伦兹力的总和,在宏观上就表现为导体所受的安培力。证明如下:

在 dt 时间内,Idl 载流导线的运动电荷是 $q = Idt$,这些电荷所受到的洛伦兹力总和为

$$dF = qv \times B = Idtv \times B = Idl \times B. \tag{8.3-6}$$

可见,安培力 F 是载流导体中所有电荷受到的洛伦兹力的总和(或宏观表现)。

8.3.3 磁场对载流线圈的作用与磁力矩

设有一平面矩形刚性载流线圈 $abcd$,边长分别为 l_1 和 l_2,通有电流 I。为确定

线圈的方位，规定线圈平面法线 n 与线圈中电流 I 的绕向成右手螺旋关系。该线圈放入磁感应强度为 B 的匀强磁场中，B 与线圈平面法线的夹角为 θ，B 与线圈平面的夹角为 $\alpha=\pi/2-\theta$，如图 8.3-5 所示。

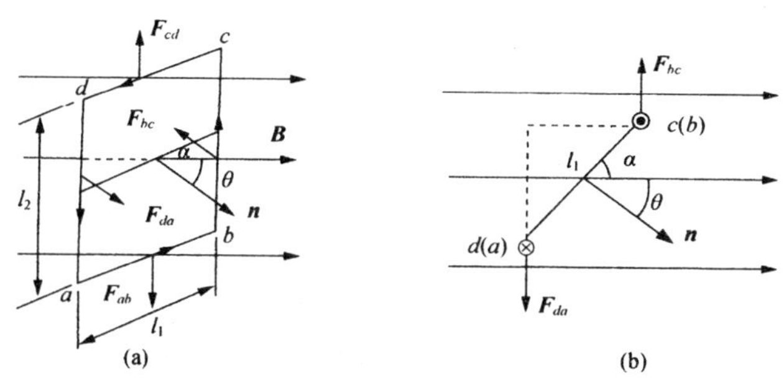

图 8.3-5　**磁场对载流线圈的作用**

载流线圈受到磁场的作用为四段载流直导线受到的安培力。根据安培定律，线圈中 ab 和 cd 两电流所受安培力分别为

$$F_{ab}=BIl_1\sin\alpha, \tag{8.3-9}$$

$$F_{cd}=BIl_1\sin(\pi-\alpha)=BIl_1\sin\alpha. \tag{8.3-10}$$

这两个力大小相等、方向相反，作用线在同一直线上，如图 8.3-5(a)所示，对整个线圈来说，它们的合力为零。

根据安培定律，线圈中 bc 和 da 两电流所受安培力分别为

$$F_{bc}=BIl_2\sin\pi/2=BIl_2,\quad F_{da}=BIl_2\sin\pi/2=BIl_2 \tag{8.3-11}$$

这两个力大小相等、方向相反，作用线不在同一直线上，如图 8.3-5(b)所示，对整个线圈来说，它们对线圈形成一个磁力矩 M，其大小为

$$M=F_{ad}Bl_1\sin\theta=BIl_1l_2\sin\theta=BIS\sin\theta, \tag{8.3-12}$$

式中，$S=l_1l_2$，为矩形线圈的面积。如果线圈有 N 匝，则线圈所受的磁力矩为

$$M=NBIS\sin\theta. \tag{8.3-13}$$

定义 $p_m=NIS$ 为线圈的磁矩，磁矩是描述平面载流线圈磁性质的物理量，则式(8.3-13)可写为矢量式

$$M=p_m\times B. \tag{8.3-14}$$

可见，载流线圈在匀强磁场中，将受到磁力矩的作用而旋转，此即为电动机的工作原理。由式(8.3-13)和式(8.3-14)可知磁力矩的大小与线圈磁矩 p_m 和磁感应强度 B 的大小成正比，而磁矩又与线圈匝数和线圈面积及线圈中的电流强度成正比，因此可通过增加线圈匝数、增大线圈面积或提高线圈中的电流强度，来提高线圈的磁力矩和旋转速度，从而提高电动机的功率。

8.3.4　霍尔效应

1. 霍尔效应

美国物理学家霍尔(Hall)于 1879 年在实验中发现:当电流垂直于外磁场方向通过导体时,在垂直于磁场和电流方向导体的两个端面之间出现电势差。后来人们就称这一现象为霍尔效应,所产生的电势差称为霍尔电势差,也叫霍尔电压 U_H,两端面之间的电场称为霍尔电场 E_H。

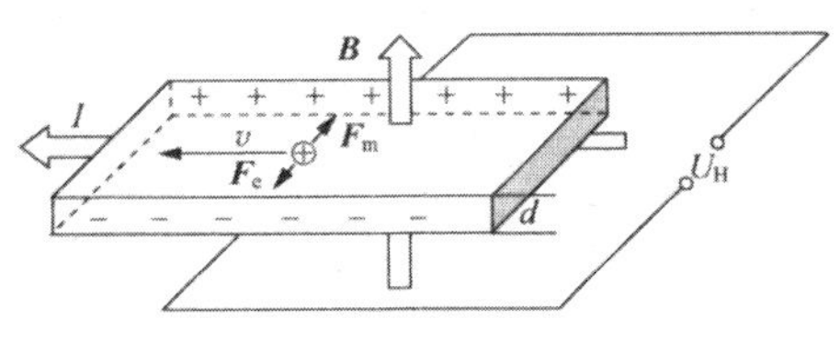

图 8.3-6　霍尔效应原理图

霍尔效应可用带电粒子在磁场中运动时受到洛伦兹力的作用来解释。如图 8.3-6 所示,设一宽度为 a、厚度 d 的导体平板中,有电流 I 自右向左通过均匀磁场 B 的方向由里向外,若平板内自由移动电荷 q 的平均速率 v,则它受到的平均洛伦兹力大小为 $F_m=qvB$,该力方向与电流和磁场垂直,使带正电粒子与负电粒子分别向两个垂直于磁场和电流方向的两端面聚集。随着电荷的积累,在两端面之间将出现一个电场,称为霍尔电场 E_H,其将对电荷施加一个与洛伦兹力方向相反的电场力 F_e,阻碍电荷的聚集。随着电荷的进一步积累,E_H 不断增大,F_e 也随之增大,当 $F_e=-F_m$ 时,达到平衡,电荷不再向两端面定向移动,形成稳定电势差。

可证明,霍尔电压为

$$U_H=R_H\frac{IB}{d},\qquad(8.3\text{-}15)$$

式中,R_H 称霍尔系数,它决定于材料单位体积内的载流子数 n 和载流子的电量 q,其关系为

$$R_H=\frac{1}{nq}.\qquad(8.3\text{-}16)$$

在金属导体中,由于自由电子的密度很高,相应的 R_H 值很小,因而霍尔电压很低;在半导体材料中,相应的 R_H 值要比金属大得多,所以,半导体的霍尔效应很明显。

半导体材料分 N 型半导体和 P 型半导体材料,N 型半导体的载流子主要是电子,P 型半导体的载流子主要是空穴(相当于带有一个单位 e 的正电荷)。两种半导体材料产生的霍尔电压的极性相反。

2. 霍尔元件

在长方形的半导体薄片上分别装上两对金属电极后,再用陶瓷、环氧树脂或非金属材料将它包起来而制成霍尔元件。如图 8.3-7 所示,电极 1、2 是激励电极或控制电极,用于导入控制电流;电极 3、4 是输出极,是从与激励电极垂直的两个端面引出的,用于输出霍尔电压。

霍尔元件具有对磁场敏感、结构简单、体积小、频率响应宽、输出电压变化范围大、使用寿命长等特点。

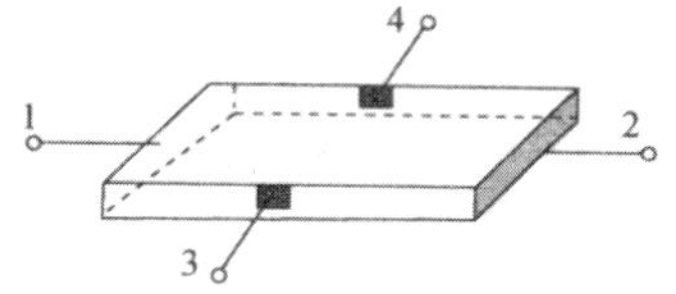

图 8.3-7　霍尔元件示意图

3. 霍尔效应的应用

由式(8.3-15)可知,对给定的霍尔元件(R_H 和 d 为已知),通过已知控制电流不变(即霍尔元件的输入端输入稳恒的电流 I),并使霍尔元件所在处的磁场与霍尔元件的表面垂直时,由输出端所接伏特表读出霍尔电压 U_H,即可待测磁感应强度 B 的大小:

$$B=\frac{d}{R_H I}U_H \tag{8.3-17}$$

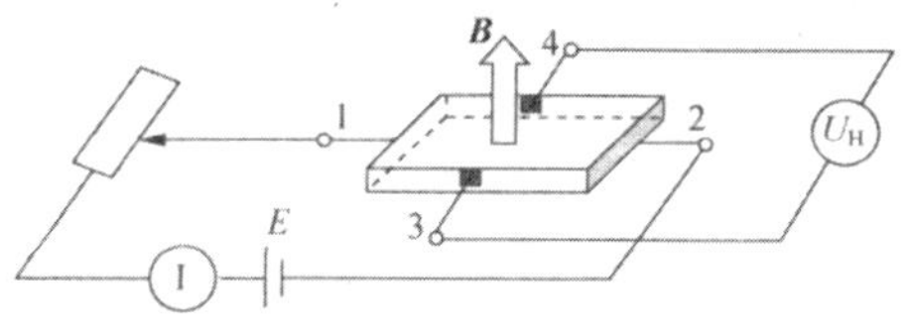

图 8.3-8　用高斯计测量 B 的电路图

由此原理可制作出测量磁场的高斯计,图 8.3-8 所示为用高斯计测量 B 的电路图。常见的 CT5 型高斯计可测量 $100\sim35\times10^3$Gs 的磁场。高斯计还可用来测量强大直流电流。几千安培乃至数万安培的强大直流电流是不能直接用直流电流表串接在电路中去测量的,因为通电导线周围要产生磁场,而磁感应强度 B 的大小和导线中的电流 I 成正比,因此,可利用霍尔元件测磁场的方法先测其磁场 B,再通过 B 求得导线中的电流 I。这种方法的优点是不需要断开待测电流,对被测回路无影响,没有其他磁场干扰。

为研究与测试半导体提供有效的方法。根据霍尔电压的极性可判定半导体的载流子的类型,即无论是 N 型还是 P 型半导体,还可通过霍尔效应测得霍尔系数 $R_{\rm H}$,从而确定半导体材料的载流子的浓度 $n=1/(qR_{\rm H})$。

4. 霍尔传感器

霍尔元件可做成位移、压力、流量等传感器。如图 8.3-9 所示是位移传感器原理图。在极性相反,磁感应强度相同的两磁铁的气隙中,放置一霍尔元件,当元件的控制电流 I 恒定,而 B 随位置而变化,并使 $\mathrm{d}B/\mathrm{d}x$ 为一常数,则当霍尔元件沿 x 方向移动时,霍尔电压的变化为

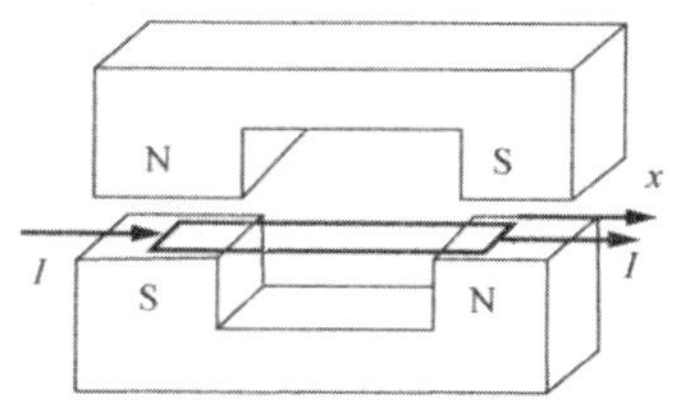

图 8.3-9　位移传感器原理图

$$\frac{\mathrm{d}U_H}{\mathrm{d}x}=R_{\rm H}\ \frac{I}{d}\frac{\mathrm{d}B}{\mathrm{d}x}=K \tag{8.3-18}$$

常数 K 称为霍尔式位移传感器的输出灵敏度,由式(8.3-18)得

$$U_{\rm H}=K(x-x_0). \tag{8.3-19}$$

由此,微小位移量的变化转化为霍尔电压信号,实现将位移信号转化为电信号

的功能。

8.4 磁场中的介质

8.4.1 磁介质及其磁化特性

1. 磁化现象

原来不显示磁性的物质在磁场中获得磁性的现象称为磁化。在磁场中加入某种物质,因该物质的磁化而能增强或减弱磁场,这种物质称为磁介质。由于组成物质的原子分子均可等效为一个小磁体,当把物质放到磁场中,则物质内的所有小磁体均在磁场的作用下会发生变化,同时对原磁场产生影响,为此所有物质均可视为磁介质。

2. 磁化规律及介质磁化特性的描述

若在真空中某点磁感应强度为 B_0,放入磁介质后,由于磁介质的磁化而在该点产生附加磁感应强度 B',则该点的磁感应强度 B 应为 B_0 与的矢量和,即

$$B=B_0+B'. \tag{8.4-1}$$

实验发现,磁介质极化与电介质极化有很大不同。不同的磁介质在磁场中被磁化,其磁化产生的磁感应强度 B' 与原磁场磁感应强度 B_0 的方向可能相同,也可能相反,因此磁介质的磁可能增强原磁场,也可能削弱原磁场。而 B' 大小与 B_0 大小成正比,还与磁介质本身结构有关,这说明磁介质被磁场的磁化程度是不同的。为了描述不同磁介质被磁化程度的差异及对磁场的影响,引入磁介质相对磁导率,用 μ_r 表示,其值为

$$\mu_r=B/B_0. \tag{8.4-2}$$

若已知某种介质的相对磁导率,则可求得磁场 B_0 中,介质内的磁感应强度为

$$B=\mu_r B_0 \tag{8.4-3}$$

下面以通电长直密绕螺旋管为例来讨论磁介质对磁场的影响。设螺线管中通以电流 I,单位长度的匝数为 n,若螺线管内为真空,则其内部磁感应强度大小为

$$B_0=\mu_0 nI. \tag{8.4-4}$$

如果在螺线管内充满某种各向同性的均匀磁介质,由于磁介质的磁化,螺线管内磁介质中的磁感应强度变为 B,由式(8.4-3)和式(8.4-4)得

$$B=\mu_r B_0=\mu_r\mu_0 nI=\mu nI. \tag{8.4-5}$$

式中,$\mu=\mu_r\mu_0$,称为介质的磁导率,其单位与 μ_0 的单位一致,即 $N\cdot A^{-2}$。磁介质的磁导率描述了该磁介质对磁场影响的程度。

8.4.2 磁介质的分类

磁介质磁化的微观机制和宏观效果一般随磁介质的种类不同而异。根据实验

测定,研究中常将磁介质分为三类。

(1)顺磁质。氧、锰、铝、铂、铬等物质磁化后,内部磁场强度 B 强于原磁场感应强度 $B_0(B>B_0)$,即 $\mu_r>1$,这类磁介质称为顺磁质。

(2)抗磁质。铜、汞、氢、氮、水、银、金等物质磁化后,内部磁感应强度 B 略弱于原磁场感应强度 $B_0(B<B_0)$,即 $\mu_r<1$,这类磁介质称为抗磁质。

顺磁质和抗磁质的相对磁导率都很接近于 1,它们磁化后所产生的附加磁场对原磁场影响很小,统称为弱磁质。一般情况下常不考虑它们对磁场的影响。

(3)铁磁质。铁、钴、镍等物质,磁化后在介质内部产生很强的附加磁场 B',并且 B' 与原磁场 B_0 同方向,使介质磁化后的磁场 B 显著增强。即 $B\geqslant B_0$,$\mu_r\geqslant 1$,这类磁介质称为铁磁质。铁磁质是强磁质。

8.4.3　铁磁质的特性

为描述铁磁质磁化强度的规律,一般用磁化曲线表示。图 8.4-1 为一铁磁质的磁化曲线,其横坐标为磁场强度,其定义为

$$H=\frac{B}{\mu_0\mu_r}. \tag{8.4-6}$$

可见,磁场强度是与介质无关的描述磁场本身强度的物理量,它与励磁电流成正比,所以可通过改变励磁电流实现对磁场强度的改变。其纵坐标为磁感应强度 B,其描述在介质极化后的总磁场强弱,从而反映出磁化效果。

由铁磁质的磁化曲线可以看出 B 变化落后于 H,这种现象被称磁化曲线为磁滞现象,即极化滞后于磁场变化。所以铁磁质的磁化曲线又称为磁滞回线。

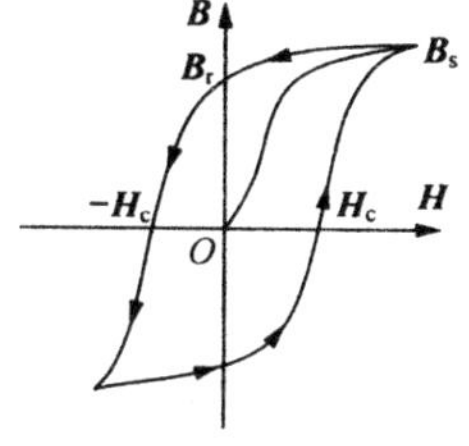

图 8.4-1　铁磁质的磁化曲线

由铁磁质的磁滞回线及其相关实验得出铁磁质的特性如下:

(1)铁磁质的 μ_r 不是常量,即 B 与 H 不是线性关系,两者的关系绘出的曲线即磁滞回线,图 8.4-1 所示。

(2)铁磁质磁化具有饱和性,即增加磁场强度 H,相应的磁感应强度 B 不再增加,这是因为介质中所有的磁畴(可分子磁矩)都与外场方向一致,此时的磁感应强度 B_S 称为饱和磁感应强度。

(3)存在剩磁现象,即使铁磁质磁化的外场撤去之后,仍能保留部分剩余磁场 B_r,B_r 称剩磁。

(4)由曲线可见,当 $H=-H_c$ 时,铁磁质的剩磁就消失了,铁磁质不显磁性,称为矫顽力。

(5)铁磁质都有一临界温度。铁磁质的 μ_r 与温度有关,随着温度的升高,它的磁化能力逐渐减小。当温度升高到某一温度时,铁磁质退化为顺磁质。这一温度

即称为铁磁质的一个临界温度,这个临界温度又称为磁介质的居里(Curie)点。铁的居里点是1043K,镍的居里点是630K,钴的居里点是390K,78%坡莫合金的居里点为580K,30%坡莫合金的居里点为343K。

(6)铁磁质在交变电流的励磁下反复磁化使其温度升高,要损失能,称为磁滞损耗。磁滞损耗与磁滞回线所包围的面积成正比。

测量铁磁质的磁化曲线除具有重要的理论研究价值外,还有很重要的技术应用作用。根据磁化曲线,即 $B-H_c$ 之间的关系,若已知一个量可求出另一个量,在设计电磁铁、变压器以及一些电气设备时,磁化曲线是很重要的实验依据。

8.4.4　磁性材料及应用

按铁磁质的磁化特征,即磁滞回线的不同,可将铁磁质分为软磁材料和硬磁材料。

所谓软磁材料,如图8.4-2(a)所示,磁滞回线狭长,相对磁导率 μ_r 和饱和磁感应强度 B_s 一般都较大,但矫顽力不大,所以损耗小、易磁化、易退磁。

常见软磁材料有硅钢片、铁镍合金、铁铝合金、铁钴合金等。软磁性材料在交变磁场中的磁滞损耗小,适合在交变磁场中使用,如制造电磁铁、继电器、电感元件、变压器、镇流器以及电动机、发电机的铁芯、高频电磁元件的磁芯、磁棒等。

所谓硬磁材料,如图8.4-2(b)所示,剩磁和矫顽力比较大,磁滞回线包围的面积大,所以磁滞损耗大、磁滞特性非常显著。

常见金属硬磁材料有钨钢、碳钢、铝镍钴合金等。硬磁材料剩磁大,不易退磁,适合于做永磁铁,如磁电式电表、永磁扬声器、耳机等可用硬磁材料。

硬磁材料中还有一种铁氧体,又叫铁淦氧,是由三氧化二铁和其他二价的金属氧化物的粉末混合烧结而成,也称为磁性瓷,如锰镁铁氧体、锂锰铁氧体等。其磁滞回线接近矩形,如图8.4-2(c)所示,称为矩磁材料。由图可见矩磁材料的特点是剩磁 B_r 接近于磁饱和磁感应强度 B_s,矫顽 H_c 不大。当矩磁材料由电流磁场磁化,当外电流为零时,它总处于于 $+B_r$ 或 $-B_r$ 两种不同的剩磁状态,并能长期保持这种剩磁状态,因此可用这类矩磁材料作记忆元件——存储单元,用其两种剩磁状态分别表示二进制数或代码的“0”和“1”两种数码。

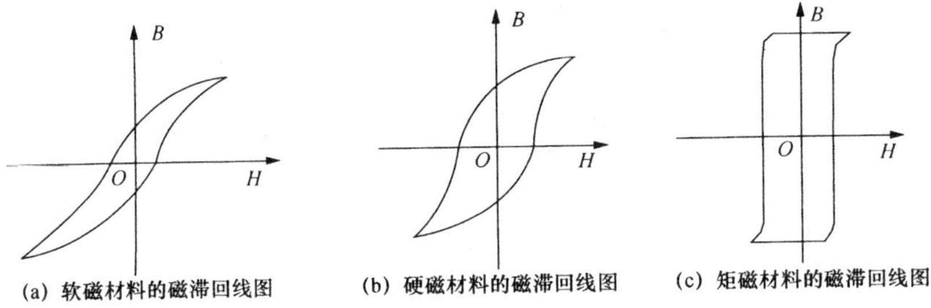

(a) 软磁材料的磁滞回线图　(b) 硬磁材料的磁滞回线图　(c) 矩磁材料的磁滞回线图

图8.4-2　软、硬磁材料的磁滞回线图

某些金属磁性材料在外磁场中被磁化时，其长度会发生变化的现象称为磁致伸缩效应。一般把磁致伸缩比较显著的材料称为压磁材料，可用于制成压力传感器和机械滤波器等。

8.4.5　超导

1. 超导及其特点

超导电性(简称超导)是指金属、合金或其他材料在极低温条件下电阻变为零的性质。超导现象是荷兰物理学家昂内斯(Onnes)首先发现的。1911 年，他在测量一个固体汞样品的电阻与温度的关系时发现，当温度下降至 4.2K 附近时，样品的电阻突然减小到零，这一奇异的现象。

物体温度下降到某一值时，失去电阻的状态称为超导态。在无外磁场影响的情况下，超导体从有电阻的正常状态转变为没有电阻的超导态的温度，称为该材料的转变温度或临界温度，用 T_c 表示。具有在某一临界温度 T_c 以下出现超导态性质的物质称为超导体。

与普通导体相比较，超导体就具有以下一系列独特的物理特性：

(1)零电阻

零电阻是超导体的一个重要特性，在超导体中的电流可看成是无阻流动，不产生焦耳热。此时超导体内任意两点间无电势差，整个导体是一个等势体，内部没有电场存在。

(2)完全抗磁性特性

超导的完全抗磁性特性也称迈斯纳效应，亦即超导体内的磁感应强度为零。1933 年，迈斯纳(Mesnar)等人在实验中发现，无论是将超导体移入磁场中并仍保持超导态，还是在磁场中将物体由正常态转变为超导态，磁感线是被完全排斥到超导体之外，超导体内的磁感应强度为零。这种现象称为迈斯纳效应。这一现象是物体转化为超导变化的过程中，超导体表面产生了电流，这种电流在其内部产生的磁场完全抵消了外部的磁场。实验表明，超导的磁屏蔽电流分布在超导体一定厚度的表面层内。因此，磁场不是在表面上突然降为零，而有一定的透入深度，深度的大小取决于材料性质，一般约为 10^{-7}m。

(3)超导的临界参数

超导体的临界参数除了临界温度外，还有临界磁场 B_c 和临界电流 I_c。实验表明，超导态不仅与物体的温度有关，还与外磁场强度有关。即使超导体的温度低于临界温度，若外磁场很强，超导态也会被破坏。能使超导态消失的最低外磁场强度 B_c，称为超导体的临界磁场。实验还表明，当通过超导体的电流超过一定值后，超导态也会消失而变成正常态。使超导体保持超导态的最大电流，称为超导体的临界电流 I_c，若超过这一电流，超导体将从超导态转化为正常态。综上所述，只有当温度、外加磁场和电流都低于各自的临界值时，材料才能保持超导性。

2. 超导体的应用

超导体可做超导强磁体。超导强磁体与常规磁体比较,具有极强的磁场、体积小、质量轻、节能和稳定性好等优点。例如,一个产生 5T 的中型传统电磁铁质量可达 20t,而产生相同磁场的超导电磁铁不过几千克。节能方面超导强磁体也有很大优势。虽然超导电磁运行过程中也是需要能量的,首先是最开始时产生磁场需要能量,其次在正常运转时需保持材料温度在绝对温度几开尔文,需要用液氦制冷系统,也需要能量,但还是比维持一个传统电磁铁需要的能量少。例如,在美国阿贡实验室中的气泡室(探测微观粒子用的一种装置,作用如同云室)用的超导电磁铁,线圈直径为 4.8m,产生 1.8T 的磁场。在电流产生之后,维持此电磁铁运动只需要 190kW 的功率来维持液氦制冷机运行,而同样规模的传统电磁铁的运行需要的功率则是 10^6kW。这两种电磁铁的造价差不多,但超导电磁铁的年运行费用仅为传统电磁铁的 10%。超导强磁体可用于大型粒子加速度、受控热核反应、磁流体发电、超导电机、磁化处理等方面。

超导技术在电力系统大有用处。超导电力技术主要包括超导储能系统、超导限流器、超导电缆、超导变压器、超导电机,以及基于超导技术和现代电子技术及控制技术而产生的灵活功率变换和调节技术,其应用可大大提高电网的稳定性和可靠性,改善供电品质,提高电网输电能力,降低网络损耗。超导体的无阻载流能力很高,只要不超过临界电流,用超导电缆输电可以做到完全没有线路损耗。质量轻、体积小,大功率的超导电缆可铺设在地下管道中,省去架空铁塔,也不需升压及降压设备。2005 年 1 月,我国研制的 75m 长的 10.5kV/1.5kA 三相交流高温超导电缆在甘肃白银顺利完成系统集成,并通过系统检测和调试。利用超导线圈可将用电低谷时电网多余的电能以磁场能量的形式储存起来,用电高峰时再将磁能返回电网,提高电网的负荷能力、稳定性和可靠性。

在交通运输方面,日本已研制成功使用超导体的高速磁悬浮列车,这种列车在每节车厢的车轮旁边安装小型超导磁体,在轨道两旁埋设一系列闭合铝环,整个列车由埋在地下的线性同步电动机驱动。当列车行进时,超导磁体在铝环内感应出强大电流。由于超导磁铁和铝环中感应电流间电磁相互作用,产生一个向上的排斥力,把车体托起 100mm。显然,车速越高,磁悬浮力就越大。由于磁悬浮列车高速前进时只受空气阻力,时速可达到 550km/h。

高温超导还可解决当前移动通信中频率资源紧张、抗射频干扰能力低、基站覆盖面积小、通话质量差等问题。少量的射频干扰可能导致第三代移动通信(3G)的瘫痪等问题。美国 STI 公司与日本国际电报电话公司、日立公司合作,完成了使用超导滤波器子系统的 3G 移动通信系统的实验,证明可以在覆盖面积、容量、误码率、抗干扰能力及接收机功率等方面大幅度地改善 3G 系统原有的性能。2004 年,清华大学研制成功我国第一台码分多址(CD-MA)移动通信用高温超导滤波器系统。在使用超导滤波器系统的移动通信小区内,手机辐射功率更低、通信质量更好、通信系统的灵敏度更高。

利用超导体完全抗磁性,还可以设计出无摩擦轴承,即把轴悬浮在超导线圈之间,使轴与轴承间不直接接触,从而可大大提高转速。

总之,超导技术的应用前景十分广泛,涉及电力、电子技术、交通运输、能源工程、生物医学、航天航空、天文观察和基础理论研究等多个领域。

第9章　电磁感应

自从奥斯特发现了电流的磁效应,人们就开始联想到:电流可以产生磁场,磁场是否也能产生电流?这种类比思维常常都能推动物理学的发展。

法拉第通过大量实验终于发现,当穿过闭合导体回路中的磁通量发生变化时,回路就出现电流,这个现象称为电磁感应现象。

电磁感应现象的发现,标志着一场重大的工业和技术革命的到来。电磁感应在电工、电子技术、电气化、自动化方面的广泛应用,对社会生产力和科学技术的发展发挥了重要作用。

9.1　电磁感应定律

9.1.1　电源及其电动势

1. 电源

在一段导体里,维持恒定电流的条件是导体两端有恒定的电势差。怎样才能满足这一条件呢?现以电容器放电时产生的电流为例说明。如图9.1-1所示,当用导线把电容器的两极板连接时,电子就沿着导线从低电势向高电势极板运动,等效于正电荷就沿着导线从电势高的正极板向电势低的负极板运动,从而在导线中形成电流。但这个电流很快就会消失,因为正电荷到达负极板后,会与负电荷中和,使两极板间的电势差很快降低到零,导线中的电流也随之很快降为零。由此可见,只有静电力的作用是不能在导体中维持恒定电流的。

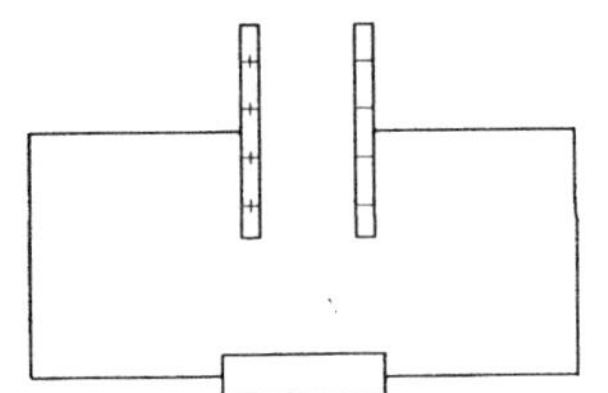
图9.1-1　电容器放电电路图

为保持两极板的电势差恒定,必须有某种力能够不断地把正电荷从电势低的极板,沿两板间送到电势高的极板,使两板上的电荷数量保持不变,两板间的电势差也就保持恒定,这样才能在导体中维持稳恒电流。然而,静电力只能使正电荷从高电势移向低电势,要做到在两极板间使正电荷从低电势移向高电势,必须依靠在本质上不同于静电力的某种非静电力。

能够提供非静电力的作用、将正电荷从低电势移向高电势的装置称为电源。电源的种类很多,如干电池、蓄电池、发电机等。不同类型的电源形成非静电力的性质不同,但无论哪种电源,电源内部非静电力在移送电荷过程中,都要克服静电力做功。这个做功过程,实际上是把其他形式的能量转换成静电势能的一种装置。

每个电源把其他形式的能量转换成电能的本领是一定的。不同的电源的本领各不相同;或者说,不同的电源,把一定量的正电荷在电源内部从负极移到正极时非静电力所做的功不同。为描述在电源内部非静电力做功的能力大小,引入电源电动势的概念。

2. 电源电动势

用导线和电阻将电源连成闭合回路,如图 9.1-2 所示。这时在电源内部同时存在着静电力和非静电力。静电力是静电场产生的。非静电力的性质,因电源的不同而不同。如化学电池的非静电力是化学能;发电机的非静电力是电磁力。假设相对非静电力,存在等效的非静电场强 E_k,则非静电场强可表达为

$$E_k = F_k/q. \tag{9.1-1}$$

在电源内部任一点合场强为

$$E = E_0 + E_k. \tag{9.1-2}$$

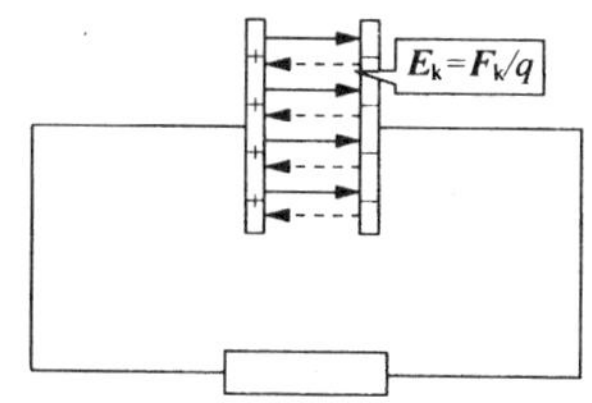

图 9.1-2　电源非静电场示意图

当正电荷通过电源内部绕闭合回路一周时,合场力所做的功为

$$W = \oint_L qE \cdot \mathrm{d}l = q\oint_L E_0 \cdot \mathrm{d}l + q\oint_L E_k \cdot \mathrm{d}l \tag{9.1-3}$$

由于静电场力是保守力,因此静电场力沿闭合回路一周所做功等于零,即

$$\oint_L E_0 \cdot \mathrm{d}l = 0,$$

所以非静电力对单位电荷所做的功为

$$\frac{W}{q} = \oint_L E_k \cdot \mathrm{d}l. \tag{9.1-4}$$

这个功的数值与电荷无关,反映了电源中非静电力做功的能力。因此,定义单位正电荷沿闭合回路移动一周时非静电力所做的功,称为电源的电动势 ξ,则有

$$\mathscr{E} = \oint_L E_k \cdot \mathrm{d}l. \tag{9.1-5}$$

对于可分清内、外电路的电源来讲,由于在外电路中不存在非静电力,所以,电源的电动势就是在电源内部,即把单位正电荷在电源内部从负极移到正极时非静电力所做的功:

$$\mathscr{E} = \int_-^+ E_k \cdot \mathrm{d}l. \tag{9.1-6}$$

电动势为标量,然而为了方便,通常也给它规定一个方向:电动势的方向是在电源内部电势升高的方向,即电源内从负极指向正极的方向。电动势单位也为伏,符号为 V。

电源电动势是电源非静电力转换为电能能力的量度,它只取决于电源本身的

性质，与外电路的情况无关。电源电动势与电源端电压不同。端电压是电源两端的电势差，一般情况下与外电路相关；而电源电动势是电源非静电力对电荷做功的能力，与外电路无关。

9.1.2 电磁感应及其规律

1. 法拉第电磁感应定律

φ 法拉第通过大量实验总结出，不论何种原因使通过闭合回路所围面积的磁通量发生变化时，回路中产生的感应电动势的大小与穿过回路的磁通量对时间的变化率都成正比。这一规律称为法拉第电磁感应定律，其数学表达式为

$$\mathscr{E}=-\frac{\mathrm{d}\Phi_{\mathrm{m}}}{\mathrm{d}t}. \tag{9.1-7}$$

若回路由 N 匝密绕线圈组成，且穿过每匝线圈的磁通量相等，则法拉第电磁感应定律可写成

$$\mathscr{E}=-N\frac{\mathrm{d}\Phi_{\mathrm{m}}}{\mathrm{d}t}. \tag{9.1-8}$$

若闭合回路的电阻为 R，则回路中的感应电流为

$$I=\frac{\mathscr{E}}{R}=-\frac{N}{R}\frac{\mathrm{d}\Phi_{\mathrm{m}}}{\mathrm{d}t}, \tag{9.1-9}$$

式中的“-”表示感应电动势的方向与磁通变化的方向相反。这一符号是楞次定律在电动势公式中的表示。

2. 楞次定律

1843 年，愣次(Lens)在分析了大量电磁感应现象的基础上，总结出感应电流方向的规律：闭合回路中产生的感应电流绕向，总是使得这种电流产生的磁场通过回路面积的磁通量，去抵偿引起感应电流的磁通量变化；亦可表述为感应电流总是阻碍产生它的原因。这一规律称为楞次定律。

用楞次定律来判断感应电流的方向，首先要明确原来磁场的方向以及穿过闭合回路的磁通量是增加还是减少，然后根据楞次定律确定感应电流产生的感应磁场方向，最后根据右手螺旋定则来确定感应电流方向。

9.1.3 动生电动势

导体在恒定磁场中运动而产生的感应电动势，称为动生电动势，如图 9. 1-3 所示。导体回路 $abcd$ 置于匀强磁场中，磁感应强度 B 垂直回路平面，回路中导线 ab 向右移动，导体内的自由电子也以速度 v 向右运动，将受到洛伦磁力 F_{m} 的作用：

$$F_{\mathrm{m}}=-ev\times B. \tag{9.1-10}$$

在此力作用下，电子沿导线由 b 向 a 运动，在 a 端聚积，使 a 端带负电，b 端因

失去电子而带上正电，从而在 ab 形成电动势。此时 ab 段中的非静电场强为

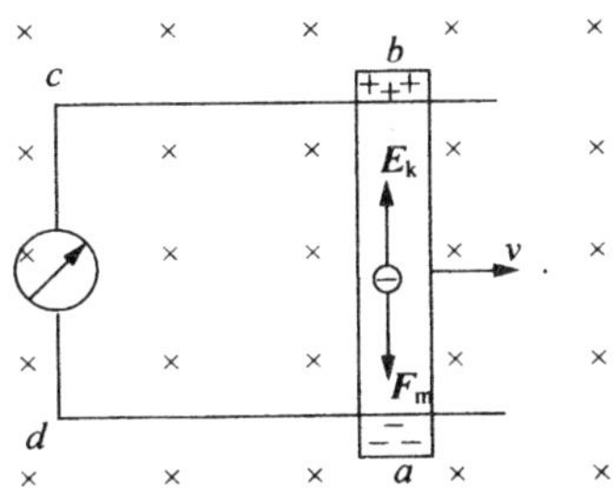

图 9. 1-3　动生电动势

$$E_m=\frac{F_m}{-e}=v\times B. \tag{9. 1-11}$$

根据电动势的定义得 ab 段的电动势为

$$\mathscr{E}=\int_{-}^{+}E_k\cdot \mathrm{d}l=\int_{-}^{+}(v\times B)\cdot \mathrm{d}l. \tag{9. 1-12}$$

对于图 9. 1-3 所示的直导线在匀强磁场中以垂直于磁场方向切割磁感线的方向运动，其电动势大小为

$$\mathscr{E}=\int_{-}^{+}(v\times B)\cdot \mathrm{d}l=vBL. \tag{9. 1-13}$$

9.1.4　感生电动势

感生电动势是由于磁场变化引起穿过闭合回路所围面积的磁通量发生变化而产生的感应电动势。由于导体回路没有运动，产生感应电动势这个非静电力不是洛伦兹力。

麦克斯韦假设是由于磁场变化而产生的一种电场，由该电场使导体中自由电子定向运动而形成电流。麦克斯韦还认为，即使没有导体，这种电场同样存在，这种由变化磁场产生的电场称为感生电场。

感生电场的电场强度是非静电场强，用 E_k 表示. 单位正电荷沿闭合回路 L 运动一周时，感生电场对其所做的功等于回路 L 内产生的感生电动势，即

$$\mathscr{E}=\oint_L E_k\cdot \mathrm{d}l.$$

由法拉第电磁感应定律得

$$\oint_L E_k\cdot \mathrm{d}l=-\frac{\mathrm{d}\Phi_m}{\mathrm{d}t}. \tag{9. 1-14}$$

上式表明，感生电场场强沿任一闭合回路的线积分不等于零，即感生电场不是保守场，而是有旋场。

感应电场与静电场相同,感生电场对置于其中的静止电荷也有作用力。它们的不同之处在于:一是产生的原因不同,静电场是由静止电荷产生的;而感生电场则是变化磁场激发的。二是性质不同,静电场是保守场,而且有源,它的电场线起于正电荷(或无穷远),止于负电荷(或无穷远);感生电场则是有旋场,它的电场线为闭合曲线,无头无尾。

感生电场可以在整块金属内部引起闭合涡旋状的感应电流,这种电流称为涡流. 如图 9. 1-4 所示,当线圈中通过交变电流时,在铁芯内部有变化的磁场,因而产生感生电场,引起涡流。

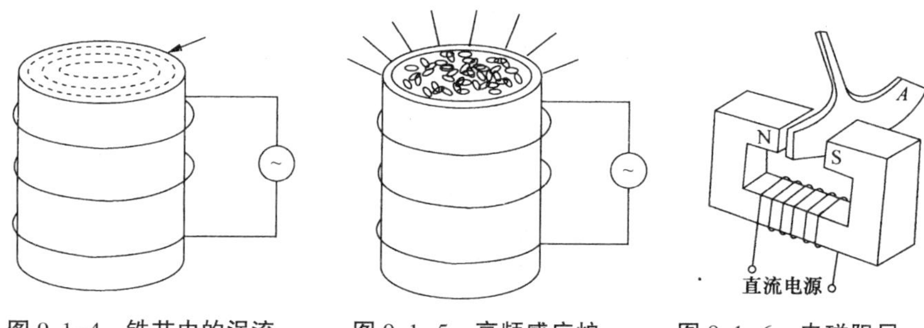

图 9. 1-4　铁芯中的涡流　　图 9. 1-5　高频感应炉　　图 9. 1-6　电磁阻尼

涡流在通过电阻时也要放出焦耳热,利用涡电流的热效应进行加热的方法称为感应加热。图 9. 1-5 是感应炉的示意图,当线圈中通有高频交流电流时,感应炉中被冶炼的金属内出现很大的涡流,它所产生的热能很快熔化金属。这种冶炼的方法,升温快,并且易于控制温度,还可避免其他杂质混入炉内,适用于冶炼特种钢。变压器、电机铁芯中的涡流热效应不仅损耗能量,严重时还会使设备烧毁。为减少涡流,变压器、电机中的铁芯都是用很薄且彼此绝缘的硅钢片叠加而成的。

如图 9. 1-6 所示,在电磁铁未通电时,由铜板 A 做成的摆是往复多次,摆才能停止下来。如果电磁铁通电,磁场在摆动的铜板 A 可产生涡流。涡流受磁场作用力的方向与摆动方向相反,因而增大了摆的阻尼,摆很快就能停止下来,这种现象称为电磁阻尼。电磁仪表中的电阻器就是根据涡流磁效应制作的,它可使仪表指针很快地稳定在应指示的位置上。此外,电气机车的电磁制动器也是根据这一效应制作的。

9.2　三相交流电及供电连接

9.2.1　单相交流发电机

交流发电机是一种将机械能转化为电能的设备。图 9. 2-1 是单相交流发电机结构简图。其中,磁铁固定不动,叫定子;能绕中心轴转动 N 匝线圈,叫转子;线圈

两端 a、d 分别与两个彼此绝缘的集流环 E、F 连接；C、D 为电刷，用它以引出所产生的交流电。

交流发电机的发电线圈以匀角速度 ω 绕与磁感应强度 B 垂直的中心轴转动。若开始时线圈平面法线 n 与 B 平行，则 t 时刻穿过线圈所围面积 S 的总磁通量为

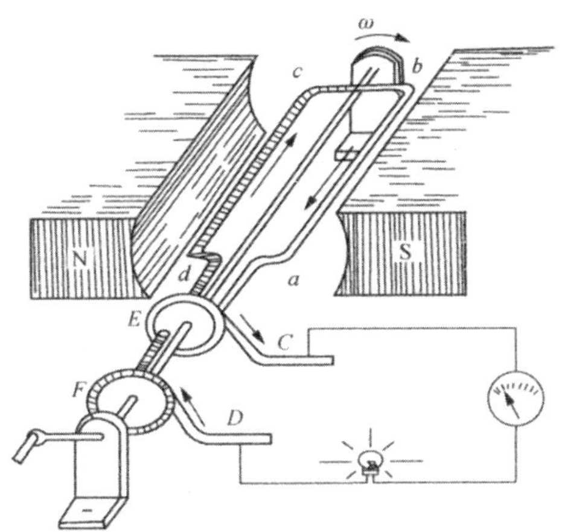

图 9.2-1　单相交流发电机结构简图

$$\Phi_m = NBS\cos\theta = NBS\cos\omega t. \tag{9.2-1}$$

由法拉第电磁感应定律知

$$\mathscr{E} = -\frac{d\Phi_m}{dt}. \ (9.2-2)$$

$$= -\frac{d}{dt}(NBS\cos\omega t) = N\omega BS\sin\omega t$$

$$= \mathscr{E}_{max}\sin\omega t, \tag{9.2-2}$$

其中

$$\mathscr{E}_{max} = N\omega BS. \tag{9.2-3}$$

若线圈中电阻为 R，则感应电流为

$$I = \frac{\mathscr{E}}{R} = \frac{\mathscr{E}_{max}}{R}\sin\omega t = I_{max}\sin\omega t. \tag{9.2-4}$$

可见，要增大电动势，可用增加 B、S，还可用增加 N，或用加大推动转子的转矩，增大转速 ω。实用的发电机为获得更高的电压和大功率的交流电，把线圈嵌入固定不动的铁芯槽内作定子。转子是一个电磁铁，其线圈通以直流电流后，能产生很强的磁场。当汽轮机或水轮机带动转子在定子线圈内转动时，穿过线圈内的磁通量也随时间作周期性变化，从而在定子线圈内产生高压交流电。

9.2.2　三相交流电及连接

1. 三相交流电

一个线圈在磁场中转动，产生一个交变的电动势，这种发电机称为单相交流发电机，其产生的电动势或电流称为单相交流电。如图 9.2-2 所示，若发电机内有三个互成 120°角的线圈同时在磁场中转动，电路里就产生三个相位差为 120°的三个单相交变电动势，这样的发电机称为三相交流发电机，其所产生的电动势（或电流）称为三相交流电。所以，所谓三相交流电，就是三个频率相同、电势振幅相等、相位差互为 120°的三个交流电动势的总称。

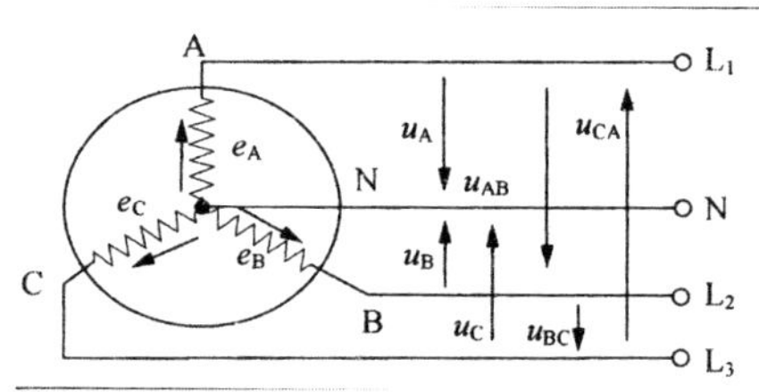

图 9.2-2　三相发电机线圈结构

由三相线圈的位置关系，则产生的三相交流电的电动势为

$$\mathscr{E}_A=\mathscr{E}_{\max}\sin\omega t \tag{9.2-5}$$

$$\mathscr{E}_B=\mathscr{E}_{\max}\sin(\omega t-\pi/3) \tag{9.2-6}$$

$$\mathscr{E}_C=\mathscr{E}_{\max}\sin\omega t-2\pi/3) \tag{9.2-7}$$

三相交流电与单相交流电相比有很多优势：在用电方面，三相电动机比单相电动机结构简单，价格便宜，性能优越；在送电方面，采用三相制，在相同条件下，比单相输电更节约输电线的用铜量。实际上，单相电源就是取三相电源的一相，因此三相交流电得到广泛的应用。

2. 三相电源的“星形连接”

发电机三相绕组的通常接法如图 9.2-2 所示，即将三个末端连在一起，这一连接点称为中点或零点，用 N 表示；由此引出的连接线称为中线或地线（也用 N 表示）；由始端 A、B、C 引出的三根线 L_1、L_2、L_3 称为相线或端线，俗称火线，每根火线与中线组成一个单相交流电。这种连接方法称为“星形连接”，也称为三相四线制。

3. 相电压与线电压

每相始端与末端间的电压，即火线与中线间的电压，称为相电压，其有效值用 U_A、U_B、U_C 或用 U_P 表示。

任意两始端间的电压，亦即两火线间的电压，称为线电压，其有效值用 U_{AB}、$U_{BC}U_{CA}$ 或用 U_L 表示。

各项电动势的正方向为自绕组的末端指向始端，相电压的正方向选定为自始端指向末端(中点)；线电压的正方向，例如 U_{AB} 是 A 端指向 B 端，即端线 L_1 与 L_2 之间的电压。

当发电机的绕组成星形连接时，相电压和线电压显然是不相等的。由于发电机绕组上的阻抗电压降低与相电压比较是很小的，可以忽略不计。于是相电压和对应的电动势基本相等，因此可以认为相电压同电动势一样，是对称的，故由相电压得出的线电压也是对称的，在相位上比相应的相电压超前 30°，且线电压是相电压$\sqrt{3}$倍：

$$U_L = \sqrt{3}\, U_{\mathrm{P}}. \tag{9.2-8}$$

发电机的绕组成星形连接时，就可以引出四根导线(三相四线制)，这样就可以给予负载两种电压。通常在低压配电系统中，相电压为 220V，线电压为 380V。发电机的绕组在连成星形时，不一定都引出中线。

4. 三相负载的星形连接

生活中使用的各种电器根据其特点可分为单相负载和三相负载两大类：照明灯、电扇、电烙铁和单相电动机等都属于单相负载；三相交流电动机、三相电炉等三相用电器属于三相负载。三相负载有星形(也称为“Y”形)和三角形两种连接方法，各有其特点，适用于不同场合，应注意不要搞错，否则会酿成事故。

图 9.2-3(a)所示为负载星形连接示意图，三相负载首端分别与三相交流电源(变压器输出或交流发电机输出)的三根火线接头 A、B、C 相接，三相负载的三个尾端相接后与三相电源的中线 N 相接。若三相负载对称(即相同)，在三相电压的作用下负载中的三相电流也是对称的，即三相负载上的交流电流大小相同、频率相同，相位差互为 120°，这样的三个交流电流的矢量和为零，即中线上无电流流过，所以可以不接中线，只需接三根火线，中性线悬空，得到如图 9.2-3(b)所示的无中线的星形连接。三相电流、依靠端线和负载互成回路，且各相负载承受的电压为电源的相电压。

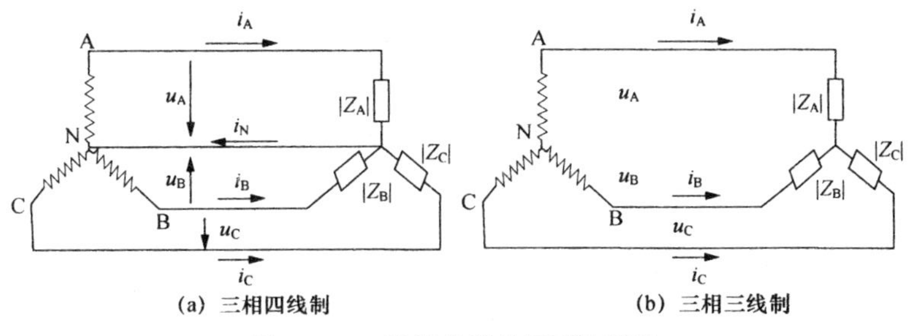

图 9.2-3　三相负载的星形连接法

在实际工程中，经常遇到的问题是将许多单相负载分成容量大致相等的三相，分别接到三相电源上，这样构成的三相负载通常是不对称的。对于这样的负载必须使用三相四线制的方法连接，如图 9.2-3(a)所示。这是因为三相负载不对称，三相电流也不对称，其三相电流的矢量和不为零，必须引一根中线供电流不对称的部分流过，即三相四线制。由于中性线的作用，电流构成了相对独立的回路。不论负载有无变动，各相负载承受的电源相电压不变，从而保证了各项负载的正常工作。

对于不对称的负载，若没接中线，或者中线出现断开故障，虽然电源的线电压不变，但各相负载承受的电压不再对称，有的相电压增高，有的相电压降低，这样就会使负载不能正常工作，甚至造成事故。

5. 三相负载的三角形连接

当用电设备三相负载的额定电压为电源线电压时，负载电路应按三角形连接。如图 9.2-4 所示，三相负载分别连接到两个火线之间。

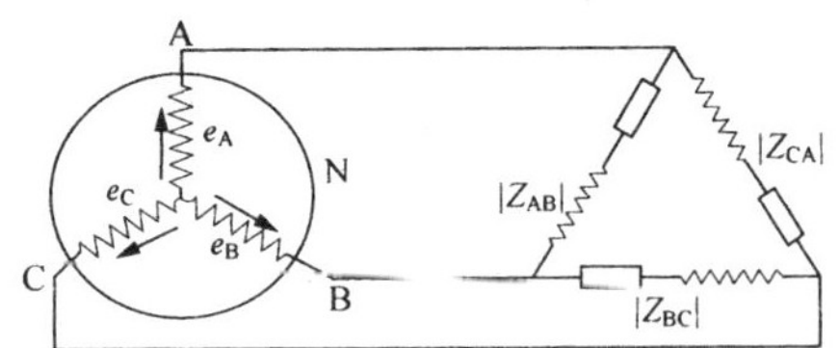

图 9.2-4　三相负载的三角形连接法

当线路为三角形连接时，无须零线，可配接三相三线制电源。当负载用三角形接法时，无论负载平衡与否，各相负载承受的电压均为线电压；且各相负载与电源之间独自构成回路，互不干扰。

9.2.3　保护接地与保护接零

日常生活和生产实践中，各种电气设备，如电冰箱、洗衣机、电动机、变压器，金属外壳在正常情况下时不带电的，但有时带电部分因绝缘损坏或其他故障而出现对地电压，人们接触时就会发生触电事故，因此需要采取保护措施来确保人身安全。常用的保护措施有保护接地和保护接零。

1. 保护接地

如图 9.2-5 所示，保护接地是指将电气设备的金属外壳或构架用导线与接地极可靠地连接起来，使之与大地作电气上的连接，常用作三相三线制供电系统的安全保护措施。

在三相三线制供电（电源中性点不接地的）系统中，用电设备（如电机、变压器等）的金属框架均应采用保护接地措施。如三相电机外壳不接地，电机某相绝缘损坏而碰壳,电机外壳带电,且与输电线同电位,这样当人接触金属外壳时,就会有电流流过而触电。采用保护接地之后,通过保护地,机壳上电压很低,当人接触金属外壳时仍较安全。所以保护接地的实质是降低人身触电电压。

而对三相四线制供电系统中,采用保护接地不可靠。如图 9. 2-6 所示,在三相四线制供电系统中若用保护接地,一旦外壳带电时,电流将通过保护接地的接地极、大地、电源的接地极而回到电源。因为接地极的电阻值基本相同,则每个接地极电阻上的电压是相电压的 1/2。人体触及外壳时,就会触电。所以,在三相四线制系统中的电气设备不能采用保护接地,最好采用保护接零。

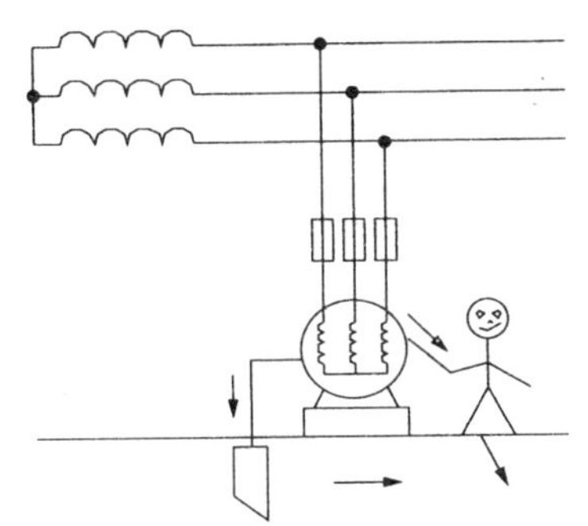

图 9. 2-5　三相三线制保护接地

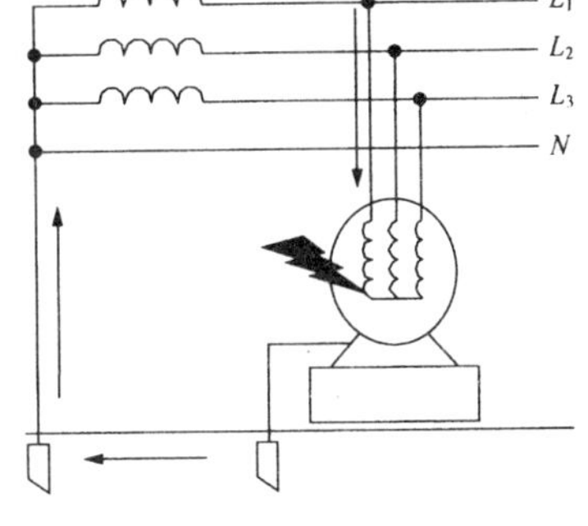

图 9. 2-6　三相四线制错用保护接地

2. 保护接零

一般在电源中点接地的三相供电系统中,用电设备采用保护接零线。保护接零又称为保护接中线,是指在三相四线制系统中,将电气设备的金属外壳与接地的电源中线(零线)直接连接的保护连接方式,如图 9. 2-7 所示。

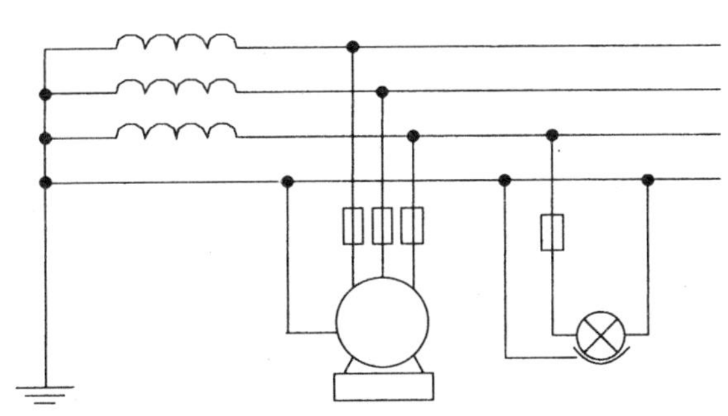

图 9. 2-7　三相四线制中的保护接零

保护接零的基本作用是当用电设备一相绕组绝缘壁损坏而碰壳时,该相就通过金属壳和中线形成单相短路,产生很大的短路电流,使三相电路中的自动开关或熔断器迅速切断电源,把故障部分断开电流,从而消除触电危险,确保人身安全。

9.3　自感与互感

9.3.1　自感

在如图 9.3-1 所示的实验装置中，当开关 S 闭合，灯泡 A 立刻就亮了，而相同的灯泡 B 却要慢慢地亮起来；当打开 S 时，两灯则要慢慢地熄灭。这一现象是由于电路中线圈的电磁感应现象引起的。

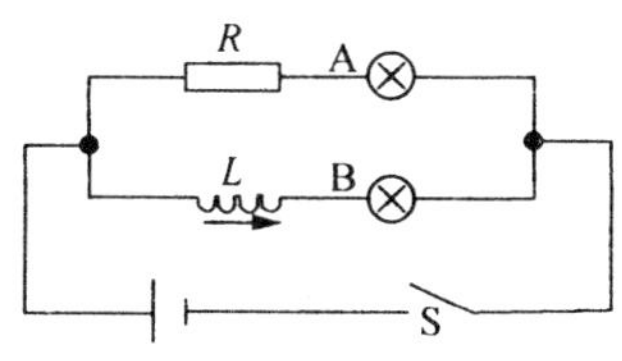

图 9.3-1　自感现象实验电路图电路图

开关 S 开通和闭合时，通过电流线圈的电流变化，它所激发的磁场通过该线圈所围面积的磁通量随之变化。根据法拉第电磁感应定律，在该线圈中产生感生电动势。这种由于线圈中自身电流变化而在回路中引起感应电动势的现象，称为自感现象，由此引起的电动势称为自感电动势。

若通过线圈的电流为 I，由毕奥-萨伐尔定律可知，该电流在空间任一点激发的磁感应强度与电流成正比，因此穿过此线圈的总磁通量也与电流成正比，即

$$\Phi_{\mathrm{m}}=LI, \tag{9.3-1}$$

式中，L 称为回路的自感系数，简称自感，工程上常称为电感。自感系数是线圈自感能力的量度。由式(9.3-1)可知，L 的数值等于该线圈中通过单位电流时，穿过回路面积的总磁通量，它与回路的几何形状、大小、线圈匝数及周围磁介质的磁导率有关，而与回路中电流无关。

由法拉第电磁感应定律，自感电动势为

$$\mathscr{E}=-\frac{\mathrm{d}\Phi_{\mathrm{m}}}{\mathrm{d}t}=-\left(L\frac{\mathrm{d}I}{\mathrm{d}t}+I\frac{\mathrm{d}I}{\mathrm{d}t}\right). \tag{9.3-2}$$

如果回路的几何形状、大小及周围磁介质的磁导率都不变，L 为一常数，即 $dL/dt=0$，则式(9.3-2)变为

$$\mathscr{E}=-L\frac{\mathrm{d}I}{\mathrm{d}t}, \tag{9.3-3}$$

式中“-”表示自感电动势的方向会反抗引起它的原因。若电流增加，自感电动势引起的自感电流与原电流方向相反，即自感电流抵偿电流的增加；若电流减小，则自感电流方向与原电流方向相同，同样自感电流起到抵偿电流的作用减少。可见，回路自感系数越大，自感的作用越强，回路中的电流越不容易改变。线圈的自感具有使回路保持原有电流不变的性质。因此自感是线圈“电磁惯性”大小的量度。

可用式(9.3-1)或式(9.3-3)进行测定，即

$$L=\frac{\Phi_m}{I}=|\frac{\varepsilon}{\mathrm{d}I/\mathrm{d}t}|. \tag{9.3-4}$$

在国际单位制中,自感系数单位是亨利,简称“亨”,符号为 H。1H = 1Wb/A。工程中常用单位 mH、μH,于是有 $1\mathrm{H}=10^3\mathrm{mH}=10^6\mu\mathrm{H}$。

9.3.2　互感

如图 9.3-2 所示,若有两个邻近的线圈回路 1 和 2,分别通有电流 I_1 和 I_2,I_1 激发的磁场,有一部分磁感线穿过线圈 2 所围的面积;同样 I_2 激发的磁场,有一部分磁感线穿过线圈 1 所围的面积。当其中一个线圈中的电流变化时,通过另一个线圈中的磁通量也跟着变化,从而在回路中产生感应电动势。这种由于一个回路中电流的变化在邻近一回路中激起感应电动势的现象称为互感现象,所产生的电动势称为互感电动势。

由毕奥-萨伐尔定律,激发的磁场穿过线圈 2 所围的面积的磁通量 Φ_{21} 与 I_1 成正比;同理 I_2 激发的磁场穿过线圈 1 所围的面积的磁通量 Φ_{21} 与 I_2 成正比,即

$$\Phi_{21}=M_{21}I_1,\quad \Phi_{12}=M_{12}I_2. \tag{9.3-6}$$

可以证明,上两式的比例系数 M_{21} 和 M_{12} 相等,即

$$M_{21}=M_{12}=M. \tag{9.3-7}$$

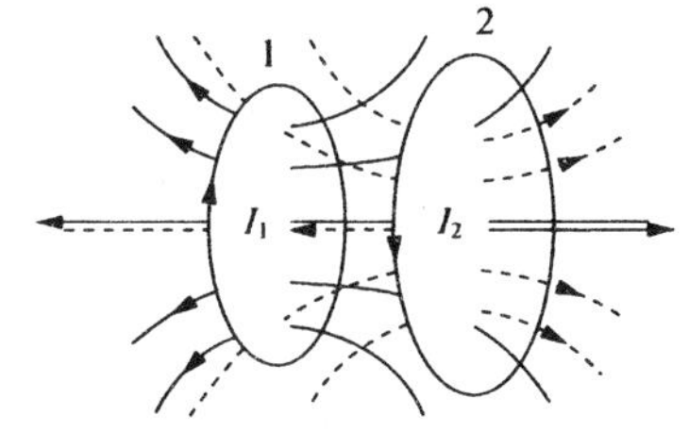

图 9.3-2　互感现象

M 称为两线圈的互感系数,简称互感。它是表征两个邻近回路相互感应能力强弱的物理量,其数值决定于回路的几何形状、尺寸、匝数、周围介质的情况及两个回路的相对位置;在国际单位制中,其单位与自感相同,即 H。由式(9.3-6)和式(9.3-7)得

$$M=\frac{\Phi_{21}}{I_1}=\frac{\Phi_{12}}{I_2}. \tag{9.3-8}$$

上式表明,两回路的互感系数在数值上等于其中一个回路为单位电流时,其磁场穿过另一个回路的磁通量。

一般情况下,M 为常数。根据法拉第电磁感应定律得

$$\mathscr{E}_{21}=-\frac{\mathrm{d}\Phi_{21}}{\mathrm{d}t}=-M\frac{\mathrm{d}I_1}{\mathrm{d}_t}, \tag{9.3-9}$$

$$\mathscr{E}_{12}=-\frac{\mathrm{d}\Phi_{12}}{\mathrm{d}t}=-M\frac{\mathrm{d}I_2}{\mathrm{d}_t}, \tag{9.3-10}$$

由此可见,当一个回路中的电流随时间的变化率一定时,互感系数越大,在另一个回路中引起的互感电动势也越大,因此,它表征两个邻近回路相互感应的强弱。

9.3.3　自感与互感的应用

利用线圈自感具有阻碍电流变化的特性,可以稳定电路中的电流。电工、电子技术中常用的扼流圈,日光灯电路中的镇流器就是利用了这一特性。电子电路中还常利用线圈的自感作用,与电容器或电阻器构成谐振电路或滤波电路。利用自感储存的能量在短时间内释放而转换成的热能,可使金属工件熔化进行焊接,还可用于受控热核反应实验,提供强脉冲磁场。

利用互感可以将电能或电信号由一个回路转移到另一个回路。电工和电子技术中使用的变压器,如电力变压器、中频变压器、输入和输出变压器等都是互感器件。

在有些情况下,自感与互感是有害的。例如,电路中存在自感系数较大的线圈,当电路断开时,由于电流变化快,会在电路中产生很大的电动势而产生大电流,以致带来各种危害;在有线电话或无线电设备中,由于互感会引起串音,造成相互干扰,都是没法避免的。

9.3.4　交流变压器

交流变压器是典型的利用互感实现交流电压改变的电气设备。变压器的主要部件是铁芯和套在铁芯上的两个绕组,如图 9. 3-3 所示。

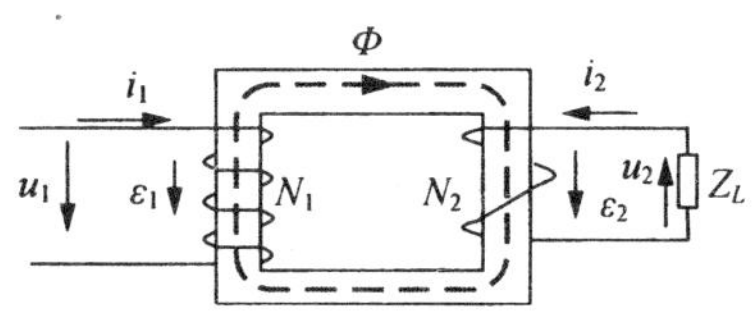

图 9. 3-3　变压器电路与磁路

(1)铁芯由铁芯柱和铁轭两部分组成。作为变压器的主磁路,为了提高导磁性能和减少铁损,用厚为 0. 35~0. 5mm,表面涂有绝缘漆的热轧或冷轧硅钢片叠成。

(2)绕组是变压器的电路,一般用绝缘铜线或铝线(扁器或圆线)绕制而成。如图 9. 3-3 所示,一个绕组与电源相连,称为一次绕组(或原绕组),这一侧称为一次侧(或原边),其绕组匝数为 N_1;另一个绕组与负载相连,称为二次绕组(或副绕组),这一侧称为二次侧(或副边),其匝数绕组为 N_2。

两个绕组只有磁耦合,没有电联系。在原边绕组中加上交变电压,产生交链一、二次绕组的交变磁通,在两绕组中分别感应电动势。根据电磁感应定律可写出电动势的瞬时方程式

$$\mathscr{E}_1 = -N_1 \frac{\mathrm{d}\Phi}{\mathrm{d}t}, \tag{9. 3-11}$$

$$\mathscr{E}_1 = -N_2 \frac{\mathrm{d}\Phi}{\mathrm{d}t}, \tag{9. 3-12}$$

所以,只要原边与副边的绕组匝数不同,就能达到改变电压的目的。若忽略线圈自身的损耗,则原、副边电压就分别等于原、副边电动势。原、副边的电压大小比为

$$\frac{u_1}{u_2}=\frac{N_1}{N_2}. \tag{9.3-13}$$

因此只需选择适应的原边、副边绕组的匝数比,即可得到所要的变压比。

9.3.5　磁场的能量

由于线圈的自感特性,有线圈电路的电流不可突变,当电路中的开关闭合时,线圈电流增大的过程中将在线圈中产生自感电动势,阻碍电流的增大,因此在线圈磁场建立过程中,电源要克服自感电动势做功,以磁能的形式在线圈中储存起来,直到线圈中的电流达到稳定值,自感电动势消失,磁场能量不再增加。

设在线圈中电流从零增加到 I 的过程中,在某时刻 t,线圈中的电流为 i,则此时线圈中的电动势为

$$\mathscr{E}_L=-L\frac{\mathrm{d}i}{\mathrm{d}t}. \tag{9.3-14}$$

在 $t\to t+\mathrm{d}t$ 时间内,电源克服自感电动势所做的功为

$$dW=-\mathscr{E}_L i\mathrm{d}t=Li\mathrm{d}i. \tag{9.3-15}$$

在电流从零增大到 I 的过程中,电源克服自感电动势所做的功为

$$W=\int_0^I \mathscr{E}_L i\mathrm{d}i=\frac{1}{2}LI^2. \tag{9.3-16}$$

由功能原理,电源所做功在线圈中以磁能的形式存储,即有

$$E_m=\frac{1}{2}LI^2. \tag{9.3-17}$$

对长直螺线管,若通有电流 I,则管内磁感应强度为 $B=\mu nI$,可得 $I=B/\mu n$;其自感为 $L=\mu n^2V$,代入式(9.3-17)得

$$E_\mathrm{m}=\frac{1}{2}\mu n^2V\left(\frac{B}{\mu n}\right)^2=\frac{1}{2}\frac{B^2}{\mu}V, \tag{9.3-18}$$

所以管内的磁场能量密度

$$\omega_\mathrm{m}=\frac{E_\mathrm{m}}{V}=\frac{1}{2}\frac{B^2}{\mu} \tag{9.3-19}$$

上式虽然是从匀强磁场这种特殊情况下导出的,但是对非匀强磁场也适用。

9.3.6　电磁波

麦克斯韦在总结前人研究成果基础上提出的电磁场理论,认为变化的电场与变化磁场相互依存,形成了统一的电磁场;并预言电磁场能够以波动的形式在空间传播,成为电磁波。

1. 电磁振荡

如图 9.3-4 所示的 LC 电路中,先将开关 S 扳向右边,使电源对电容器 C 充

电，这时电容器极板上分别带有等量异号的电荷$+Q$和$-Q$。然后将开关S扳向左边电容器开始放电，由于线圈的自感作用，其中的电流将逐渐增大。当电容器放电完毕，电荷为零时，线圈中电流达到最大值I，此时虽然电容器没有电荷了，但电流并不立即消失，由于自感作用，电流仍沿原方向继续流动，对电容器反向充电，当电流消失时，电容器上又充有电荷Q。不过两极板上所带电荷的符号与开始时相反。而后电容器反向放电，电路又有反向电流，线圈再借其自感作用，使电容器充电到开始状态，以后又重复上述过程。在这一过程中，电容器充电完毕时储存电能$W_e=Q^2/2C$，继而转化为线圈中的磁能$W_m=LI^2/2$，接着磁能又转化为电能，电能再转化为磁能，磁能再转化为电能，使电容器恢复到原来的充电状态。随着电能和磁能的交替转化，电路中的电荷或电流将随时间从零变到最大，又从最大变为零，沿正、反方向一直往复地这样变化下去，形成电磁振荡。产生电磁振荡的电路称为振荡电路。在上述LC振荡电路中，由于未考虑电路的电阻和辐射等阻尼，在电能与磁能的转化过程中总能量守恒。这种振荡称为无阻尼自由振荡。可以证明，在无阻尼自由振荡的电路中，电荷或电流按简谐运动规律作周期性变化，其固有频率为

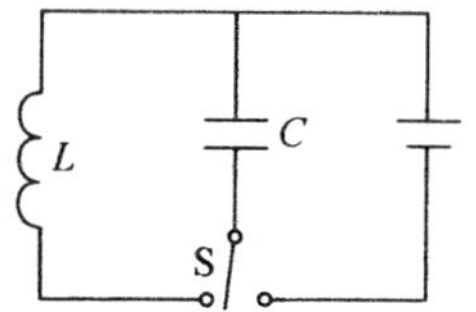

图 9.3-4 电磁振荡电路图

$$f=\frac{1}{2\pi}\sqrt{\frac{1}{\mathrm{LC}}}. \tag{9.3-20}$$

2. 电磁波的产生与传播

在 LC 振荡电路中，电容器极板上的电荷和线圈中的电流都作周期性变化，极板间的电场和线圈内的磁场也随之作周期性变化。根据麦克斯韦电磁场理论，这种变化的电场与磁场形成统一的电磁场，要向外传播，辐射电磁波。但因上述振荡电路中，振荡频率甚低，且电场和磁场被分别局限在电容器和自感线圈内，不利于电磁波的辐射，为此，把电容器两个极板的间距逐渐增大，并把两极板缩成两个球，同时减小线圈匝数，使之逐渐变成一条直线，如图 9.3-5 所示。

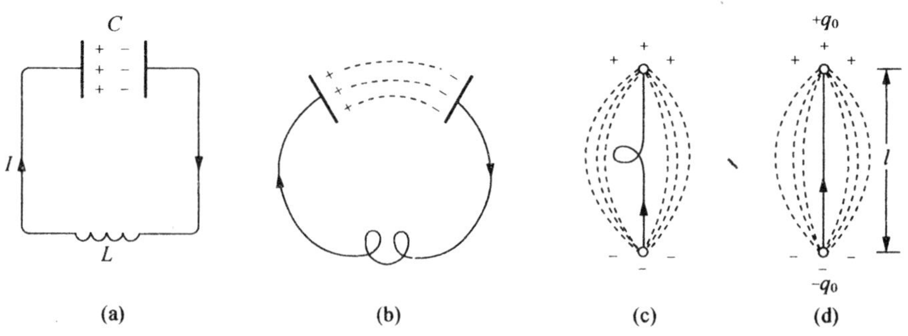

图 9.3-5 增高振荡频率开放电磁场电路演化过程图

这样，电场和磁场就分散到周围空间，并且这时因 L、C 值减小，由式(9.3-20)，固有频率大为提高。在这种直线形振荡电路中，电流往复振荡，使电荷在其中涌来涌去，导线两端出现正、负交替的等量异种电荷，这样的电路便成为一个振荡电偶极子。以它为波源，便能有效地发射电磁波，其发射无线电波的电路示意图如图 9.3-6 所示。

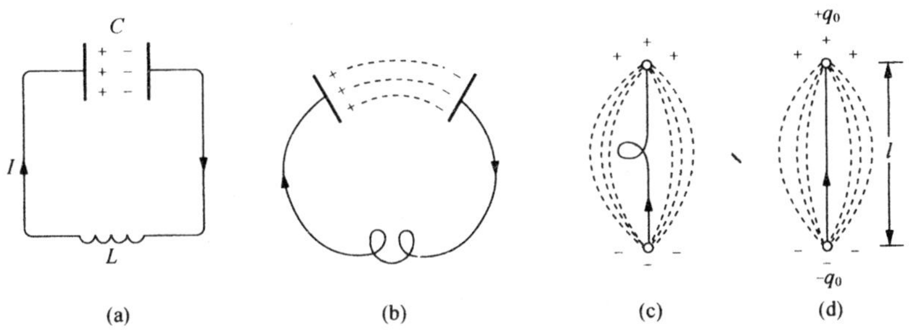

图 9.3-6　发射无线电波的电路示意图

参考文献

[1] 周圣源,黄伟民.高工专物理学[M].北京:高等教育出版社,1996.
[2] 程守洙,江之永.普通物理学[M].5版.北京:高等教育出版社,1999.
[3] 任修红,艾国利.大学物理[M].北京:北京理工大学出版社,2011.
[4] 杨砚儒.应用物理学[M].北京:高等教育出版社,2007.
[5] 徐建中.物理学[M].北京:化学工业出版社,2003.
[6] 漆安慎,杜婵英.力学[M].北京:高等教育出版社,2000.
[7] 汪志诚.热力学·统计物理[M].北京:高等教育出版社,2001.